U0213565

挂轴 I 和服
明治十八年至三十一年间

挂轴 II 和服
明治二十五年左右

挂轴Ⅲ 和服
明治三十年左右

挂轴Ⅳ 袴
明治三十五年左右

挂轴 V 袴
大正元年左右

挂轴 VI 袴
大正十年左右

挂轴Ⅶ 洋服
昭和七年以后

挂轴Ⅷ 洋服
昭和七年以后

裙裾之美

日本女生制服史

（日）

难波知子

著

—

王柏静

译

新星出版社 NEW STAR PRESS

目录

Preface 前言 / 2

Part ONE 描绘出的日式服装与未描绘出的鹿鸣馆洋装

Chapter ONE 鹿鸣馆晚会的女式洋装——洋装的政治背景 / 24

Chapter TWO 宫廷礼服制度——近代天皇制与女性的服制 / 36

Chapter THREE 女子学校的洋装发展 / 52

Chapter FOUR 重新审视鹿鸣馆时代 / 76

Part TWO　描绘出的裤与未描绘出的改良服

Chapter ONE　女学生的诞生——女子教育与服装的关系 / 100

Chapter TWO　改良服的设计、批判与实践 / 116

Chapter THREE　女子学校制服的确立——规制与一元化 / 138

Chapter FOUR　女子学校制服文化的形成 / 176

Part THREE   描绘出的制服与未描绘出的标准服

Chapter ONE   第一次世界大战与女子教育 / 242

Chapter TWO   生活改善运动

　　　　　　　——文部省举办的各种展览会与"生活改善同盟会"的成立 / 258

Chapter THREE   二十世纪二十年代服装样式的调整——从裤转向洋服 / 286

Chapter FOUR   二十世纪三十年代的女生学校制服 / 350

后记 / 405

Preface

前言

　　本书主要研究女生学校制服的历史演变，不过首先我想谈一谈自己对学校制服的体验和认识。

　　一九八〇（昭和五十五）年，我出生在冈山县，从小学到高中（均为公立学校）一直都穿学校制服。冈山县盛产学生服，因此与其他地区相比，定制制服更为常见，对于在当地度过学龄期的我而言，穿学校制服可谓是理所当然的。当时，我对穿学校制服并没有表示出特别赞成或反对、喜爱或厌恶的态度。不过真要说起来，学校制服的着装要求和严格的服装规定确实曾令我生出一种束缚感。也许是因为我在学校制服中感受到了不得不与其他人保持完全一致的压力。不过，我并没有参加任何反对制服的抗议活动，也自觉地遵守学校与老师制定的规矩。如今回想起来，我对于服装规定或制服要求，并不是因为认可才接纳，而是认为穿制服一事实属"理所应当"，因此缺乏进一步思考此事的态度或想法。

本来，我并不十分关心学校制服，但是二〇〇二至二〇〇三年间开始流行的"仿制服"引发了我研究制服的兴趣。"仿制服"指的是仿造学校制服款式的流行服装，当时在着装自由的学校校园里，也开始出现穿着酷似制服的服装或其他学校制服上学的女高中生。根据媒体对该流行趋势的报道，这种现象的背后是女高中生们希望把只能现在穿戴的制服穿出可爱与舒适的愿望，以前被视为"管理象征"的制服观念逐渐转变为"展示自我的时尚"。

　　我总觉得学校制服给人一种束缚感，所以对于女高中生们自愿穿制服的心理难以理解，同时对她们不是"被穿"、而是主动"穿"的态度产生了兴趣。另外，将制服与市场上的服装以及其他学校的制服混搭在一起的行为也令我感到惊奇。为了在朋友们制服风搭配的潮流中脱颖而出，与其他学校制服的混搭已经成为展示自我的一种手段。制服表明学生所属学校的原始功能，至此已经消失得无影无踪了。

"仿制服"可以将其他学校的制服也轻松、随心地搭配在一起，不过这类服装的持续时间仅限于高中毕业之前。促使女高中生们主动穿制服的直接原因之一便是"只能现在穿"的紧迫感。如果是可以被人们自由装扮的流行服装，那么理应与年龄无关。但是制服对于她们而言，正是由于穿着时间有限，所以才更有价值。这一点倒是沿袭了学校制服的传统特色。

　　另外，"无须纠结于服饰搭配的随意性"则是她们选择"仿制服"的另一个原因。身穿"仿制服"的女高中生们尽管可以享受舒适感以及各式各样的搭配，但是貌似也会为选择每天的服饰而绞尽脑汁，尤其是处于颇为介意同学眼光的青春期，自然纠结于可能会暴露品味或家庭条件的服饰搭配。这种情况下，在一定范围的选择空间内考虑搭配的"仿制服"将减轻服饰选择的压力。因为学校规定了制服要求，所以她们完全可以避免选择服饰时的犹豫不决。"仿制服"现象表明，人们倾向于将这一点视为优势。

　　这样看来，便服市场上流行的"仿制服"，并不是与学校制服的传统风格毫无关联、不可思议的时尚趋势，而是深深地植根于其文化土壤之中。换言之，"仿制服"反射出了学校制服迄今为止如何被人们所接受并赋予价值的。学生们不也是在各种各样的动机驱使下，逐渐开始需要并渴望学校制服的吗？以上就是我在"仿制服"的流行趋势中获得的对学校制服的认识。

　　不仅限于"仿制服"，如今的学校制服也呈现出一种新趋势，即采用学生或家长喜闻乐见的款式，以使大部分人愉快地接受。另一方面，提起学校制服，"管理的象征""没个性"等负面评价仍未改观。对于一定年龄段以上的人而言，学校制服是压制"个性"与"自由"的代表，是他们抗议的对象。尤其是二十世纪六十年代的时代背景与当时爆发的高中纷争[01]，使得学校制服压抑的形象更加深入人心。当时，追求着装自由的学生们提出控诉，由此接二连三地出现了废止制服规定的学校。另外经常被提及的一点是制服的款式出自男式立领、女式水手服的军装，容易令人联想到战前的军国主义，因此这一点也成为避忌、批判学校制服的依据，以致形成了隐晦的负面形象。

"管理的象征""没个性""军国主义的产物"等对学校制服的消极评价，与如今的积极评价之间形成了鲜明的反差。也许可以从时代的变迁中寻找这种反差产生的原因。比如，二十世纪八十年代被公认为评价从否定走向肯定的转折期，当时私立高中的制服开始向简易轻便的款式转变，投向"女高中生"制服的视线逐渐沾染了性欲色彩，制服附加商品的价值也随之提高。由此可见，学校制服的款式与评价随着时代的推移，一直在发生演变。

不过，我依然存有以下疑问。"仿制服"所表明的对学校制服的偏向与需求是直到近年来才开始出现的吗？而在此之前的学校制服是向管

01　二十世纪六十年代后期至七十年代初期，全国多个地区的高中生以"制服制帽的废止""反对管理式教育""政治活动的自由"等为口号，对学校与社会发起了强烈的抗议活动，包括集会、游行、设置教室路障等。

理主义一边倒吗？恐怕答案都是否定的。究其原因，在于对学校制服的憧憬与穿着需求在战前已经冒出苗头，而且学校制服并不像军装那样按季度免费发放。

学校制服是自费订购的，这笔花销也是学生家庭的负担之一，因此存在学生与家长提出条件或要求解释的余地。学生的服装不仅跨越学校与家庭两个环境，而且还与学生自己的判断与行为息息相关。所以，应当由学校、家庭与学生共同选择学校制服（可是在穿戴学校制服已经成为惯例的情况下，一般都是校方强制决定）。学校单方面制定的、具有管理主义倾向的着装要求中蕴含着不能完全隐匿的各种含义与价值，而学校制服的上述特点赋予制服本身以这些含义与价值，使得具有多重内涵的学校制服观念实现了共存与竞争。"仿制服"身上体现出的对学校制服的偏向与需求绝非新生事物，而是在历史的长期积累下显露出的现象。

我并不认为至此大家就可以充分了解学校制服所映射的期待与惶惑，以及学生与家长需要学校制服的理由。因此，本书站在历史的角度，重新审视学校制服确立与普及的过程，并基于具体的事例，考察对学校制服产生需求的背景与原因，以及在定论过程中伴随的争论与实践。这也是尝试性解答学校制服如何被人们所接受并赋予价值的过程。另外，本书以明治至昭和初期的女生学校制服为研究对象，其中重点论述了高等女子学校[01]的情况，该类学校被公认为引导了学校制服的确立与制服文化的形成。

对于明治至昭和初期女子学校制服的历史演变，目前的研究主要集中在服饰史与教育史两个领域。

服饰史领域内的研究主要围绕不同时期女学生身穿的衣服，分析了服装款式的变化。具体而言，可以归纳为男袴[02]、简易和服（不穿袴的轻便穿法）、鹿鸣馆洋装、简易和服（不穿袴的轻便穿法）、女袴[03]和洋服。其中，大量文献关注了二十世纪二十年代之后的洋装化倾向。但是，服饰史的研究主要集中于服装款式的变化原因与洋装化的过程，并未深入讨论表明身份与所属的学校制服究竟为何不可或缺以及如何得以确立，因此未能明确解答学校制服的定义及确立时间等问题。

与之相对，教育史领域内的研究则主要从学校制服与教育政策、时代变迁的关系中考察其发生演变的原因。尤为典型的是佐藤秀夫，他曾经广泛参阅了法令文书与学校发展史等大量文献资料，从女子教育的制

---

01 存续于一八九一年至一九四七年间的女子中等教育机构。一八八二年，东京女子师范学校（御茶水女子大学的前身）附属高等女子学校成立，自此"高等女子学校"一词开始为世人所熟知。一九四七年的学制改革终止了高等女子学校的招生计划，翌年高等女子学校被废止，同年四月成立了新制高等学校。

02 袴（hakama）指的是一种宽松的裤，覆盖腰部以下的身体，与束带搭配。原型出现在弥生时代，近世以来主要作为男子礼服。

03 女袴开始出现是在平安时代，江户后期演变为轻便式的"灯笼袴"，在明治至昭和初期主要被用作女生制服。如今，毕业典礼上也多见身穿女袴的女性教员与女大学生。

度、理念的转变趋势与国家政策出发，追踪了女子学校制服的演变史。不仅如此，佐藤对男生的学校制服也有所涉及，但是他的研究重心在于学校制服具备的社会性规制特征，尤其关注制服有助于学校培养学生现代化精神与面貌的方向性指引作用。显而易见，在佐藤对学校制服的认识当中，制服被定位为"强制性的装束"。在他看来，学校制服暴露了学校与国家对学生享有权力的问题，也可以说是"从上到下"的现代化工具。基于上述看法，佐藤将制服定义为"在特定的身份、阶级、职业、团体或机构等当中，仅限于在作为一名成员表现言行举止时，有义务穿戴的特定服装，即统一要求的服装"，将是否存在穿戴义务作为学校制服的确立条件。他从学校规定义务、学生遵守义务这一单向关系的角度分析学校制服。总而言之，教育史的研究深入挖掘了学校制服涉及的规制与管理问题，但并未继续探究学生或家长等围绕学校制服产生的接纳问题。

基于上述先行研究，本书在考证女生学校制服的确立与普及过程之前，首先就学校制服的定义展开讨论。

过去的研究将学校制服定义为具有"穿戴义务"、即学校制定的服装要求。这种定义难以还原学校制服的多重性特质：既包含学校规制并管理学生服装的权力关系这一前提，又可以反映学生与家长等的意见与需求。

因此，本书重点关注了服装被赋予特定含义的过程，并基于该研究将学校制服定义为"表明'学生'身份且佩戴所属'学校'徽章的服装"，试图将学校制服的定义从规矩转为表象。对于女生而言，便是在表明女生身份的袴上佩戴所属学校的徽章（袴裾[01] 的镶边或腰带）。一八九八（明治三十一）年以后，作为女性中等教育机构的女子高中日益兴起，袴也随之风靡全国，并逐渐成为表明女生身份的固定服装。不同学校增添校徽或校章的时间不尽相同，不过大致集中于二十世纪〇〇年代（即一九〇〇至一九〇九年）。因此，本书将二十世纪〇〇年代作为女子学校制服的确立时间。

将表明"学生"身份的服装与表示所属"学校"的徽章作为学校制服的主要条件，是因为这两个标记共同形成了学校制服的主要特色。尤其是佩戴学校徽章这一点更为重要。徽章的佩戴时间仅限于学生在读期间。换言之，存在一个入学时佩戴、毕业时摘下的"戴摘"循环。这个循环使得每届新生在与毕业生交替的同时，也继承了学校制服。而伴随着这种继承模式的确立，衍生了各种各样的情感或关联性。比如，由于穿着时间有限，学校制服便成了学生时代的象征，不仅蕴含着对穿制服的憧憬与喜爱，在毕业之后还承载着对青春年少时光的追忆。另外，佩戴徽章有助于培养学生对学校的归属感与爱校心，而制服不仅加强了在校生之间的联系，也可以使不同届的毕业生感受与同窗之间的羁绊。由此可见，在学校制服逐渐发展为情感的寄托、人际关系的组带等等的过程中，徽章是一个不可或缺的因素。

01　裾指的是衣服的下摆。

根据上述定义，本书将明治至昭和初期女子学校制服的演变史划分为三个主要时期："女子学校制服的确立"时期，即为袴增添徽章的二十世纪〇〇年代；在此之前的"女子学校制服确立前史"；以及"女生学校制服的转变"时期，即从袴向洋服的演变历程。

　　值得一提的是，本书引用了表明女子学校制服演变历史的视觉资料，即"挂轴 I—VIII"，并将这八幅挂轴[01]作为说明服装变化过程的基本框架。这些挂轴描绘了明治至昭和初期御茶水女子大学附属高中的前身——东京女子高等师范学校附属女子高中（以下简称为"附属女高"）女生服装的演变情况。作者为日本画家坂内青岚[02]，据说这些作品的原型正是他就读于该校的女儿。挂轴是按照和服图（三幅）、袴图（三幅）、洋服图（两幅）的顺序排列而成的，根据前文的定义，挂轴 V 对应的时间就是学校制服的确立期。因为挂轴 V 中的女学生穿着表明女生身份的袴，且佩戴有附属女高的腰带型徽章。一八九八（明治三十一）年，附属女高开始流行穿袴，并在一九〇六（明治三十九）年制作了徽章。挂轴所描绘的女生服装客观地反映了附属女高对服装要求的转变。关于附属女高的变革与服装要求的演变，请参照表 i。

　　本书采用挂轴的理由主要有以下三点。第一，以附属女高的事例为基础，把握女子学校制服的演变历程。该校创立于一八八二（明治

01　亦称"立轴"，在纸或绢上绘画写字，裱好后挂在壁龛或墙上的装饰物。

02　原名泷之助，出生于福岛县大沼郡会津高田町，一九〇八年毕业于东京美术学校国画专业，是日本知名的历史画家。

十五）年，是女子中等教育制度的先驱，发挥了全国示范作用。对于处于女子教育中心地位的附属女高，她的服装历史代表了主流趋向，因此我们有必要进一步了解。坂内制作挂轴时，计划在每次学生服装发生变动之际进行更新，所以挂轴也具有正式记录附属女高服装演变历程的作用。另外，本书选择附属女高、而非师范学校的事例为研究对象的原因在于，女子高中的学校制服是自费订购的。在以培养教师为目的的师范学校，有些情况下服装是公费支付的，这与自费的学校制服之间尚存在本质的区别。本书旨在考察自费的学校制服，所以并未以师范学校，而是以女子高中为研究对象。

第二，具体指出挂轴揭示的服装演变历史观所存在的若干问题。挂轴刻画了从和服经过袴，向水手服的演变过程。这一演变过程大体总结了近代服装的变化顺序。但是如果过于强调这种历史观，反而难以掌握某些事实。尤其是在考虑挂轴未描绘出的服装时，这一问题变得尤为明显。结合附属女高的校史以及毕业生的回忆记录，可以发现这些挂轴并没有刻画出十九世纪八十年代后期鹿鸣馆时代的洋装、二十世纪〇〇年代的改良服以及二十世纪三十年代制定的标准服。因为这三类服装与挂轴试图传达的历史观并不完全契合，所以被排除在描绘对象以外。

挂轴呈现出的服装演变历史观可以分为以下两种。第一种是洋服化的历史观，即以和服为开端，经过日本与西洋的结合，最终演变为洋服；另一种是制服化的历史观，即从服装自由，经过部分限制，直到服装统一。以上两种历史观相互重合交织出了从自由选择的和服，经过受到部分限制的裤，最后发展为服装样式完全统一的洋服这一单向的演变流程。对于这一历程，盛行一时的鹿鸣馆洋装以及既非和服亦非洋服的改良服的出现，与单向的洋服化趋势并不相符。而于一九三〇年问世的标准服则被视为两年后向制服过渡的一种尝试，因此被制服化的趋势吸收并忽略了。

挂轴向人们展示了清晰的服装演变史。但是另一方面，由于限定了历史观点，导致服装演变过程中孕育的对变化的怀疑、纠葛以及反复更正的轨迹变得难以把握。更重要的是，被洋服化与制服化的历史观所排除的事例，可能因为没有得到记录而逐渐被忘却，或者被视为偶然的事实或少数派的行为而被轻视。实际上，有关附属女高鹿鸣馆洋装、改良服与标准服的资料，与袴或制服相比的确寥寥无几。而且，尽管一部分文献也研究了二十世纪〇〇年代的袴与二十世纪二十年代的洋装化进程，但是关于改良服与标准服的研究却停滞不前，它们主要被鉴定为向主流服装的过渡。历史上"有目共睹"的服装受到越来越多的关注，而那些"掩人耳目"的服装依然无法得到充分的研究。挂轴反映了服装演变历史观存在的具体问题，极具参考价值。

第三，考虑到上述的历史观问题，本书采用挂轴作为框架，旨在综合分析有目共睹的服装与掩人耳目的服装。具体而言，将挂轴展现出的十九世纪八十年代至二十世纪三十年代划分为三个阶段：十九世纪八十年代至十九世纪九十年代挂轴描绘出的和式服装与未描绘出的鹿鸣馆洋装；二十世纪〇〇年代至二十世纪一〇年代描绘出的袴与未描绘出的改良服；二十世纪二十年代至二十世纪三十年代描绘出的两种制服与未描绘出的五种标准服。并且，这三个阶段分别与学校制服确立前史、学校制服的确立、学校制服的变化这三部分互相吻合（见表 ii）。

各部分的概要如下所示。首先，第一部分概述了女子学校制服确立前史，探讨了十九世纪八十年代至十九世纪九十年代的女生服装。该部分以明治政府的欧化主义政策、大日本帝国宪法的颁布等时代背景以及女性在公共场合下的服饰穿着情况为依据，追踪了女子师范学校、官立女子学校与基督教会女子学校的学生服装演变历程，重新考察了鹿鸣馆时代的影响与评价。

第二部分讲述了女子学校制服的确立，探讨了二十世纪〇〇年代至二十世纪一〇年代的女生服装。该部分基于女子中等教育制度的建立与日清战争[01] 后的服装改良趋势，重点验证了袴与徽章作为女子学校制服标志的确立过程。

第三部分研究了女子学校制服的改变，探讨了二十世纪二十年代至二十世纪三十年代的女生服装。该部分突出了对女子教育造成影响的第一次世界大战与生活改善运动的时代背景，详尽地考察了女子学校制服的洋服化进程。

01　即中日甲午战争。

表 i 东京女子高等师范学校附属高等女子学校的变革与服装要求的演变

西历（年号）	学校制度的变革与服装要求	备注
1882（明治 15）年	东京女子高等师范学校附属高等女子学校创建	
1883（明治 16）年	学生守则："服饰等需以简约为主，不应效仿世俗风气流于浮夸。"	※ 仅仅规定了以简约为主的原则。
1886（明治 19）年	东京高等女子学校（文部省直属）	
1890（明治 23）年	女子高等师范学校附属高等女子学校	
1893（明治 26）年	向附属学校、幼儿园的学生及学生家长发送有关服装的通知书： "一、衣料质地可为棉布、麻布、毛织物，特殊情况下亦可穿粗绸制品，忌着丝绸绉绸； 二、男生衣袖可为筒袖，女生可穿短袖，而女童亦可穿筒袖； 三、即便是参加节日、祭日等各类仪式时，亦应避免服装过于华丽。"	※ 涉及衣料质地（可用棉、麻、毛，不可用丝绸）、衣袖样式与长度、避免礼服过于华丽等方面。
1898（明治 31）年	袴的穿用 斜纹哔叽、粗哔叽、平纹薄毛呢等毛织物颜色为紫色与褐红色。	※ 鼓励女子运动。
1900（明治 33）年	在校内穿运动鞋	
1906（明治 39）年	徽章的制定 八尺镜上刻有菊花与兰花的花纹，菊花花瓣上印有"女高师高女"的字样 系带（band）底色为紫红色，中央绣有一条绿纹（代表水流），博多丝绸上的白色茶果状图案彼此衔接。	※ 徽章佩戴在袴腰部位的系带（band）上。这成为"女高师高女"学生的象征。

1908（明治41）年	东京女子高等师范学校附属高等女子学校	
1916（大正5）年	上下学途中穿皮鞋。	
1919（大正8）年	本科一、二、三年级学生穿筒袖或洋服。	※ 以低年级学生为主的洋服穿用者逐渐增多。
1930（昭和5）年	选定五种通学标准服。	※ 五种标准服包括水手服（一种）、夹克衫（两种）与连衣裙（两种）。
1932（昭和7）年	规定两种制服。	※ 两种制服包括水手服与背心裙。

参照东京女子高等师范学校附属高等女子学校《创建五十周年》（1932年，第118至121页）制成此表。

表 ii 本书的结构

结构	第Ⅰ部			描绘出的袴
	描绘出的日式服装与未描绘出的鹿鸣馆洋装			20世纪00年代
	19世纪80年代至19世纪90年代的女生服装			
	女子学校制服成立前史			女子
	明治18年至31年	明治25年左右	明治30年左右	明治35年左右
	1886（明治19）年			
	东京高等女子学校的毕业照片			

第 II 部	第 III 部
与未描绘出的改良服	描绘出的制服与未描绘出的标准服
至 20 世纪 10 年代的女生服装	20 世纪 20 年代至 20 世纪 30 年代的女生服装
学校制服的确立	女子学校制服的改变

大正元年左右	大正 10 年左右[01]	昭和 7 年	昭和 7 年

1903（明治 36）年	1930（昭和 5）年
《风俗画报》第 279 期	《主妇之友》第 14 卷第 6 期

01 挂轴 VI 代表 1921 年，但暂且归于 20 世纪 00 年代至 20 世纪 10 年代，与裤一并探讨。

Part ONE

描绘出的日式服装

与

未描绘出的鹿鸣馆洋装

——

十九世纪八十年代至十九世纪九十年代的女生服装：

女子学校制服成立前史

第一部将前三幅挂轴呈现出的十九世纪八十年代至十九世纪九十年代这一阶段作为研究对象。这些挂轴描绘了身穿色彩鲜艳的日式服装的女学生。每一幅挂轴中的女学生都穿着简易和服（不穿袴的轻便穿法），系着腰带，梳着日式发型，脚穿草鞋或木屐。一八八二（明治十五）年，东京女子师范学校附属女子高中创校之初，学生守则中只规定了弘扬简单朴素、抵制奢侈华丽的原则，并无其他特定的服装要求。根据三十年代左右在校的毕业生回忆，当时的服装主要是"大小姐"式的装扮：身穿长袖和服，以鼓形结带法、竖字式结带法、贝口结带法等结系腰带，脚穿麻衬草鞋[01]或竹皮草履[02]，梳辫子、束发、裂桃式顶髻[03]、唐人髻[04]、稚儿髻[05]等各式各样的发髻。当时，各个家庭盛行反映阶层、年龄及品味的装束，而挂轴所呈现的便是明治时期典型的"大小姐"装扮。

但是，前三幅挂轴中并没有描绘出十九世纪八十年代后期开始涌现的女学生身穿洋装的现象。在一八八六（明治十九）年至一八九〇（明治二十三）年的毕业照上，有一些女生穿的就是洋装，而且据毕业生回

---

01 把编织平整的麻布缝作衬里的草鞋。

02 在草鞋底贴皮革、后部嵌金属附件。金属附件可防止鞋后跟破损。

03 十六七岁少女的一种发式，将头发左右分开束起，再在头部后上方盘成环状。

04 源自吉原花魁的发型，从中央分缝，改顶髻为十字形髻。

05 儿童盛装参加神社、佛寺祭礼时多梳该发型，头顶左右梳成大小均等的发环。

忆，约一半的学生都穿洋装。当时并没有特殊的服装规定，因此洋装应该是各个家庭的选择。

这个时代出现的洋装，反映了当时欧化政策的动向。明治政府为了修改与欧美列强之间签署的不平等条约，以井上馨为首的一些人提出了欧化主义政策。这次的欧化主义并不仅限于社会制度方面，也波及包括礼仪、习惯、衣食住等生活模式在内的文化领域，女式洋装正是在这个背景下被引入日本的。为了模仿携带女伴的西方外交礼仪，上至皇后，下至皇族、宫廷女官、身居要职的政府高官的夫人们都需要同男性一样，穿着洋装出席公共场合。在这种潮流之中，部分女子学校开始要求女生穿洋装，一些家庭也决定让女儿穿上洋装。不过，随着批判欧化主义的起伏，到了十九世纪九十年代前期，洋装开始逐渐淡出人们的视野。从上述经过可以看出，这个时代的洋装可以被理解为"盛行一时"的装扮，它的兴衰与政治动向紧密相关。

第一部主要考察了十九世纪八十年代至十九世纪九十年代的女生服装，同时以洋装的引进为起点全面探讨该时间段内服装文化的形成。洋装的引进不仅对迄今为止的穿衣生活带来了深刻的影响，而且也是塑造全新服装文化的契机。毫无疑问，日式服装也在洋装热潮的冲击下作了新的调整。本部分从挂轴上未描绘出的洋装出发，反射了整个时代的面貌。首先，为了了解女式洋装的登台背景，第一章主要描写了政府高官的夫人们在国际社交场所、即鹿鸣馆晚会上穿着的洋装，第二章重点阐述了宫廷女性服制向洋装的转变，第三章考察了各个女子学校推广洋装的情形，验证了十九世纪八十年代至十九世纪九十年代女生服装的变化趋势，第四章则分析了束发的普及与关于服装改良的争论，旨在重新评价洋装时尚"盛行一时"的鹿鸣馆时代，认识洋装引进所带来的影响。

Chapter ONE

鹿鸣馆晚会的女式洋装——洋装的政治背景

一 鹿鸣馆的建设与晚会的举办

明治维新以后，新政府在调整国家机制的同时，重点提出了制定宪法与修改条约这两大课题。十九世纪八十年代后期开始出现的女式洋装便与修改条约这一课题密不可分。幕府末期，日本与诸列强之间签署的条约是承认领事裁判权与协定关税的不平等条约，到了明治时期，历任外务卿（后来的外务大臣）为了修改这些条约，都致力于与列强展开交涉。其中，井上馨为了有力推动条约的修改，不折不扣地推行了欧化政策，旨在实现从建筑、城市规划到衣食住风格、仪式、社交礼仪等的全盘欧化，向他们展示日本的文明形象。作为施行欧化政策的一个环节，井上开始着手建设用于宴请、招待海外来宾的社交场所。由英国建筑师乔赛亚·康德（Josiah Conder）设计，在麹町区内山下町一号建造了一座砖式二层洋楼。该建筑物竣工于一八八三（明治十六）年，被命名为"鹿鸣馆"。鹿鸣馆经常举办一些欧式宫廷风格的豪华晚会、音乐会或慈善义卖会等，成了欧化主义的象征。有一些词汇可以代表这个推行欧化主义的时代，而"鹿鸣馆"这一标志性建筑也包含在内。

在鹿鸣馆，最引人注目的是宴请政府高官、皇族、华族[01]、各国大使与御雇外国人[02]的晚会。晚会遵循西洋的社交礼仪，夫人也随同出席。在鹿鸣馆竣工之前，这类晚会多在芝离宫内的延辽馆、工部大学、官邸等多地举办。晚会种类繁多，其中只有纪念天长节[03]的晚会逐渐固定下来。这一规模庞大的晚会一般由外务大臣夫妇主持，自一八八〇（明治十三）年起曾在外相官邸、延辽馆、帝国宾馆等地多次举行。根据报道天长节晚会的新闻评论分析，出席晚会的皇族或政府高官的夫人们实际上也承担了一部分外交任务，她们所穿的洋装成了彰显日本文明程度的窗口。

为了招待外国人、筹办晚会，需要了解欧美诸国的传统礼法、掌握国际礼仪。一八七九（明治十二）年，井上馨担任外务卿的同时被任命为外宾接待礼节调查委员长，与宫内卿德大寺实则共同负责对礼节规矩

01　日本一八六九（明治二）年授予以往公爵诸侯的族称。一八八四（明治十七）年的《华族令》规定公、侯、伯、子、男五爵，代表有特权的社会身份。一九四七（昭和二十二）年废除。

02　特指在幕末或明治时代，日本政府与民间雇佣的来自世界各地的外国人。他们曾对引进西欧的政治制度、产业、教育等做出贡献。

03　即纪念日本天皇诞辰的节日。

的调查。根据调查结果，井上二人完成了"内外交际宴会礼节"一文，囊括了晚会的目的与时间、自助餐的形式、礼法、宴会厅、邀请函的寄送时间与书写方式、宾客的座次、主办方设宴款待的礼节、男女化妆室与礼服的种类等内容。在此之前，也就是井上被派遣至欧美的一八七六（明治九）年，他多次携带夫人武子、养女末子出席各类社交场合，并教给她们外语、社交礼仪与礼服的穿法等。直至晚会举办之前，无论男女都有必要学习社交礼仪，尤其是女性，更需要来自政府高官家庭的帮助。

二　政府高官夫人们的晚会洋装

鹿鸣馆的竣工与舞蹈彩排会

　　一八八三（明治十六）年十一月二十八日，鹿鸣馆举办了竣工纪念晚会。在这场晚会上，身穿洋装、会跳舞的女性可谓凤毛麟角。除了洋装以外，出席晚会的女性中也有的穿着纹付[01] 白襟和服，而来自宫廷的人则穿着袿袴（详见下章）。除了井上武子与末子，会跳舞的女性还包括驻意大利外交官锅岛直大的夫人荣子、驻俄罗斯外交官柳原前光的夫

01　指印染、刺绣或贴嵌家徽。

人初子、长期留学美国的女留学生大山舍松、津田梅子、永井繁子等。据说，当时其他政府高官的夫人们既不穿洋装出席宴会，也不在宴会上跳舞。

因此，鹿鸣馆从一八八四（明治十七）年十月开始举行舞蹈彩排，由驹场农学院的德国兽医学教师约翰内斯·路德维希·詹森（Johannes Ludwig Janson）担任舞蹈老师。第一次彩排是为筹备一周后到来的天长节晚会而举行的，井上馨、大山严、森有礼等政府高官的夫人们都参与了这次彩排。经过种种努力，掌握社交知识与礼仪、在晚会上翩然起舞的女性越来越多，甚至当时欧美流行的裙撑款式也开始走入人们的视野。

裙撑款式是在十九世纪七十年代风靡欧美的一种衣服款式：以紧身褡束缚腹部，腰后系有支撑隆起部分以突出腰身的围腰。裙撑指的是使裙子后腰膨胀起来的围腰构造，包括加入棉布的圆形坐垫，在含有马毛的硬质布料上添加褶皱、鲸鱼骨头或钢圈等各种样式，以细绳或束带连接腹部。

女性的天长节晚会服装与舞蹈

一八八四（明治十七）年十一月三日，鹿鸣馆天长节晚会由井上馨主持。出席晚会的皇族、参议、各国公使以及他们的夫人等共约一千三百人。在这场晚会上，日本女性也参与到舞蹈之中，有的女性还穿着袿袴跳舞，"夫人们或穿西洋服装，或穿日式服装，穿着日式服装的女人们发梳垂髻、身着绯色袴衣，迎着奏乐翩翩起舞"。

翌年，也就是一八八五（明治十八）年，法国海军将校皮埃尔·洛蒂（Pierre Loti）参加了天长节舞会，并留下了描写当时晚会场景的文章。对于女性的洋装，洛蒂尤为赞赏的便是井上馨的夫人武子（见图1-1）以及锅岛直大的夫人荣子。洛蒂回忆了他对武子的印象：

"当时，一位手套戴至肩部、发梳美丽发髻、五官秀气俊俏、无可挑剔的女性出现在我的面前，我惊呆了。因为搽着白粉，所以无法辨别她的年龄。细绢长裙的衣襟上装饰着仿若盛开在森林里的碎花，色调是极为淡雅、素朴的浅紫色，难以言表地恰如其分。点缀着一颗颗珍珠的硬质刺绣下，遮掩着刀鞘形的紧致衬衣。总而言之，巴黎流行的时装款式在这位玉舆一般的令人惊叹的女子身上得到了最好的诠释。"

洛蒂高度赞赏了武子的洋装，对她寒暄时的礼貌也抱有好感："如美国女人一般"。但是另一方面，洛蒂对于武子和荣子以外的其他日本女性则作了如下描写：

"啊！然后是这些女人们……仔细观察，无论是稳坐在椅子上的年轻少女，还是如背景墙一般紧挨墙壁排列的母亲们，她们多多少少都令人感到吃惊。（略）但是，她们的容貌尚可，并不土气，手非常小，穿着直接从巴黎引进的服饰……可是，那些吊梢眼流露出的微笑、向内侧弯曲的足部、扁平的鼻子总令她们看上去有些异样，让人觉得一点都不真实。"

尽管洛蒂承认如壁画一般的女人们穿着的洋装的确是"直接从巴黎

引进的服饰"，但是它们穿在日本人身上，却令他觉得不协调："异样"，"丝毫感觉不到真实"。而关于舞蹈，洛蒂叙述道："她们的舞姿很标准。（略）但那是照本宣科的舞蹈，全然不见个性的彰显，如同人偶一般。"即便是经过排练的舞蹈，在洛蒂看来也缺乏个性与自发性。只有极少数具有海外生活经验的女性才像武子一样，即使在欧美人的眼中也可以将洋装穿出风采、将舞蹈跳出自我。

洛蒂也出席了次年——即一八八六（明治十九）年的天长节晚会，当时束发的女性占绝大多数，"一百三四十位女性悉数束发，盘和式发髻、穿和服的只有一位来自市来町的女子"。同年，宫中开始推行洋式的女性服制，皇后也是在这一年第一次穿上洋服。而宫廷洋式服制的确立，进一步推动了洋装在上流阶层的普及。

出于参加晚会的女人们对洋服的需求，一八八六年白木屋[01]创办了洋服部，而且在鹿鸣馆洋装流行的鼎盛时期，日本还涌现出一大批培训洋式裁剪的学校与洋服裁缝指导书。

01　日本的一家百货店。

图 1-1 井上馨伯爵夫人・武子
（中山千代《日本妇人洋装史》76 页 吉
川弘文馆 1988 年版）

三 鹿鸣馆的终结与服装的变化——成为礼服的洋装与纹付白襟和服

条约修改的挫折与反政府运动的兴起

鹿鸣馆建成以后，穿着洋装出席晚会的女性比例急剧增加，但在一八八七（明治二十）年之后开始逐渐下滑。

一八八六（明治十九）年十月，英国诺尔曼顿号轮船在日本纪州洋触礁沉没，以船长为首的英国船员得以逃生，而日本乘客全部遇难。这就是"诺尔曼顿号事件"。在当时的领事裁判权制度下，对船长的判决过轻。这次事件暴露了领事裁判权的弊端，令日本人痛感修改条约的必要性。井上外相在处理这一事件的同时，与各国反复展开谈判，尝试修改条约。但是，井上的条约修改草案尽管提出撤销领事裁判权，但却主张任用国外法官。因为这一主张有可能侵害国家主权，所以招致了政府内外的一致反对，事态最终演变为反政府运动。为控制这一局势，条约修改会议无限延期，井上也在一八八七（明治二十）年九月辞去外务大臣的职务。

同时，在全国目光都聚焦于条约修改之际，首相官邸依然在举办化装舞会，这又煽动了国民对政府的不信任以及对欧化主义的批判情绪。化装舞会是欧美社交圈常常举办的一种活动，英文名称为"Fancy Ball"。根据新闻报道对当晚盛况的描写，伊藤博文装扮成意大利贵族，伊藤的夫人与女儿扮成西班牙的贵妇与村姑，有栖川宫穿上了西洋古代军装，井上外务大臣则打扮成三河万岁，舞会一直持续到翌日凌晨四点。

这场化装舞会被视为"亡国的征兆"，受到众人的强烈谴责，政府高官中也有人批判欧化政策"走过了头"。

洋装的衰退与纹付白襟和服的兴盛

一八八八（明治二十一）年，接替井上馨登上外务大臣之位的大隈重信迎来了任职的第一年。据称，当年天长节晚会的情形如下所述：

"在今晚一千多名来宾当中，跳舞的多是西洋人，自称擅长舞蹈的日本人寥寥可数，可以觉察出他们婉拒的态度。在曾经的鹿鸣馆，全然不见身穿纹付白襟和服的女人，而今晚却发现了二十多位。（略）自条约修改中止以来几乎绝迹的舞会，再次成了贵妇人展现风采的场所。"

这篇报道说明，条约修改中止后的舞会更提倡自我克制。在恢复举办的舞会上，跳舞的日本人变得更少，而穿着纹付白襟和服的女性却增加至二十余人。近藤富枝指出，导致这种现象出现的原因在于社会舆论对女式洋装的批判，同时也受到大隈重信的夫人绫子不喜好舞蹈与洋装的影响。洋装是比较明显的欧化象征，可能会暴露夫人乃至丈夫的立场或主张，因此政治家庭对如何穿衣尤为谨慎。

一八八九（明治二十二）年以后的天长节晚会情形

一八八七（明治二十）年以后，由于条约修改的中止与反欧化主义的热潮，舞会的举办一时之间受到了约束，然而通过新闻报道可以确定，从第二年起，盛大的晚会再度粉墨登场。一八八九（明治二十二）年三月十一日，鹿鸣馆举办了庆祝大日本帝国宪法颁布的晚会。当日，出席晚会的人数约五百名，其中女性约一百名，而且大多数都穿着纹付白襟和服。

一八九〇（明治二十三）年的天长节晚会由外务大臣青木周藏在鹿鸣馆主办。据悉，夫人随同的情况有所减少，多是丈夫独自参加。

一八九一（明治二十四）年，由外务大臣榎本武杨主办的天长节晚会在帝国宾馆举行。关于受邀女宾的服饰，一篇报道称："在前几年洋服盛行的时候，晚会上穿纹付白襟和服的女性屈指可数，但是今晚却有大概三四十人。总体而言，携带夫人出席的人数也有所下降。"约三四十名女性身穿和服，而且在夫人陪同下参加晚会的人数逐渐降低。

一八九二（明治二十五）年，外务大臣陆奥宗光在帝国宾馆主办天长节晚会。出席人数约一千人，"与去年相比，身穿纹付白襟和服的夫人或大振袖[01]和服的少女明显增多"。

鹿鸣馆举办的最后一届天长节晚会是在一八九三（明治二十六）年。主办方是外务大臣陆奥宗光夫妇，但由于夫人身体不适，最终交由外务次官林董夫妇二人主持。当时的晚会邀请函上都注明了对出席者的服装要求。一般指定女性穿露肩礼服，如若不便也可以穿"白襟纹服"，男性则穿燕尾服。露肩礼服是在宪法颁布纪念庆典上规定的一种女式礼服

---

01 根据袖子长度分为大振袖、中振袖和小振袖。大振袖为正礼服，袖长约一百一十至一百二十厘米，袖底可至脚踝。

（详见下章）。虽然目前仅存有一八九三年的邀请函资料，但是可想而知，一八八九（明治二十二）年二月十一日之后的晚会大都参照了宪法颁布仪式庆典上对服装的规定。

从新闻报道对当年天长节晚会上女宾服饰的描述中可以得知，皇族妃嫔穿洋服，其他女性则穿纹付白襟和服："小松、北白川、闲院三位殿下穿着正式的陆军服装，后宫妃嫔均身穿洋服、佩戴勋章，可谓光彩照人、万众注目。其余的夫人们大多穿白襟纹服，浓淡相宜，颇为美观。"另外，《朝野新闻》也形象地再现了女宾的服装："穿洋装的女人越发少见，十之七八都穿着纹付白襟和服，尤其是淡色下摆的黑底和服较为常见，其余还有淡青、淡蓝、紫色等颜色，在夜色下交相辉映。外国女人的服装大多也是这些浅色，花纹中或混有其他颜色，但至多不过三种，乍一看恍若纯色。这也是为了迎合夜色，色彩缤纷的花纹适合白昼，在灯光下反而不见出彩。"根据这份报道，参加晚会的女性中约二到三成穿洋服，七到八成穿纹付白襟和服。而且，为了"迎合夜色"，无论和服还是洋服都倾向于青色或紫色这类浅淡的颜色，而非色彩斑斓、造型各异的款式。在和服与洋装的相互配合下，适合出席晚会的颜色与花纹逐渐被确定下来，晚会礼服的标准得以形成。

鹿鸣馆的终结与礼服的双重结构

一八九四（明治二十七）年六月二十七日，一场地震袭击了鹿鸣馆，正门的博风板[01]被震落，甚至造成了伤亡。在地震发生数月后的十一月，鹿鸣馆被转让给华族会馆，曾经的欧化主义象征鹿鸣馆自此终结了其作为国际社交场所的使命。由于鹿鸣馆与外务大臣官邸均遭受地震破坏，加上日清战争的影响，一八九四年并未举办天长节晚会。

从鹿鸣馆竣工到被转让这段时间，晚会上的女式洋装经历了从兴盛到衰退的过程，最终露肩礼服与纹付白襟和服成为正式的晚会礼服。两者之间形成了相辅相成的关系，而且洋服与和服的颜色与花纹也相互配合，促成了晚会礼服标准的确立。这表明洋装的引进推动了和服的调整与完善。与男性唯一的燕尾服不同，女性拥有和、洋两种选择。换言之，礼服具有双重结构。

以一八八七（明治二十）年左右为界，女式洋装受到了条约修改的挫折和紧缩的财政趋势等影响，热潮逐渐消退，但并非完全消失。正如下一章将提到的，在宫中，以皇后为首的皇族嫔妃、女官依然穿洋服。一般认为由于欧化主义日益衰退，这个时代的女式洋装不过是"昙花一现"，但是这一论断有可能阻碍我们辨别洋装所带来的服装文化的形成契机。我们可以认为，自十九世纪八十年代后期以来，国内外的欧化倾向逐渐平缓，女式洋装也得以延续。

接下来，第二章将继续围绕为国内外女性树立典范的宫廷女性服制展开介绍。

01　日式建筑山形屋顶两端的山形板。

Chapter TWO

宫廷礼服制度——近代天皇制与女性的服制

一 袿袴制——一八八四（明治十七）年的妇女服制

宫廷女性

在欧化主义达到全盛时期的一八八六（明治十九）年，宫廷女性的服装制度改为了洋式。在此之前，宫中一直以皇家装束——袿袴为正式礼服。以皇后为首的宫廷女性承担着国家礼仪指南针式的象征性作用，宫廷服制体现了国家对公共场合下女性服饰的要求。本章将重点介绍从袿袴向洋服演变的宫廷女性服制。

此处提到的宫廷，指的是"天皇、皇族、被称为宫廷派的天皇近侍、太政与左右大臣、宫内省相关人士等构成的政治主体"，接下来主要讨论的是针对女性——皇后、内亲王[01]、皇族妃嫔、女官、华族与政府高官的夫人——制定的服制。

敕任官[02]与麝香之间诘[03]夫人的觐见服制

明治政府时期，敕任官或身居高位者在新年朝贺仪式上可以携带夫人一同上朝参拜，由此诞生了规定女性礼服制度的需要。一八七二（明治五）年，男性服制被定为洋装，而女性服制首次被确定是在一八七四（明治七）年。当时，敕任官或麝香之间诘的夫人如果呈交申请，便可以在新年朝贺或出国之际进宫觐见，而这种场合下的服装便被规定为袿袴。袿袴由服（小袖）、袴、褂（袿）三个部分构成，是皇族女性的服饰。与男性的洋服不同，公共场合下的女性装束选择了皇族服饰袿袴。尽管服装种类并不统一，但这是在引进夫人随行的西洋习惯后第一次规定服制。

自一八八一（明治十四）年起，敕任官与麝香间祗候可以在夫人的陪同下进宫朝贺新年，而此前一年，"敕任官与麝香间祗候夫人之服饰"规定再次出台。这份文件首次允许外交官的夫人以洋服代替袿袴。

01　皇女。

02　官吏品级之一，由天皇任命。

03　也被称为"麝香间祗候"，是授予旧公卿、大名华族、立功官吏的名誉称号，享受优待。

妇女服制的制定

一八八四（明治十七）年九月，日本规定了敕任官及以上品级妇女的服制。这一服制包含礼服、日常礼服、便服三类袿袴，禁用皇后或皇族专用的花纹与颜色。此外，还附加了一条"关于西洋服装的规定将于日后另行公布"。

关于妇女服制的敕令同时也下达至华族女性。一八八四年七月，日本颁布《华族令》，把对国家立有功勋的政治家、军人、实业家册封为华族，并规定五等爵位：公、侯、伯、子、男。华族原本是一八六九（明治二）年授予旧公卿与旧诸侯的称号，但此时考虑到江户时代以前的门第或身份，把在明治时期立下功勋的有势者也纳入上流阶层。因此，伴随着《华族令》的颁布，袿袴制度的有关文件也下达至新晋华族。这一规定说明了非皇族出身的华族也可以以皇家装束作为礼服。而且，华族女性对袿袴的新需求还催生了一批服装定制商店（图1-2）。

一八八四年的妇女服制敕令不仅规定了觐见服饰，还提出了对于女性日常服装的要求。之前的服制只针对在新年朝贺等仪式中随同出席的"夫人"服装，但这次服制规定还包含"日常适宜着此装束"的便服，对象也扩大至"家族中的一般妇女"，因此使用了代表普通成年女性的"妇女"一词（而非"夫人"）。

图 1-2 袿袴定做广告

（《朝野新闻》1884 年 10 月 18 日）

二 对袿袴的印象

赏菊大会的袿袴

本节将从外国人与日本人两种视角，分别描述袿袴给人带来的印象。第一章曾提到的那位高度赞赏了井上武子所穿洋装的法国将校皮埃尔·洛蒂，后来又参加了一八八五（明治十八）年十一月十日举办的赏菊大会，并对当天日本女性的袿袴装扮进行了描述。其中最令他津津乐道的是，他偶遇了在鹿鸣馆相识的、身穿袿袴的井上武子与锅岛荣子。

"哎呀！其中一人穿着宫廷服饰，倘若不是她一贯优雅的微笑，我或许不敢相认，她无疑称得上'井上伯爵夫人'，正是那位外务大臣的夫人。我仅在舞会（鹿鸣馆）上见过身穿浅紫色巴黎风长裙的她，再也没有人能比她穿得更典雅舒适……还有另一位年轻的女子，我也曾经见过——'锅岛侯爵夫人'！我甚至曾经有幸与她共舞了一曲华尔兹。（略）即便如此，她们真正的变装是发生在当年的舞会吗，抑或是在今天？"

洛蒂见过武子二人洋装与袿袴的两种装扮，发出了究竟哪一种才是变装的疑问。政府高官的夫人们在宫廷相关的活动中穿袿袴，在国际社交场合下穿洋服，维持着建设近代天皇制国家所必需的礼仪。那么，武子她们的装扮中究竟哪一种是"本色"，哪一种是"变装"呢？简言之，裙撑款式的洋服是西洋的变装，而袿袴则是平安时期皇家服饰的变装。其实，任何一种都是政治变装，需要日本女性根据场合变换服装与举止。

借着洛蒂的双眼，我们可以窥探到女性的礼仪服饰随着国家建设在不断地完善。

皇后的装束

对于代表宫廷女性的皇后，山川菊枝曾在《女二代传记》中以日本人的视角描述了他对皇后身穿袿袴的印象。山川的母亲千世曾经在一八七五（明治八）年东京女子师范学校的开学典礼上亲眼见到了皇后。

"皇后长发垂髫，身穿如同女儿节人偶一般的双重白襟绯色绉绸和服，绯色的袴上罩着织有黄底红菊的褂，绯色袴裙下隐约可见一双尖头的高跟鞋。（略）皇后从停靠在学校正门的马车上走下来，打开一把浅粉色的蝙蝠伞。她撑着伞，仿佛融入校园中一般消失了身影。"

据千世回忆，皇后撑着蝙蝠伞，穿着绯色袴与同色的鞋（被形容为"高跟鞋"）。学生们回忆起皇后的这身装束时，总会感慨："皇后犹如从平安朝画卷中走下来的人物，色彩明丽的十二单服饰、高跟鞋、精美华丽的蝙蝠伞、垂髫、闲散家居的撑伞姿态，每每与她对视，总忍不住微笑起来。仿佛为了衬托白天肃穆的氛围，夜晚的学生宿舍笑声此起彼伏、不绝于耳。"

皇后的"可视化"与围绕皇后服饰的争论

东京女子师范学校的学生大多出身士族，在她们眼中，皇后如同"从平安朝画卷中走下来的人物"一般，散发着复古的历史气息。再加上西洋的蝙蝠伞与高跟鞋，使得古、今、东、西的对比愈加鲜明。明治以前，天皇家族的女性几乎从不出现在公共场合，普通平民并没有近距离接触她们的机会。洛蒂也曾如此描述皇族与女官的袿袴装扮："在日本任何一座城市的街道上、屏风上或者读物上，都无法得见。"直到明治时期以后，天皇与皇后作为国家的统治者，开始巡游日本各地，现身在公众面前。在东京女子师范学校的开学典礼与赏菊大会上，皇后给女学生与法国将校留下了深刻的印象。皇后、皇族以及女官的服装是国内独一无二的服装，是展示天皇家族历史与传统的服装。这与明治天皇、军队或官吏等男性穿洋服、使原有身份与出身"不可视化"的思路截然相反。

可以认为，男性穿洋服、女性穿袿袴这种差异产生的背景是宫中守旧派与内阁近代化推进派之间围绕女性服制展开的争论。与男性洋服相对的女性袿袴制度，在近代化推进派的眼中是半（反）文明化的证据，是变革的对象，但在守旧派看来则是过往习惯、传统文化与美德的守护者，应当延续下去。自一八八四（明治十七）年妇女服制制定以来，近代化推进派的代表人物伊藤博文便开始期盼进入宫廷国际化的下一环节：皇后服饰的洋装化。可是天皇的消极态度阻碍了这一愿望的实现。天皇与元田永孚反对皇后服饰的洋装化与后宫的近代化，不赞同欧化主义向宫廷的引进。天皇态度发生转变、皇后服饰的洋装化最终得以完成是在一八八六（明治十九）年。

三 洋服制——一八八六（明治十九）年的妇女服制

一八八六（明治十九）年的内部通告与背景

女性服制从皇家装束的袿袴转变为洋服是在一八八六（明治十九）年六月二十三日。首相兼宫内大臣伊藤博文发布了以下内部通告：

"关于妇女服制的前项规定自今日起作废，皇后可以在某些场合穿西洋服装，皇族、大臣夫人等也可以自由选择西洋服装作为出席朝贺等仪式时的礼服。"

坂本一登指出，皇后服饰的洋装化之所以实现，主要原因在于天皇对伊藤的信赖。内阁制度创立以后，伊藤采取了一系列拥护天皇立场的举动，"消除了天皇在西洋问题上对伊藤的偏见"，最终实现了皇后服饰的洋装化。伊藤与天皇之间关系的改善不仅体现在宫廷制度的改革上，对仪式、服装等礼仪方面的改革也产生了影响。

皇后与女官的洋装

一八八六年，在内部通告下达之后，皇后便身穿洋装出巡至华族女子学校与青山御所。同年十一月，在出席吹上御苑的慈善马戏、赤坂御苑的赏菊大会以及参观博爱医院之际，皇后与随行女官也都穿着洋服。

宫廷洋式服制确立之后，伊藤便向德国柏林定做皇后及女官的礼服。定做费用高达十三万日元。当年鹿鸣馆的建设费也不过十八万日元。

与其相比，服装定做费堪称巨额，这笔开支由国家承担。

不过，一八八六年的内部通告并没有明确规定女性礼服的具体样式。一八九○（明治二十三）年发行的《法令全书》中附加了包括下述内容的"参考"文献，由此可知详细规定是在一八八六年至一八九○年之间制定的。

明治十九年六月廿三日，宫内大臣发布的内部公告中规定西洋服装为正式礼服，目前宫廷礼服的类别如下所示：

妇女服制

大礼服	Manteau de cour	用于新年庆典
中礼服	Robe décolleté	用于晚会、晚餐等场合
小礼服	Robe mi-décolletée	同上
日常礼服	Robe montante	长裙，用于白天宫中陪膳等场合

自此，不同场合下的各类礼服便被确定下来。据《风俗画报》报道，露肩礼服被规定为妇女的中礼服是在一八八九（明治二十二）年一月三十日。"今年一月三十日，规定露肩礼服为妇女中礼服，也就是去年十一月参加宪法颁布仪式的女官、贵妇人等的装束，并且今后将继续用于各类礼仪活动。"从中可以了解到，大日本帝国宪法的颁布典礼是规定妇女洋式礼服具体样式的主要参考依据（图1-3）。

●婦人中禮服

本年一月三十日を以て定められたる婦人
中禮服はローブデュルテーと稱し去月十
一日憲法發布式の當日參觀の女官并ニ貴
婦人方各々之を着用せり細以後も諸續式
に用ゐる事と定められたりといふ

图 1-3 妇人中礼服

（《风俗画报》2 号 14 页 1888 年 3 月 10 日）

《关于妇女服制的意见书》

为阐明女性洋服的正当性，推动洋服的普及，一八八七（明治二十）年一月，皇后发表了《关于妇女服制的意见书》。《意见书》提出，选用洋服的主要依据在于"不仅适合站立行礼，也方便身体活动与动作舒展"的便利性，而洋服的正当性则来源于它是恢复旧制的体现，孝德天皇、持统天皇、元正天皇及圣武天皇等历史时期的"衣与裳"同"西洋女服"之间存在结构的相似处，因此可以将古代日本与近代西洋加以结合。而且，《意见书》着重强调了国货的使用。使用国货不仅有利于制造的改良、美术的进步与商人的利益，还有可能节省成本。在宫中，女官的洋服面料由西阵的织布师定制，而御所内的裁缝室主要加工国产面料的洋服。

宫廷洋服的选用以及来自皇后的意见书使得服装标准更为明确，不仅局限于晚会或舞会等场合，上流阶层女性与官立女子学校的洋装穿着也被赋予了正当性，服制适用范围进一步扩大。皇后及宫廷女性承担着指明今后发展方向与理想状态的责任。

四 御雇外国人对洋装的批判

伯尔兹的进言

　　御雇外国人对于宫廷洋式服制的变革提出了反对意见。其中，明确表示反对的一位就是德国医生埃尔温·冯·伯尔兹（Erwin von Bälz）。伯尔兹于一八七六（明治九）年来到日本，之后的二十六年间连续担任了东京大学医学部的老师与宫内省的御医。以下是《伯尔兹日记》中记述的伊藤博文与伯尔兹之间关于宫廷服制改革的对话。

　　"当伊藤大人告诉我宫中将要引进西洋服装的时候，我迫不及待地劝，无论如何，洋服并不是按照日本人体形设计的服装，从健康角度考虑甚至对女人身体有害，也就是紧身褡的问题，而且从文化、美学角度看更不值一提。伊藤大人笑着回答我道：'伯尔兹先生，你并不了解高级政治的追求。当然，你所说的也许完全正确。可是，我国的女人们如果穿着日本服装出现在众人面前，是不会被当作人来对待的，只会被视为玩具或者人偶。'伊藤大人仅此一次拒绝我的忠告与期望。"

　　伯尔兹作为一名外籍医生，从医学角度揭示了洋服的缺点，从文化与美学角度反对日本人穿洋服，但是伊藤站在"高级政治"的立场上反驳了这一观点。服装被赋予了各种各样的功能与价值，而伊藤最为看重的是洋装在国际政治中所代表的社会关系。坂本一登对伊藤的回答分析道："日本拒绝成为西欧列强研究文化人类学的兴趣对象，主张平等文明国家的地位。他的这席话诚恳且坚定地表达了这层意思。"与女性服装的功能、健康、文化或者美学观点相比，伊藤更重视的是彰显"文明"日本的政治观点。

莫尔的提议

奥特玛·冯·莫尔（Ottmar von Mohl）是另外一位向伊藤进言废止洋服制度的御雇外国人。一八八七（明治二十）年四月至一八八九（明治二十二）年三月，莫尔在宫中任职，主要工作是讲述被日本宫廷视为样本的普鲁士宫廷与其国家制度，并将宫廷手册的内容翻译为英语。莫尔自一八七三年起的六年间一直担任德国皇后奥古斯塔的秘书，他的夫人则担任普鲁士王室女官。伊藤聘用莫尔夫妇是为了使二人的经验在日本皇室的激进改革中发挥作用。但是，与伊藤的意愿相悖，莫尔也同伯尔兹一样反对宫廷实行洋服制度。在莫尔夫妇来日的前一年，宫中已经决定以洋服代替宫廷女性服装，但莫尔依然向伊藤指出，圣彼得堡、布达佩斯、罗马尼亚等地的宫廷服装都选用民族服饰，建议日本宫廷也采用民族服饰。但是他的提议被强硬地拒绝了："服饰问题在日本是政治问题，宫内省没有表达这种决定性意见的权利。"因此，莫尔夫妇剩下的工作便是从德国进口皇后礼服的样品，或者选择国内生产的布料样式等。

莫尔眼中的宪法颁布仪式

一八八九（明治二十二）年二月十一日，大日本帝国宪法颁布仪式召开。当时，莫尔也在日本，并对当日天皇与皇后的服饰作出了下述描写：

"在皇居御苑内祭奠皇室先祖的神社中，一场神式礼拜拉开了庆典的序幕。今日，依照惯例，天皇与近旁诸人都身着白衣，宣誓遵守宪法，祈求皇室先祖祝福新的国家宪法。之后，天皇换上洋式军装，与宫人一道庄严列队，进入为本次庆典专门打造的豪华御座间。大厅中，皇后与内亲王肃立在御座右侧，亲王与外国外交使团等人则在御座左侧。（略）在天皇的右侧，皇后与诸位内亲王、随从女官一同站在高台之上。皇后头戴镶满西洋钻石的皇冠，浅红色衣裳上也搭配着里维埃拉风格的镶钻首饰。皇后与身边的诸位内亲王均佩戴着日本勋章。这些来自皇室的优雅女性给我留下了十分美好的印象。"

宪法颁布日定在了纪元节，最开始以神道仪式举办了纪元节亲祭仪式，在仪式上宣读了皇室典范与制定宪法的告文。据莫尔回忆，当时天皇与近旁诸人身着白色衣装，随后天皇换上洋式军装，开始举办西式庆典。正如这次宪法颁布仪式见证的那样，皇室相关的礼仪活动分为神式与西式两种，根据仪式活动的内容更换服装。在举行天皇即位或册立皇太子等仪式上穿皇家装束，而在新年朝贺庆典、赏樱或赏菊大会等日常活动中，则穿军装或西式礼服。尤其是在日常活动中，皇后与皇族需要穿洋服，而臣子女眷却可以穿袿袴，以代替洋服。尽管西式礼服已经确定，但袿袴与皇家装束的制度依然存在且更加完善。

一八八六年以后的宫廷女性服制规定：皇后与皇室在公共场合穿洋

服，以展现日本在国际社会的文明程度，而在皇室礼仪中穿皇家装束，以展示天皇家族的"传统"。十九世纪八十年代后期，洋装的引进使得宫廷礼服具备了双重结构，体现国际文明程度与天皇家族传统的两种服装同时登上了历史舞台。

在晚会与宫廷的女性礼服具备双重结构的这段时间内，女子学校又做出了怎样的选择与判断呢？接下来的一章将追溯女子学校的服装演变历程。

Chapter THREE

女子学校的洋装发展

一 女子师范学校——官立高等师范学校与府县立普通师范学校

森有礼的各类学校令

一八八五（明治十八）年，日本废除太政官制，实行内阁制度，第一届内阁总理大臣由伊藤博文担任，森有礼担任文部大臣。第二年，森有礼制定了《帝国大学令》《师范学校令》《小学校令》《中学校令》与《诸学校通则》五类学校令。在普通、高等小学之上设置普通、高等中学，并系统地建立了从高等中学至帝国大学各阶段的学校制度，旨在为国家及社会发展培养高素质的人才。而且，森有礼认为公共教育的核心在于教师质量，因此大力发展了师范学校。他将该类学校分为普通、高等两个等级，普通师范学校培养小学教师，高等师范学校培养普通师范学校的教师。此时，女子教育制度并没有与男子教育同步发展，只有极少数的官立女子学校与教会学校承担着小学之后的女子中等教育。本章主要关注培养教师的女子师范学校、官立学校以及基督教会女子学校三类女校，追溯各类学校的洋装发展过程。

高等师范学校女子部的洋装规定

一八七五（明治八）年建校的东京女子师范学校，在一八八五（明治十八）年与东京师范学校合并，第二年颁布的《师范学校令》又将其升级为高等师范学校女子部。在师范学校，学费包含服装费用，所以该校规定了学生服装要求。一八八六（明治十九）年十一月，高等师范学校女子部规定：“本校女生一律着洋服。禁止佩戴丝绸、蕾丝、金银或宝石类饰物。”这项规定是在宫廷妇女服制变为洋装五个月后，学校给出的回应。关于当时学校的服装，一名学生曾描述道：

“不久之后，洋服开始流行，还有人穿着按喜好自制的洋服。明治二十年，所有人几乎在同一时间换上了洋服，有木棉白绢、唐栈、八端绸、法兰绒、斜纹哔叽等各种面料，到我毕业的时候还出现了羊绒等高档品。女子职业学校的学生前来为我们制作服装，她们穿着黑色半靴，搭配红色针织袜。”

据一八八五（明治十八）年前后入学的学生称，学生们曾经自制洋服，在所有人都变换装束之际，女子职业学校的学生则负责为该校学生制作洋服。师范学校流行的洋装并不是宫廷或社交圈中上流阶层女性所穿的高价进口衣物，而是依靠当时刚起步的洋式裁缝教育，由国内裁缝学校的学生制作。

据毕业生回忆，该校曾经作为会场举办了一场舞会。一八八六（明治十九）年九月进入东京师范学校女子部学习的野口雅嘉曾证实，附属高等女子学校的学生中多是会跳舞的世家小姐，而且那场舞会是以指导"男女交往的途径"为目的举办的。野口与同级的宫野琴还谈起一则逸事：由于鹿鸣馆晚会上缺少男性舞伴，师范学校的女学生们曾经多次被驱赶出来。宫野提到，师范学校的女生都是用宿舍的窗帘制作晚会礼服的，因为没有撑起裙子的衬裙，她们只能把报纸缝起来，塞在裙子下面。除了皇族、华族以及政府高官的夫人们，师范学校的女生也经常参加鹿鸣馆晚会，承担一部分外交责任。

一八九〇（明治二十三）年三月，东京高等师范学校女子部从高等师范学校独立出来，成立女子高等师范学校。一八八六（明治十九）年十一月公布的洋装规定在一八九三（明治二十六）年至一八九四（明治二十七）年间被取缔。从毕业照片上看，一八九三年三月之前毕业生都穿着洋服，而在同年七月以后全部换成了和服（图1-4至图1-9）。校史记述了这一时期的服装演变："曾经盛行一时的女式洋装逐渐消失，本校学生也开始换回和服，二十七年毕业的学生都穿上了和服。不过，她们依然保留了束发的发型。"

普通师范学校女子部的学生服装

一八八八（明治二十一）年，文部省下达训令，要求普通师范学校

图 1-4 1886 年 7 月东京高等师范学校女子部毕业照
（御茶水女子大学图书馆藏）

图 1-5 1887 年 4 月东京高等师范学校女子部毕业照
（御茶水女子大学图书馆藏）

图 1-6 1889 年 4 月东京高等师范学校女子部毕业照
（御茶水女子大学图书馆藏）

图 1-7 1891 年 4 月东京女子高等师范学校毕业照
（御茶水女子大学图书馆藏）

图 1-8 1893 年 3 月东京女子高等师范学校毕业照
（御茶水女子大学图书馆藏）

图 1-9 1893 年 7 月东京女子高等师范学校毕业照
（御茶水女子大学图书馆藏）

推行洋装，但是由于府县立学校的学生学费是由地方税收承担的，因此全国并没有完全落实这一训令。推行洋装规定的府县有秋田、宫城、福岛、新潟、栃木、静冈与京都等。据说，秋田县普通师范学校女子部的学生由于穿着由京小仓制作的裙撑款洋服，引来了周围人们戏谑与好奇的眼光。新潟县普通师范学校女子部自一八八八年起开始普及洋装，一名女裁缝老师前往京城学习洋服裁剪，让学生自己制作洋服，被当时的人骂为"国贼"。由此可见，地方对洋装的反感尤为强烈。

另一方面，山形、千叶与长野并没有执行洋装规定。山形县普通师范学校女子部的学生穿着看上去"如同六七十岁老妪"的缟素和服，头发结成束发。而在千叶县普通师范学校女子部，一八八五（明治十八）年由学生协议决定全体束发、穿皮鞋。和服与束发、皮鞋的结合也是部分接纳洋装的体现。

十九世纪九十年代，出现了明显的废止洋装的趋势。一八九一（明治二十四）年，福岛县普通师范学校女子部全面取消洋服制度，比女子高等师范学校更早一步。该校的毕业生描述当时的情形道：

"日本女子教育受到了西洋的强烈影响，正当有心之人担忧未来的日本国民精神之际，传来了森有礼文相被暗杀的消息。在大臣更换的同时，文部省的教育方针也焕然一新，几乎与之前截然相反：彻底废除洋式、改为日式，将妇德涵养规定为女子教育的重心，师范教育也变得更为适合县内的实际情况，增进学生对地方产业的知识与兴趣，在宿舍内养蚕的时代到来了。

"而且，洋服已然不见踪影。教师穿着优美典雅的长袖和服站在讲台上，以太鼓结法系带，如小孩枕头一般大小的腰带背衬高高隆起。体操运动时，学生们穿着束襷[01]长裾和服，嘴里喊着'向右转'的口号。但是除此之外，因为跑步时需要一直用右手压着和服前襟，这一装扮遭到了强烈抨击。"

这名毕业生回忆了一八八九（明治二十二）年二月十一日大日本帝国宪法颁布仪式当日，森有礼被暗杀，新任文部大臣带来了文部省与师范学校教育方针的焕然一新。与之相应的是，服饰也从西式转换为日式。由此可以看出，森有礼的启蒙式女性观念与封建妇德涵养、受到西洋理念影响的女子教育内容与地方实用知识的学习之间形成了鲜明的对比。

在宫城县，县议会曾经决定普通师范学校女子部与附属小学的女生均穿洋服，但在一八八九（明治二十二）年撤销了这一决定，放开了服装限制。在该决定出台数年后的一八九三（明治二十六）年，宫城县普通师范学校女子部废除洋服规定，开始采用和服。和服面料为木棉，学生可以选择适合自己的款式，并搭配袴穿着。

一八九〇（明治二十三）年，静冈县规定普通师范学校女子部与附属小学的女生装束为"无裆袴（俗称的'行灯袴'），皆束发、搭配皮鞋"，这一规定得到了"外观美、品行正"的高度评价。

一八九一（明治二十四）年，和歌山县规定普通师范学校女子部学

01　吊住和服长袖的带子。

生的发型为银杏叶发髻。

全国各地的学校采取了迥然不同的应对措施，既有废除洋服、回归和服与袴的学校，也有保留洋式束发或统一要求银杏叶发髻的学校。

——

二 官立女子学校——东京高等女子学校与华族女子学校

东京高等女子学校的学生服装

东京女子师范学校附属高等女子学校创立于一八八二（明治十五）年。一八八五（明治十八）年八月被合并为东京师范学校分校。次年二月划归为文部大臣官直属，从师范学校分离出来，更改校名为"东京高等女子学校"。从一八八六（明治十九）年至一八九〇（明治二十三）年，东京高等女子学校的毕业照片上可以看到身穿洋装的女学生与女教师（图1-10至图1-13）。从校史中发现了这个时期的服装规定：

"东京高等女子学校时期的毕业纪念照片中，大家都穿着特定的服装。学生守则第四条规定'服饰、头饰需以简约为主，不应流于浮夸'，但除此之外再没有任何关于服装的规定。"

学校并没有制定关于学生服装的具体规定，也没有提到洋装。据毕业生回忆，当时的学生中"大概一半穿洋服，一半穿和服"。可见，这个时期的洋装并不是学校的统一规定，而是各个家庭自行选择的结果。

图 1-10 1886 年东京高等女子学校毕业照
（御茶水女子大学附属高校藏）

图 1-11 1887 年东京高等女子学校毕业照
（御茶水女子大学附属高校藏）

图 1-12 1888 年东京高等女子学校毕业照
（御茶水女子大学附属高校藏）

图 1-13 1890 年东京高等女子学校毕业照
（御茶水女子大学附属高校藏）

当时，在东京高等女子学校就读的都是上层或中层家庭的女孩儿，她们都穿着高价洋装。因此在这个时期，穿洋装的人只是极少一部分，他们具备可以体验欧美生活方式的社会地位与经济条件。

女子师范学校与高等女子学校的应对差异

师范学校规定学生穿洋装，而官立的东京高等女子学校却没有推出类似规定。这种差异产生的原因在于各教育机构的性质。师范学校以培养女性教师为目的，作为学生毕业后供职的交换，校方为她们支付学费、提供衣物。也就是说，在师范学校，学生服装属于学校管理的范畴。而且，女性教师是为数不多的女性公共职业之一，代表她们为国家服务的洋装便成了该公共领域的统一服装。

然而，东京高等女子学校的培养对象是在未来家庭中担当妻子或母亲角色的女性。为这些家庭培养对国家有所贡献的女性，当然需要学生家庭承担各自的学费，衣服包括在自费项目内。换言之，高等女子学校的学生服装属于学生本人与家庭管理的范围。而且，要求高等女子学校学生实现女性角色的家庭属于私人领域，因此学生无须穿戴与公共领域相关的洋服。

由此可见，教育机构性质与女性培养要求的差异，导致了两类官立女子学校洋装规定实施情况的差异。

十九世纪九十年代东京高等女子学校的学生服装

一八九○（明治二十三）年，东京高等女子学校改制为女子高等师范学校附属高等女子学校。在此之前的毕业照片上可以找到洋装打扮的女学生，但是一八九一（明治二十四）年以后，所有人都改为和服装扮。比较东京高等女子学校与高等师范学校女子部的毕业照片可以发现，前者除了一八八七（明治二十）年以外，既有和服装扮的学生，也有洋服装扮的学生，而后者在一八九三（明治二十六）年以前所有人都穿洋装，但在一八九四年以后又都换上和服。这一差别反映了洋装规定的存在与否。在高等女子学校，毕业照片上的洋装比师范学校更早地消失不见。当时的高等女子学校并没有规定着装要求，洋服是学生与家庭自行做出的选择，因此受到社会舆论与流行趋势的影响更直接。

毕业照片呈现出了礼服的外观，下面再介绍一篇杂志文章，它对比了高等女子学校与师范学校的学生在公共场合下所穿礼服的异同。在一八八九（明治二十二）年宪法颁布纪念庆典上，各所学校的学生穿着如下所述的服装，恭迎天皇圣驾。

"在宫城正门恭迎天皇的各所官立女子学校的学生当中，既有身穿统一白襟花纹和服的高等女子学校学生，也有穿着简式洋服的高等师范学校女子部的学生，以及庄严列队的助产士学校女学生，和身穿统一洋服、在日比谷之原擎旗等候的东洋英和女子学校的学生。"

东京高等女子学校的学生一致身穿"白襟花纹和服"，高等师范学校女子部的学生穿着统一的"简式洋服"。这种对照与晚会上白襟纹付和服与露肩洋服的礼服对照有着异曲同工之妙。挂轴Ⅰ所描绘的正是这两类礼服之一的白襟纹付礼服，反映了附属女高的服装变迁。

尽管可以确认东京高等女子学校的一些学生穿洋装，但是由于没有具体的着装规定，因此难以把握推行洋装的规模与时间。同样，我们无法断定十九世纪九十年代在社会舆论与流行趋势的影响下，该校的洋装是否完全销声匿迹。尽管在一八九一（明治二十四）年以后的毕业照片上再也寻不到穿洋式礼服的学生，但是一八九八（明治三十一）年入学的平塚礼贞还记得，当时至少有三四名学生仍穿着洋服。并且，从《风俗画报》在该校运动会时拍摄的图片（一九〇三年）上依然能够看到，在身穿配袴和服的女学生当中站着几位洋服装扮的学生（详见第二部）。由此推测，洋装在各个家庭的自由选择下，断断续续地延续着使用寿命。

华族女子学校的创立与最初的服装规范

当时，在官立女子学校中，除东京高等女子学校之外，还有宫内厅直属的华族女子学校。一八八五（明治十八）年，华族女子学校从学习院女子部分离出来，独立建校。该校以六岁至十八岁的华族女性为对象，旨在开展"培养贵族女子资质德性"的教育。该校在创立之初，曾向学生家长展示了下列服装规定：

一、本校学生应穿袴、搭配皮鞋。

二、外衣随意。

三、除条纹外，可自由选择裤的颜色与花纹。

四、发型随意。

五、西洋服饰亦可。

该校明确了对裤的着装要求。规定"除条纹外"，是因为明治初年，官立东京女子学校学生所穿的条纹裤曾经被世人批评为"像男装"。关于裤的这些服装规范，是由干事兼教授的下田歌子制定的。下田曾在宫中担任女官，对于宫廷服制，尤其是绯裤了如指掌。她考虑到了服装的礼节性与功能性，比如略去裳裤的轻便穿法不合礼法，在皇后陛下巡行之时有失体面，而且坐在椅子上也多有不便等。

华族女子学校的洋装规定

两年后的一八八七（明治二十）年，"西洋服饰"得到全面普及。在皇后《意见书》公布后的第五个月，也就是六月一日，该校规定学生最好都穿洋服。

华族女子学校学生洋服限制

第一、服装质地限于哔叽、法兰绒、麻与棉类。

第二、服装款式应根据自己的年龄从本校置备的四类雏形

中选择。

第三、不应佩戴蕾丝、金、玉等高价饰物。

附则

若之前所购洋服与上述第一至三条相抵触，可暂时继续使用。

关于洋服的上述指示，是为推广普通体操而制定的。当时，华族女子学校的校长大鸟圭介将所有学生集合起来，解释了服装变更为洋服的理由。内容大致为，为了发展体操运动，以往的和服多有不便之处，所以学校改和服为洋服。但是，由于紧身褡令人看上去像蜜蜂，所以本校严格禁止穿戴紧身褡，已经告知相关成衣店取消紧身褡，再次提醒大家注意。这表明学校出台洋服规定的目的在于推广体操，传达了禁止群撑款式的主旨。

这次体操的推广体现了当时的文部大臣森有礼重视知、德、体三方面教育的方针。男子师范学校开展军事体操运动，而女子教育机构则推行普通体操与游戏等。

尽管学校在一八八七（明治二十）年五月规定校园内必须穿洋服，但到了一八八九（明治二十二）年七月变更规定为"除校庆日以外，亦可穿配裤和服上学"，允许学生在校庆日以外的时间穿和服。第二年、即一八九〇（明治二十三）年六月，再次变更为"在学校活动日，亦可自由选择和服或洋服"。在华族女子学校，学生或家庭依然可以自主选择是否穿洋服。这些措施折射出了宫廷妇女的洋式服制。

华族女子学校与东京高等女子学校的应对差异

东京高等女子学校并没有规定学生穿洋装，而华族女子学校却实施了彻底的洋装政策。两所学校的教育目标都是培养肩负新家庭责任的女性，衣服订购费用也均由学生承担，但是在洋装规定上仍然存在区别。这一差别产生的原因在于，华族女子学校是在"皇后旨令"下诞生的教育机构，因此与皇后服饰的洋装化与意见书的内容息息相关。而且，正如宫廷应该承担指明社会发展方向、提倡适宜行为的先驱者角色一般，华族女子也需要成为洋服的弄潮儿。

——

三 基督教义女子学校——女子学院

十九世纪八十年代的学生服装

明治初期，除政府与府县等创办的官立与公立女子学校之外，私立女子学校也承担了部分女子教育的责任。私立女子学校中的基督教义女子学校在明治初期遍布全国各地，由传教士直接传播以基督教为基础的新人生观、社会观以及西洋文化。本节以基督教义女子学校的代表——东京女子学院为例，回顾该校学生的服装。

一八九〇（明治二十三）年，新荣女子学校与樱井女子学校合并，改称"女子学院"。女子学院前身之一的樱井女子学校是由樱井千佳于一八七六（明治九）年创办的。一八八一（明治十四）年，因随丈夫赴任，樱井转任到函馆师范学校。她将学校经营权交给费城妇女传道局的图卢夫人（Mrs.True），并任命矢岛楫子担任代理校长。

从樱井女子学校毕业生的回忆中可以了解到十九世纪八十年代学生的衣着穿戴。一名一八八一（明治十四）年二月（十五岁）入学的女学生，讲述了在她就读期间服饰与发型的变化：

"当时，祖母遗留下来的以及母亲年轻时的衣服仍然比较流行，所以我们也都穿着极细条纹的和服。

"老师与学生都盘着日式发髻，平时盘银杏髻。（略）对住宿生而言，周六是盘发的固定日子，基本上要花费一天的时间。我天生笨拙，总也无法盘成像样的发髻。（略）

"我记得，忍受这种不便的日子貌似直到明治十六七年的时候才结束。当时，全国刮起了一股西洋崇拜热，女人开始争先恐后地穿洋服，不穿洋服的人也开始流行束发、穿和服、配皮鞋的装扮。趁此机会，我们也开始束发。我们并不是追逐潮流，而是迫于需要。

"这样一来节省了盘发的时间与精力，真是如释重负。"

入学之初，老师与学生皆盘发、着条纹和服，但在鹿鸣馆建成之际，洋服以及西洋式束发、皮鞋与和服搭配的装扮开始流行。另外，住宿生一周内盘一次发，为此需要花费一天的时间。这种费时费力的盘发经过鹿鸣馆时代以后演变为束发，对前面提到的那位毕业生来讲，这不仅仅是追赶时尚，更是迫于所需。

和服、皮鞋与帽子

与鹿鸣馆时代的西洋崇拜相似，一股开化的风潮点燃了女性学习英语的热情，各个年龄段的学生纷纷来到樱井女子学校就学。由于女性学习英语的热潮，樱井女子学校迎来了鼎盛期：一八八四（明治十七）年建立分教场，一八八七（明治二十）年学生人数超过三百名。当时没有年龄限制，也没有入学考试，所以学生入学的时间也参差不齐。一名在一八八七年前后就读于樱井女子学校的毕业生，证实了当时学生蜂拥而至的情形：

"在鹿鸣馆的全盛时期，国内掀起了一股欧美热。'文化从洋装开始、文明从英语开始'的强劲势头为拥有众多外籍教师、全力打造英语教学的樱井女子学校带来了蒸蒸日上、蓬勃发展的兴旺景象。（略）如潮水般涌来的英语学习者挤满了教室，学生当中既有十四五岁的少女，也有四十岁左右的妇人，这种混合的班级实属罕见。上午，英语教授以及住在二十八号町的高年级学姐们穿着当时最时髦的装束——红带长裙衣裳搭配皮鞋——来到学校教我们英语。我多么渴望自己精通英语，多么向往那些精致的服饰！"

鹿鸣馆全盛时期的樱井女子学校接纳了各个年龄段的学生，高年级的学生教低年级英语。通晓英语的高年级学生身穿和服、脚蹬皮鞋。一八八八（明治二十一）年十一月入学的一名学生回想当时的装束时，说道：

"长谷川喜多同学穿着白色皮鞋（当时尚值得一提，可是现在看来，赶时髦的女学生经常穿着简易和服、搭配皮鞋）。尤其是年轻学生，她们自己提高和服的下摆，当然也没有穿袴，搭配高筒皮鞋或马丁靴。"

高年级学生穿和服时"拉低下摆"，低年级学生"提高下摆"，但她们都搭配皮鞋。一八八五（明治十八）年入学的一名学生还提到，除了上面和服与皮鞋的组合之外，有的学生还戴着帽子上学。

"当时，除了华族女校（如今的女子学习院）之外，女学生一律不穿袴，这种轻便穿法自然十分简易。我们大都穿着双股木棉和服、真丝汗衫配束带，然而时髦（当时还没有'时髦'这个词）的女孩子却多是洋装打扮。不过，与现在截然相反的是，除小孩子以外，穿百褶长裙的女子比比皆是，看上去有些重的褶层长长地拖在地面上。我们实在太羡慕了，便死乞白赖地去恳求父母，虽然他们并没有答应，但最后也同意我们戴帽子、穿皮鞋。所以，我们便身穿简易和服、头戴帽子、脚蹬皮鞋（高筒皮鞋），扬扬得意地上学去了。"

这名学生非常羡慕这种垂至地面的百褶长裙洋装。虽然没有实现穿上梦想洋装的愿望，但是她从父母那里拿到了帽子与皮鞋，而且"扬扬得意"地穿戴上了。尽管后来高筒皮鞋配袴成了女学生的经典装扮，但是从她的叙述中可以清楚地看到，在鹿鸣馆时代，简易和服与皮鞋、帽子才是最时尚的搭配。

袴的穿着

一八九〇（明治二十三）年，樱井女子学校与新荣女子学校合并为女子学院的时候，有一名学生穿着只有华族女子学校和跡见女子学校学生才穿的袴步入校园。

"我们班里有一位来自四十二号（指新荣女子学校）的高秀同学，她性格开朗爽快。有一天，她身穿褐红色的袴，将其高高提至胸部，脚蹬牛皮抑或其他材质的皮鞋，咯吱咯吱地走进校园，很快引来众人注目。在此之前的一个星期左右，一位上了年纪且稍胖的、名叫莱特女士的女老师说了下面一段话：'日本人的和服在腰部以下是敞开的，总让人感到有些不安。为什么不像华族女子学校的学生那样穿上袴呢？有没有人勇当先锋，穿一回袴试试？'于是不久之后，高秀便果断地穿着那身与众不同的服饰来上学了。莱特女士心满意足了。"

在一名外籍老师的提议下，女子学院的一名学生做出了回应。这名学生的和袴装束可以在两校合并之前的新荣女子学校的照片上看到（图1-14）。

传统生活方式与外来服装文化的融合

如前文所述，十九世纪八十年代的基督教义女子学校流行洋装以及和服与皮鞋、束发、帽子搭配在一起的服装款式。到了十九世纪八十年代末，出现了穿袴的女学生，一八八七（明治二十）年的集体照上显示了这种装束。在这张照片上，除了洋服装扮与和服装扮的学生，还有穿

图 1-14 明治二十年左右新荣女子学校的师生
（《女子学院五十年》前插图 1928 年）

着和袴的学生。而且，在和服装扮的学生之中，也有剪短刘海、梳着"南瓜头"的学生。样式各异的服饰代表了十九世纪八十年代欧化主义的影响以及个体在这种影响下的实际行动。选择某一种款式作为女生服装的背景是尚存在其他各式各样的组合与选择，我们从中可以看到传统生活方式与全新服装文化之间的冲突。各种服装样式共存的状态为全新服装文化的诞生提供土壤，并孕育了二十世纪〇〇年代袴与皮鞋、丝带搭配的女生制服文化。

十九世纪九十年代女子学院的学生服装

到了十九世纪九十年代，女子学院等基督教义女子学校面临天皇制国家主义的潮流，陷入了被排斥的境地。以内村鉴三不敬事件为开端，基督教与天皇制之间展开对抗，基督教徒开始抵抗教育敕语所代表的天皇制国家主义道德。面对这一局面，国家主义者将基督教定性为"反国体"，提出教育与宗教冲突论，甚至还引发了多起迫害基督教徒的事件。在这种情势下，基督教义学校纷纷停办，因畏惧困难而离教的信徒与日俱增。为了在排斥基督教的局势下继续生存，有些基督教系的女子学校采取了拜读教育敕语的战略。作为防御手段之一，有的学校取消了对学生的洋服规定。如果此时基督教义女子学校的学生依然穿洋服，很容易引人注目，继而成为被迫害的对象。可想而知，原本只有部分学生穿洋服的女子学院在步入十九世纪九十年代以后，采取了更加谨慎的态度对待洋服。

那么，我们应该如何看待经历了洋装的盛衰、和服的完善以及各类服装样式共存的十九世纪八十年代至十九世纪九十年代呢？接下来的一章将重新审视对鹿鸣馆时代的评价。

Chapter FOUR
重新审视鹿鸣馆时代

一　鹿鸣馆时代的评价

　　前文追溯了鹿鸣馆、宫廷与女子学校的洋装发展历程。尤其是鹿鸣馆与女子学校，正如前人分析的那样，在十九世纪九十年代出现了洋装衰退的迹象。但是，仅仅将这个时代的洋装解释为"昙花一现"是不全面的，应当尽可能广泛地分析其带来的影响。第一章与第二章指出，洋装的引进实现了礼服的双重结构，推动了和服与天皇家族仪式礼服的进一步完善；第三章则表明传统生活方式与外来文化的冲突导致了服装款式的混合，为全新服装文化的诞生提供了土壤。而本章旨在通过确认前人对鹿鸣馆时代的评价，并以束发与服装改良争论为例，分析引进洋装所产生的影响，对鹿鸣馆时代进行重新定位。

服饰史研究对鹿鸣馆时代的评价

　　十九世纪八十年代是以鹿鸣馆为代表的政府欧化主义时期，而与之相对的十九世纪九十年代则经历了大日本帝国宪法与教育敕诏的颁布，这段时期被称公认为天皇制国家体制与国体观念最终确立的时代。服饰史一般认为，在欧化主义到国粹主义的政治与思想变革的潮流下，这段时期的服装也回归为"传统和服"。《近代日本服装史》对这一变化作了如下描述：

　　"大约在二十一年前后，鹿鸣馆时代被称为极端欧化主义的反动时期，人们开始提倡保存国粹，社会潮流转向复古。这一趋势也影响到服装界，产生了紧身褡难以驾驭且束缚身体、有害健康的观点，洋装走上了下坡路。（略）

　　"最初引进女子洋装并不像今天这样是为了它的功能，而是因为它稀有罕见、象征着开化，是显示自己身份高贵的最简便方法。而且出人意料的是，最早消失的是特权阶级的仪式礼服与社交服饰，而不是与生活紧密相关的衣物。可见，这种变化并非出于女性的自发自愿，而是源自社会对女性洋装的抵触情绪。"

　　上述研究只是一个概要，尽管关注了一个方面，但并没有实证性地分析服装与社会在实际生活中的关联以及发生的具体变化。这类观点认为鹿鸣馆时代的女性洋装仅为"一时"的流行趋势，而只关注洋装"真正"普及的二十世纪二十年代。在服饰史领域，对女生服装与制服的研究基本上都采纳了这一观点。这样一来，很可能导致研究方式本末倒置，根据后来的主流服装臆断当时的服装，却忽略了十九世纪八十年代期间孕育的种种契机。

教育史研究对鹿鸣馆时代的考察

与服饰史的研究不同，教育史领域的考察结合了社会与教育的动态。佐藤秀夫曾经追溯了华族女子学校、女子高等师范学校与福岛县普通师范学校女子部松懈乃至废除洋服规定的经过，并分析了"约十九世纪九十年代前半期女生洋装制服消失"的理由：

"对以森有礼为代表的女性观与女子教育理论的彻底批判与否定，最具体的表现非此莫属。（略）十九世纪九十年代的教育敕诏以及确立天皇制公共教育体制的政治意向，废除了森有礼文化政策中带有启蒙性质的女生洋装制服。在男性对女性严格支配的社会，无论西洋抑或东洋，女性的'奇风异俗'经常被男性支配阶级视为对应有社会秩序的根本性批判，是危险的信号。当时，根深蒂固地继承了儒教蔑视女性观念的我国，对于允许女性身穿象征新'权威'与'门第'的洋服怀有强烈的排斥感，对象征封建'妇德'的和服一如既往地偏执。十九世纪九十年代前期，教育政策的变更强化并推广了这些社会意识。"

佐藤认为，确立天皇制公共教育体制的政策变更唤醒了社会对象征儒教女性观念与封建"妇德"的和服的固执等意识，废除了反映森有礼文化政策启蒙性质的女性观与女子教育理论的洋装。佐藤还引用了女子高等师范学校在一八九四（明治二十七）年六月十一日制定的《教育要点》，作为表明服装变动的典型案例：

"本校女子教育起源于风俗教化，严格贯彻教育敕语之宗旨。为取得实效，本校将信乾坤德、秉阴阳行，遵循女子本性。"

女子高等师范学校承担了向世人展示女子教育的模范、尤其是体现教育敕语精神的责任。《教育要点》尽管没有涉及服装，但佐藤暗示：植根于传统女性观念的教育方针，其转变在服装上也有所体现。除此之外，佐藤也列举了其他更实际的理由，比如府县或校方的保守态度，女性洋服的缝制技术与购置途径尚不发达，以及女生本身的传统封建女性观念等。前文提到的《近代日本服装史》也将"社会对女性洋装的抵触情绪"视为洋装衰退的缘由，而佐藤分别论述了表达意愿的府县或校方与实现意愿的女学生们双方的保守性。

重新审视鹿鸣馆时代的端倪

首先阐明两点。第一，将政治思想背景与服装变化直接结合所产生的问题。具体而言，即认定洋装与欧化主义及启蒙思想、和服与国粹主义及儒教思想之间存在显而易见的关联。如果认为服装与思想的关系不言而明，势将形成服装随思想变化而变化的机械理论，从而无法捕捉除政治思想之外服装所反映的各类现象（包括生活领域）。为了把握鹿鸣馆时代的服装孕育出的种种契机，有必要重新批判性地探究服装与思想之间的关系。

第二，将鹿鸣馆时代的洋装短时间内消失的理由仅仅归结为社会对女性洋装的"抵触情绪"。十九世纪八十年代洋装也带来了一些积极有利的影响，例如在女子学院，费时费力且不卫生的日式发髻向讲求效率的西洋式发髻的转变为许多学生带来了方便。我们应当将洋装的便利性及人们对其的期待与以往服装生活的问题结合起来，从多个角度分析当时的人们期待怎样的转变。

因此，下一节将分别从洋服与和服的角度考察束发的普及历程。束发是伴随洋装传入日本的事物，然而它的普及与固定却并非"昙花一现"。

——

二 束发的普及

整理发型

如前文所述，十九世纪八十年代政府高官的夫人、皇后、皇族妃嫔以及女官、女学生或女教师都流行身穿洋服、头梳洋式发髻。与使用发油的繁复"盘发"或"日本发髻"不同，被称为"束发"的洋式发髻与洋服相得益彰，十九世纪八十年代在女性之间十分盛行。而且，束发并不局限于洋服，也时兴与和服搭配。与上流社会女性专用的价格高昂且穿戴机会较少的洋服相比，平民也可以亲身体验。

制定了洋装规定的高等师范女子部与华族女子学校流行束发，而在没有洋装规定的东京高等女子学校与女子学院，学生根据自己的判断选择发型与服装：束发洋服、盘发和服或束发和服等。另外，从回忆或照片中可以确认，一八八三（明治二十六）年七月以后，女子高等师范学校的学生服装开始从洋服转向和服，不过发型仍保留了原来的束发。因为束发也可以与和服搭配，所以在不穿洋装的女性之间也颇受欢迎，成为鹿鸣馆时代洋服被废除之后依然得以存续的一种发型。

妇女束发会的创立

十九世纪八十年代，女性的束发在男性的主导下有组织地推广开来。其中，由陆军高等医生渡边鼎与东京经济杂志社的石川映作主办的"妇女束发会"是一项妇孺皆知的活动。该会创立于一八八五（明治十八）年，为普及轻快方便的束发，渡边从医生的角度揭示了盘发的不卫生因素，石川则分析了盘发的不经济性。

一八八七（明治二十）年，妇女束发会出版《束发指南》一书，指出了盘发的三大问题。第一是"不方便、不舒适且苦不堪言"，盘发由发油固定，头上的发髻十分沉重，睡觉的时候还不得不痛苦地时时注意不要破坏发髻。第二是"不干净、污秽且不卫生"，由发油固定的盘发影响通风，可能会发臭或滋生各种细菌导致秃顶，沉重的发髻又紧紧地束缚头发，危害健康，容易使人患上头痛或眼病。另外，盘发所用的发油也会弄脏衣领或寝具。第三是"不经济且有碍交际"，盘发需要支付梳发、发油、梳子及簪子等种种费用，并不经济。外出之前，盘发师盘发也会消耗时间，不利于交往。而与这种不方便的日式盘发相比，西洋女性的发型可以做到"每晚散开头发安心睡觉，早晨方便梳理，无须盘成发髻或涂抹发油，干净快捷、舒适愉悦"。也就是说，西洋式的束发不仅清洁、清爽而且对健康有利，也无须花费盘发的开销，更为经济。因此，西洋式束发可以克服日本女性盘发的三大弊端，"享受纯然的快乐"。妇女束发会介绍了束发的上述便利性，提倡如图 1-15 所示的发型。

妇女束发会的出版物解释了盘发的三大弊端与束发的便利性，提倡一种简便的西洋式束发方式，但是在渡边的演讲与文章当中，还提到了推荐束发的另一点理由，即改良"野蛮"的盘发，指引女性转向"文明"束发，重构日本国家体制。下一节将介绍渡边的洋服推崇论，他强烈主张改变欧美对日本女性服装与头发的看法。这个态度与鹿鸣馆时代倡导欧化主义的井上馨与伊藤博文不谋而合，渡边发起束发运动的意图是希望借助男性的手实现从 "野蛮"到"文明"的启蒙，以及从国家的立场推行改良。

束发的流行

妇女束发会频繁地发表演讲，向报纸杂志投稿，甚至每周末还开展面对面指导束发的活动。东京女子师范学校的教师们支持妇女束发会的主张，建议学生束发。据山川菊枝的母亲山川千世回忆，在一八八六（明治十八）年的暑假，学校举办了束发与洋服的讲习会，邀请毕业生也参

图 1-15 西洋式束发

（《女学杂志》4 号 78 页 1885 年 9 月 10 日）

加。她讲述当时的场景时说道：

"那一年的暑假，女子师范学校举办关于束发技巧与洋服缝制方法的讲习会，毕业生也接到邀请。千世从四号町的家中出发，前往学校参加这场讲习会。从那以后，千世再也没有盘过日本发髻，一直梳着束发。当时束发比较少见，千世走在街上的时候，总有小孩子络绎不绝地跟在她的身后，起哄地喊道'牛粪牛粪'或'绵羊绵羊'，恶作剧地朝她扔小石子，简直不堪其扰。即便如此，因为束发实在非常方便，便坚持了下来。"

在讲习会之后，千世便改日本发髻为西洋束发。尽管由于当时束发比较罕见，她遭受了周围人的揶揄与谴责，但是束发的轻便性仍值得称道。上一章回顾了十九世纪八十年代洋服在女子学校的普及历程，确认了千叶与山形等地的普通师范学校女子部学生服装款式为和服搭配束发。而且根据女子学院前身之一的樱井女子学校的一名毕业生回忆，十九世纪八十年代的确流行束发。除女子学校以外，在华族与官员夫人、艺伎与娼妓以及女工之间也流行束发。由一位海军军医的夫人创立的爱生社也废止了丸髻与岛田髻，规定只许束发，大藏省印刷局女工们的发型也从兵库结变为束发。在皇后身穿洋服、头梳束发现身大阪之后，束发开始影响到普通民众："皇后陛下前往参拜住吉神社时途经大阪，女人们欣喜若狂。（略）大家都变换为束发。在仅仅五六天的时间里，大阪市的一大半女人都改为束发。"由此，自一八八五（明治十八）年至一八八七（明治二十）年间，束发在各个地区、各个领域都流行开来。

为什么普及束发

从妇人束发会的活动中可以看到男性希望主导女性启蒙的意图。接下来，从女性角度分析束发得以广泛普及的原因。

以本田和子对束发的见解为例。本田尽管强调束发运动是在男性主导的"上层压力"下展开的，但同时也重视女性的自发性："对于外来刺激，女人们并非简单地理解为'外压'，或接受'上层的启蒙'。前面也提到，她们在自身内部力量、即身体欲望与意志的驱使下，将其视为自有之物加以接纳。究其原因，束发运动反映了女性对'便利性'的内在需求与对'变身'的渴求。"换言之，仅仅从支配阶级或男性的角度并不能准确诠释由盘发向束发的转换。女性对于生活便利性与蜕变的渴盼及自主的判断也推动了这一可视性变化的实现。山川菊枝的母亲山川千世尽管受到了周围人的揶揄与谴责，却依然选择轻盈的束发；樱井女子学校的毕业生衡量了盘发与束发所需的时间与精力，选择推广后者。她们的选择与推广可以说源自于现实生活中女性个体的判断。

这不仅适用于女性束发，也可以推及到男性剪发上。山川菊枝在《武家的女性》一书中描述了幕末时期在水户市开设书塾的祖父山川延寿对头发的顾虑："延寿在年轻的时候，发量就比较稀薄。如今年过四十，头发早已无法结成顶髻。他只能用发油把几近秃顶的头发拢上去并盘起来，再把周围的头发朝下梳拢。到了夏天，每当他坐在贫苦城镇或学校的厨房里时，发油便开始滴滴答答地流下来，顶髻也散了。据他讲，那种讨厌的感觉简直无以言表。维新之后，社会变了模样，许多事情都向好的方向发展。仅不用再忍受盘发一事，就足以让他喜出望外了。"可见，男性之中希望从发髻的苦楚中解放出来、支持剪发的人也不在少数。

如上所述，当时的人们在传统生活方式的方便、不便与对外来服装文化的期待、抵制的对抗之中，衡量着形形色色的要素，最终接纳了束发与剪发。束发不仅是个人爱好与生活的问题，还蕴含着流行动力学与启蒙思想，因此掀起了轩然大波，继而普及并植根于服装以外的其他领域。束发普及的过程折射出人们千姿百态的动机与价值观，以及关于束发的争论与解读。只有扭转对鹿鸣馆洋装"昙花一现"的片面理解，这些围绕束发的世间诸相方可揭晓。

因此可以得出结论：在鹿鸣馆时代，洋装的传入瓦解了原有的服装体系，使其进一步走向完善，新服装文化的萌芽开始形成。在这个阶段，人们根据自己的社会地位与经济实力反复摸索，在一系列混乱的尝试和探索之后，和服搭配束发的装扮得到了一致好评与广泛普及。将这一时期解读为阶段性的吸取西洋风格，不过是知晓服装发展趋势的后人所下的论断。有目共睹的洋装盛衰与束发普及反映了伴随重重苦恼与纠结的新旧文化冲突，而正是这种价值观的抗衡构成了鹿鸣馆时代的鲜明特点。

在洋装诱发的新旧文化冲突之中，媒体针对符合今后时代的女性服装展开了讨论，这种服装争论也可以归结为洋装带来的后果之一。接下来通过分析以媒体为平台的服装争议，考察人们如何认识并评价新旧服装样式。

三 服装改良争议的登台——洋服与和服的利弊

围绕今后服装的争议

著名女性启蒙杂志《女学杂志》于一八八五（明治十八）年创刊，主要介绍女子教育、女权、婚嫁、家庭等内容。服装争议的出场是在欧化主义全盛时期的一八八六（明治十九）年左右。当时的争议并没有专门针对女学生服装，而是围绕全体女性的服饰。《女学杂志》分别刊登了日本人与外国人的看法，指出了洋服与和服的利弊以及今后日本女性服饰的发展前景。

在杂志第三十五期（一八八六年九月十五日）"妇人的洋服"栏目中，《如今妇人洋服已成为时尚》一文描述了鹿鸣馆时代鼎盛时期的场面。该篇并没有一味地赞美女性的洋服："我国的妇人穿上与西洋妇人一样的服装，可谓刚出龙潭、又入虎穴，未必变得更加方便。日本女性服装的繁琐毋庸置疑，且缝制改良服并非易事，如此一来，与开化国家妇人一样的装扮也是迈向文明的一个权宜之计，所以无须反对我国妇人穿洋服。"文章指出在和服繁琐而改良服又难以推行的现状下，洋服不失为一种行之有效的手段。《女学杂志》一方面承认洋服是一种手段，另一方面也批判性地揭露了洋服的危害。

洋服的危害

洋服的危害主要是紧身褡的问题。《女学杂志》第三十八期（一八八六年十月十五日）的《致穿洋服的贵妇人书（二）》中详细地披露了紧身褡的危害。文章警告道，紧身褡压迫内脏，给女性的身体、妊娠与分娩带来恶劣的影响，事关胎儿发育与健康等重大问题。同时指出即便在欧美人看来，紧身束腰的设计也影响审美与健康。《女学杂志》第六十六期刊登了爱丽丝·史密斯女士撰写的《日本女服二三事》，文章劝诫道："如需引进文明国家的服饰，千万勿要模仿束腰这一野蛮习俗。因为这是比中国缠足更鄙俗的陋习。"十九世纪八十年代，欧美意识到束缚身体的紧身褡与又长又重的裙子对健康的危害，由此爆发了一场服装改革运动。一八八一年，英国成立理性服装协会，着手设计健康舒适且美观的服装。

《女学杂志》学习了欧美服装改革运动的思想与方法，表达了"如今穿洋服的贵妇人冲破原有的束缚，打造了日本妇人新的西洋式风俗时尚"的见解，也就是主张不应完全沿袭欧美服装，而应择善而从。

由于汲取了欧美的新见解，日本人与欧美人都认识到了洋服的缺陷，即紧身褡的危害。然而对于和服的利害，双方却产生了认识上的差异，对和服的评价也是各持己见。下面首先介绍欧美人对和服的看法。

对和服的评价

《女学杂志》第一百零八期（一八八八年五月五日）发表了伊斯特

莱克夫人的《穿洋装的日本妇人》一文，她在文中对上流阶层女性的换装发出感慨："放弃了富有情趣且美观高雅的服饰，换上了如茶壶一般庸俗且不利健康的衣服"。伊斯特莱克夫人对和服做出了积极的评价，她认为洋服的紧身褡与沉甸甸的裙子给腰部和躯干带来过重的负担，而日本的服装则上下一体，由肩部承担重量，束带能起到保暖作用，和服两侧敞开的设计又有助于发散湿气。而"肩负重任"与开放式的设计，在后文提到的渡边鼎看来却属于和服的缺点。由此可见，欧美与日本在对和服结构与特征的评价上存在明显的分歧。

那么，日本人是如何认识与评价和服的呢？《女学杂志》第三十九期（一八八六年十月二十五日）刊登了妇人束发会的和崎义路撰写的《妇人的服装》。和崎在文中从美学与功能的角度否定了和服："在我国传统服制中，男女的服装都如同围裹浴巾一般，外形丑陋且极为不便"。他还指出，自古以来男子穿用袴或股引[01]，而女子没有类似衣物，"踏上二三级台阶，或者快速行走，又或者偶尔刮来一阵风的时候，会露出男子红色或白色的兜裆布，甚至露出女子小腿及其他羞耻的部位"，强调了和服因为前面裸露、会暴露皮肤或脚部等的缺点。和崎比较介意外国人对裸露皮肤的看法："外国人认为敞胸露怀是不知羞耻、粗鲁无礼的行径，难怪他们看到这样的着装会直呼放诞无礼，诋毁日本尚未开化。"当时，对于站在推行欧化主义政策立场上的井上馨与伊藤博文

01　细筒裤，紧贴腿部的裤子。

等政府高官而言，裸露皮肤会令人联想到"野蛮""未开化"等秉性，不利于塑造日本文明国家的形象。和崎还提出了改变这一丑态的对策，即富裕阶层的女性着洋服，其他的普通女性则在和服外面罩上一件对围裙部分稍加改良的"无裆裤"。他认为"无裆裤"不仅有利于遮掩丑态，摆脱桎梏的束带，还可以防止玷污衣服。

渡边鼎眼中日本妇人服饰的危害

　　前文介绍了妇人束发会的发起人之一渡边鼎，他一直支持改良和服，提倡女性穿洋服。他在《女学杂志》第一百二十二期发表了《可否穿用洋服（其二）》一文，详细地列举了"日本妇人服饰"的十大缺陷。

　　首先第一点，和服的最大弊端是裙裾前端容易裸露皮肤。在行走时，"一阵风吹过，不仅暴露出小腿及以下部位，也难以分辨衣服的轮廓"，和服的长裾"缠住脚部，步履维艰"，女性内八字的走路方式也不堪入目。第二点是长袖的麻烦与腋下的开放式设计。对于腋下的开放式设计，他指出"在户外行走遭遇强风的时候，寒风有可能直接侵袭腋下胸部柔软的皮肤"。和服在前文提到的欧美女性眼中有助于发散湿气的优点，在渡边看来却是缺点。第三点是上下一体的和服使得衣服的全部重量压在肩膀上，成为呼吸困难与头痛的诱因。渡边否定了和服的这种样式，而欧美女性却觉得与洋装对腰部造成负担相比，由肩部承受重量的设计值得肯定。第四点，渡边尖锐地批评了束带。他认为装饰性的束带"一无是处"，"是资源充足但智力低下的野蛮时代才使用的古物，其愚昧程度恐怕'举世无双'"。随后渡边还列举了和服腹部的"束带""腰带""带扬""带缔"等各类带饰束缚身体的危害,在此不再赘述。第五点,他指出了和服配皮鞋的短处。尽管该打扮是为了解决和服裙裾前端容易裸露皮肤的问题,但是渡边认为穿皮鞋反而会弄脏、弄破裙裾,并不经济。第六点,由于和服的裙裾半遮半掩,所以下身多穿高档衣物,也不经济。第七点,和服的长度比身高要长,需要掖起来穿,极为繁琐。第八点,与已经成型的洋服不同,每次穿和服时都不得不重新系带。而且落座之后还需向前倾斜身体,时时留心背后。第九点,他从保暖的角度批评了和服开放式的设计。最后一点,他认为身体中部的腰带凸起,而裙裾却趋于收紧,这种服饰的整体轮廓显得穿戴者身形矮小,而且还露出脚部,走路方式粗鄙不堪。与之相比,洋服的衣裾是舒展的,显得身材高挑,而且遮住脚部,展现了"优雅雍容的气度"。

如上所见,渡边将和服的样式与特性视为绝对的缺陷,提倡穿用洋服。渡边对洋服的极力推崇,主要归因于欧美人对于和服的态度以及面对近代西洋文明时自身产生的自卑感等。

渡边鼎的文明论

渡边在《女学杂志》第一百三十四期(一八八八年十一月三日)登载的《日本妇人的洋服(其二)》中描述了欧美人对和服的态度。

"诸位或许记得,在四五年前的夏天日本人沦为全欧洲笑柄的时候,欧洲人民是如何评价日本服饰的吧。柏林人民评价道,和服大概是全世界绝无仅有的服饰，犹如未开化的原始人直接将布裹在身上，不同之处无非是添加些针线、遮盖住手脚罢了，与中国人的衣服相比，显然远远处于下风。（略）而且有份国外报道称，在日本许多人赤裸着身子，远远看上去几乎与亚非利加的黑奴无异，唯有短小的体格可以令人分辨出他们并非黑奴，如今再次来到日本街道，裸体之人基本不见了，但仍然有人穿着难以分辨的服装。呜呼，诸位日本妇人啊！看到和服被视为如此野蛮的服饰，被如此蔑视地排斥，想必会给诸位留下难以磨灭的印象吧。我们男人听到这样的评价，都会汗颜无地、耳红面赤。诸位妇人感觉又如何？不会觉得着愧难当吗？"

据渡边介绍，欧美人认为和服比中国的服装更低劣，而且日本有很多裸体之人，与"亚非利加的黑奴"无异。渴望跻身文明国家行列的日本风俗却得到欧美人如此评价，渡边感到无地自容。他始终牢记这种屈辱感，呼吁日本妇人穿洋服，以求与列强为伍。这一呼吁诉诸日本人的情感与连带感，还可以从中领会到渡边提倡穿用洋服的主张。不过尽管他强烈建议穿洋服，但除了舍弃紧身褡之外，并没有提出任何实际措施。他认为，应当首先由接受教育的上流阶层女性穿上洋服，向没有接受过教育的"愚人"展示"符合良好惯例的法律"，即自上而下地推广洋服。

《女学杂志》的洋服推广规划

与渡边不同，《女学杂志》主张从劳动阶层向上流阶层、即自下而上地推行女性服装的改良。

《女学杂志》第一百一十期（一八八八年五月十九日）刊载的社论《如何推行日本女服的改良》中提到，在鹿鸣馆时代落下帷幕、洋装逐渐衰败的今天，正需要杂志"承担洋服辩护人的角色，担负起向世人展示洋服真正价值的责任"，并论述了洋服推广失败的缘由与对推广洋服的意见。

"第一，在鹿鸣馆跳舞的时候，因为和服时时缠绕双脚，所以不适宜穿着。在陪伴身穿洋服的丈夫或与西洋人交往的时候，和服也不合时宜。也就是说，迫于上述两种需要，妇人不得不穿着或改良洋服。紧身褡有害无益、法国皮鞋有损健康的想法是迂腐不堪的，事已至此才大彻大悟、认识到洋服不经济的妇人也是愚蠢之极的。根据上述两点理由，如果在采用洋服之后仍然抱怨洋服的不健康与不经济，可归咎于最初准备得不充分。因为没有充分的准备，所以洋服的推广遗憾地失败了。

"第二，和服的裙裾容易暴露内衬，样式野蛮，而洋服雍容优雅、造型美观。因此，摈弃和服、采纳洋服正是远离野蛮之气、加入文明之列的行为，很有必要所以建议穿用洋服。然而，很多西洋人认为洋服不适合日本妇人，而和服显示了更高的艺术品味。因为对方的反对，所以悲惨地失败了。

"第三，对于在造币厂或炮兵厂工作的女性或者如西洋妻子一般在家中辛勤工作的女性，简洁朴素的洋装更适合作为她们的便服。由此可见，改良实是出于必需。（略）然而，其他劳动阶层的女子无法享受这种便利，而且活跃于家中的妻子们也没有展示这种款式的机会。所以，洋服推广不幸地失败了。"

基于洋服推广失败的上述原因，《女学杂志》提出了以下意见：第一，交际场合下的洋装可能不经济、不健康，应当废除；第二，喜欢西洋的人们应当舍弃被西洋人所厌恶的洋装；第三，劳动阶层的女子应当穿洋服。另外，社论还展望了今后日本女性服装的发展前景：首先劳动阶层改换洋服，当这一效果逐渐蔓延到上流阶层之后，随着日本住房不断完善、人们财富日益增加，再面向全体女性普及洋服。

综上所述，《女学杂志》列举了洋服与和服的利弊，参与争议的各界人士也分别提出了今后的方针。整体而言，尽管洋服存在缺陷，但是肯定"文明"的洋服、改善"野蛮"的和服依然是大势所趋。第二部与第三部将继续分析各个时代围绕服装发生的争议，在经历林林总总的事件与社会变动后，人们对于洋服与和服的认识也在不断发生变化。该时代的服装争议主要从对比洋服与和服的视角分析了双方的利弊之处，加深了对于服装样式与其存在问题的认识，为今后确立日本女性服装的标准样式提供了素材。

第一部从引进洋装的立场出发，追溯了十九世纪八十年代到十九世纪九十年代女性服装的演变历程。在欧化主义风潮下传入日本的洋装，一方面成为公共场合的女性装束，另一方面也带来了这样那样的影响。如第一章所述，挂轴 I 刻画了一位穿着白襟纹付礼服出席晚会的女学生。

这便是在鹿鸣馆时代新旧文化的冲突下被规定为礼服的装束。此外，虽然挂轴中的女生从头到脚都是日式打扮，但当时也有人受到洋装影响，穿和服、梳束发。服装样式混搭的风格是这个时代的特征之一，不过主张从和服向洋服单向演变的挂轴并没有体现这一点。从二十世纪〇〇年代流行的裤配皮鞋或丝带的和洋混搭款式中可以发现，鹿鸣馆时代服装样式的混合孕育了文化形成的萌芽。

Part TWO

描绘出的袴

与

未描绘出的改良服

——

二十世纪〇〇年代至二十世纪一〇年代的女生服装：
女子学校制服的确立

第二部主要介绍挂轴 IV 至 VI 呈现出的二十世纪〇〇年代至二十世纪一〇年代，挂轴中的女学生均身穿褐红色袴。挂轴所描绘的女生服装准确地反映了附属女高着装规定的变迁：一八九九（明治三十一）年规定学生穿袴，一九〇〇（明治三十三）年要求校内必须穿运动鞋，一九〇六（明治三十九）年制作了腰带型徽章。

女生穿袴的现象反映了当时女子教育的发展动态。日清战争之后，国家鼓励女子教育开展体育活动，重视孕育国民生命的女性的身体健康。但是传统服饰并不适合运动，无法充分舒展身体，因此在不断地摸索、改良服装之中，弥补和服缺陷的袴就成为一个值得推广的选择。不久之后，袴发展为最具代表性的女生服饰。

可见，对服装的各种改良尝试支撑了袴的普及。比如，据附属女高的毕业生回忆，她还曾穿过左侧系丝带的筒形窄袖改良服。受到当时服装改良思潮的影响，附属女高也可能进行了百般尝试，但未记录在服装规定内的改良服却没有体现在挂轴中。因此，第二部通过分析袴以及同时被摸索出来的其他改良服的演变情况，考证了袴搭配徽章被确立为女子学校制服的历程。

第一章从国家政策与时代状况的角度考察了在女子中等教育制度逐渐完善的过程当中，社会对女生服装的要求。第二章介绍了袴普及背后的数次服装改良，探讨改良服具备的特性与引发的冲突。第三章追溯了在代表女生身份的袴上佩戴学校徽章的始末以及学校与文部省着装规定的变迁，第四章则结合事例讲述了袴与徽章被学生逐渐接纳的过程，明确了学校制服文化形成的具体表现。

Chapter ONE

女学生的诞生——女子教育与服装的关系

一 高等女子学校的制度化——国家与女性的关系

　　中等学校的女学生促进了女子学校制服与制服文化的形成。一八九九（明治三十二年），女子中等教育机构高等女子学校成立，"女学生"这一社会身份在日本初次问世。高等女子学校的教育目标是培养相夫教子的贤妻良母，塑造一种以家庭为依托、对国家作出贡献的理想化女性形象。女性承担着孕育强健国民的义务，健康的身体不可或缺，因此高等女子学校十分重视体育教育。不过由于传统的简易和服无法充分伸展四肢，服装改良迫在眉睫，而裤便成为不二之选。本节主要从女子教育的时代状况出发考察社会对女生服装的要求。

女子中等教育制度的完善

中央政府于一八七二（明治五）年创建官立东京女子学校与开拓使女子学校、一八七五（明治八）年创建东京女子师范学校，地方则于一八七二（明治五）年开办京都府女子学校、一八七五（明治八）年开办栃木女子学校，但是由于政府尚未出台有关女子中等教育的方针政策，因此不同地区与设立主体规定了不一样的入学年龄与教育内容。明治初期，基督教会女子学校等私立女子学校代替文部省与府县，担任了女子中等教育的责任。

一八八二（明治十五）年，文部省成立了官立东京女子师范学校附属高等女子学校，将其作为女子中等教育方针的示范学校。该校是最早使用"高等女子学校"称谓的学校，之后文部省要求所有女子中等教育机构均采用这一称谓。《教学大旨》提出："附属高等女子学校传授普通高等学科知识，旨在培养优秀的女性"，并规定招收对象为完成小学六年教育的学生，设置低级（三年）与高级（两年）两个阶段，学习年限为五年。除品德、阅读、作文、习字、算数、地理、国史、博物、物理、绘画、礼节、音乐、体操之外，还添加了男子中学所没有的裁缝、家政与育儿等面向女性的课程。

一八九一（明治二十四）年修正的《中学校令》在法律上明确规定，"高等女子学校向女子传授必需的高等普通教育，因此隶属普通中学"，即高等女子学校是与男子中学平级的中等教育机构。一八九五（明治二十八）年《高等女子学校规程》颁布，规定了学习年限、入学资格与学科课程等。其中，学科课程被分为必修科目与选修科目，并赋予各地区根据自身情况自由选择的权限。学习年限为六年，特殊情况下可以延长或缩短一年，入学资格是普通小学毕业生或拥有同等学力的人，没有明确限定年龄。而且，违背此规程的学校不得以"高等女子学校"命名。因此，在崇尚自由学科与教育方法的私立女子学校之中，也有不以"高等女子学校"命名、与规程反其道而行之的学校。

一八九九（明治三十二）年，《高等女子学校令》从《中学校令》中独立出来，规定高等女子学校的宗旨是"向女子传授必需的普通高等教育"，学习年限一般为四年，个别地区允许延长或缩短一年。入学资格同男子中学相仿：年龄超过十二岁且完成高等小学第二学年的教育。另外，规定各府县有义务建立至少一所高等女子学校。一九一〇（明治四十三）年修改了《高等女子学校令》，重新规划技艺专修学科，设置以家政等实务教育为主要内容的实用学科，并成立只设有实用学科的实科高等女子学校。

右侧表格显示了《高等女子学校规程》颁发之后女生人数的变化情况。表格呈现了高等女子学校、实科高等女子学校以及隶属高等女子学校的其他各类学校的学生总数，也包括不遵守《高等女子学校规程》的基督教会女子学校及其他私立女子学校。另外，虽然小学以上的中等阶段女子学校之中还有实业学校或实业补习学校等，但这类学校并未包含在表格内。本书主要以高等女子学校的女生为研究对象，回顾女子学校制服确立与变迁的过程。

表 2-1 女生人数的变化

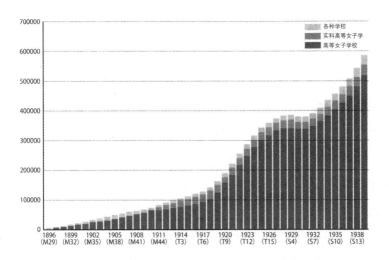

表 2-1 显示了《高等女子学校规程》颁布后第二年、即 1896（明治 29）年至 1940（昭和 15）年间女生人数的变化情况。自 1896 年以来，《文部省年报》刊登了"高等女子学校类各种学校"的统计数据。表格包括不参照《高等女子学校规程》的基督教会女子学校及其他私立女子学校。1910（明治 43）年以后增加了实科高等女子学校的统计数据。另外，与小学的女童人数、实业类学校的女生人数相比，高等女子学校的女生人数较少，在女性当中亦属稀有。

培养贤妻良母

在制定《高等女子学校令》时，文部大臣桦山资纪对女子教育的宗旨作了如下描述：

"健全的中产社会不仅需要实施男子教育，还应配备培养贤妻良母的女性教育，如此才能增进社会福祉。（略）

"高等女子学校教育培养的女性应当具备贤妻良母的素质，日后多嫁到中等阶层以上的家庭。因此，她们必须养成优雅高尚的气质与温良贞淑的秉性，掌握中等阶层以上家庭所需的智力技能。"

如桦山所述，高等女子学校以培养中等阶级以上家庭的贤妻良母为目标。江户时代以前要求女性服从丈夫或舅姑，主要扮演妻子与儿媳的角色，而到了明治时期，受到欧美主义熏陶的女子教育思想为了实现日本的文明进步，强调女性孕育优质生命的母亲角色。可是，最初女子教育的成果仅局限于个人与家族利益，并未与社会、与国家利益建立联系，因此很多人意识不到施行小学以上女子中等教育的必要性。

在这种现状下，女子教育符合国家利益的观点首次出现在日清战争之后。一八九五（明治二十八）年至二十世纪〇〇年代，国内出版了大量关于女子教育的书籍。日清战争后，在民族主义情绪高涨的局面下，国家对女子教育的关心程度也显著提高。女子高等师范学校校长细川润次郎认为，女子教育势在必行。他提到，如果占国民总数一半的女性接受教育，那么她们就可以从劳力与智力两方面支持农工商业的发展，为国家财力带来可以预见的巨大利益，而且教育有助于培养爱国情感，在男子应征入伍的时候也会积极地给予协助。

小山静子认为这个时期女子教育思想体现的"良母"主义在明治启蒙时期已经有所反映，她指出了"贤妻"含义的变化。此时的女子教育思想基于"男主外、女主内"的性别分工，认为"贤妻"指的是完成家务劳动、主持家庭事务的女性，是运用知识持家的贤内助，是拥有较高道德水平的女性。这与江户时期将服从丈夫舅姑视为第一要义的"贤妻"概念存在显而易见的分歧。日清战争之后，女子教育思想将女性定位为通过履行支持丈夫、主持家政的妻子职责与抚育婴儿的母亲责任而对国家作出贡献。由于从国家观点重新审视了女性的妻子与母亲角色，因此女子中等教育也被纳入公共教育体制之中。

——

二　学校对卫生与体育的重视——身体与服装的关系

女性的身体与国家的繁荣

一位标准的贤妻良母不仅具备优秀的精神素质，还应满足身体要求，即健康。明治二十年代，官方医生与政策制定者认识到了日本人的高死亡率以及与欧美人之间的体格差距，积极着手研究公共卫生、完善政策法令，以求改善这一状况。其中有一位至关重要的人物——学校卫生的创始人三岛通良。三岛在研究学校卫生的过程中，发现了学校幼儿与学生的服装问题，并在多份杂志上讲解了关于服装的注意事项。另外，在对女生穿裤带来显著影响的伯尔兹讲演中，他担任翻译。

在三岛就职于东京帝国大学研究生院的一八九一（明治二十四）年九月，他接到了文部省关于学校卫生事项调查的委托。他主要负责研究教育现场的幼儿与学生卫生问题，在全国范围内对校址的选择、校舍的建设与学校用品的构造等展开调查。在接受文部省委托后，三岛向《妇人卫生会杂志》投寄了一篇名为《女子健康即国家健康》的文章。他在文中写道："社会卫生的大权实际上掌握在女性手中。"负责家务与育儿的女性担负了家庭全员的卫生责任，整个社会的卫生问题掌握在各个家庭的女性手中。对于肩负着全体社会卫生责任的女性而言，没有健康的身体，就无法履行妻子与母亲的责任，而"欲使女性身体强健，必须从小时候抓起"，因此女性发育期的身体状况至关重要。重视以学龄期幼儿与学生为对象的学校卫生，有助于培养健康的下一代。尤其是女性，为了将来成为善于持家的贤妻良母，健康的身体必不可少，为此自孩提时代起就应当积极参与运动。

如此一来，运动时的着装便成了问题。三岛认为"我国的女性服装几乎严格遵守了禁止女性运动的命令"，完全不适合运动，从而明确了服装改良的必要性。由于改良方案需要花费数年时间，所以当时他只提出了改革长袖长裙——运动前可以穿上轻便的衣服，系上柔软的束带与玉襷，披起裙裾——以及穿裤——年轻少女可以穿短袖或短裾衣裳——的建议。三岛在接受文部省委托之后，随即展开了对女子服装改良的探索。

《关于体育与学校卫生的训令》

三岛在接受调查学校卫生事项的委托之后，前往九州与奥羽地区展开调研。当时的文部大臣井上毅听取了他的汇报，并对学校卫生表示关心。据杉浦守邦称，井上为教育领域创造了重视卫生的氛围，并借助行政手段积极推进。并且，井上在卸任大臣当日颁布了《关于体育与学校卫生的训令》，提倡小学生广泛参与运动，呼吁教育界重视体育活动与学校卫生。训令包含了与服装相关的项目，如第三条明确提出建议推广筒袖。

"三、为便于小学生广泛参与运动，除非迫不得已，在校内应穿筒袖洋服或和服。"

根据杉浦的调查，井上的草案中原本没有第三条，是在三岛的建议下追加的条款。在训令颁布后，三岛在《国家医学会杂志》上对第三条做出以下解说：

"我（一己之见）是希望女生尽可能穿筒袖的。很多人认为这一提议并不可行。尤其是现在流行长袖，如果要求女生平时也穿筒袖衣裳，确有强人所难之嫌。"

从卫生的角度出发，筒袖是值得提倡的，但三岛也承认在长袖风行的时期，筒袖难以为人接受。针对这一问题，三岛建议将袖子款式改为"宽筒袖"，将穿束场合限定为校内，尝试阶段性地推广。

除此之外，《关于体育与学校卫生的训令》第九条还建议步行。

"九、奢靡安逸必然导致软弱。虽然城市学生乘车往返学校与校方纪律无关，但校长与教师应注意劝导学生尽量步行。"

针对训令第九条，三岛提出了对服装的要求，"建议废弃女子长袖、宽带与高筒皮鞋"，并揭示下述问题。

"现今女性服装的长袖、宽带、高筒皮鞋间接地禁止她们运动。（略）同时，这种奢华绮丽的服装妨碍步行，诱使人们乘车、致使人们软弱。诸位来自城市的女性是否听闻'步行损坏衣物，乘车反而更加经济'以及'拜访他人或外出之际，若不乘车会有损名声'等观点？这些冥顽不灵的看法岂不可悲可叹！教育工作者更应直接或间接地担负起矫正这些观点的责任。"

三岛严厉地批评了有碍运动的长袖、宽带与高筒皮鞋，以及因顾忌损坏衣服或名声而选择乘车的风气。他还提到，为了保障女性的身体健康，包括服装设计与材质、着装方式、思想观念与价值观等在内的变革迫在眉睫。

日清战争后的学校卫生

《关于体育与学校卫生的训令》颁布于日清战争爆发的时候，尽管训令呼吁教育界重视学校卫生问题，但直到战时乃至战后人们才真正意识到国民身体与健康的重要性，开始着手解决学校卫生问题。三岛描述了国民意识的转变：

"一位文部省的朋友从中国回来之后告诉我，现在许多人都明白了体育运动的必要性。究其原因在于即便好不容易鼓足出战的勇气，却因身体状况不佳而一再失利。经历了这次战争，普通国民深刻地意识到身体健康的重要性。（略）然而，我们的下一代接班人仍然缺乏体育锻炼。为了改变这一现象，最简便易行的途径即加强学校卫生。"

根据总参谋部编纂的《明治二十七八年日清战史》，从一八九四（明治二十七）年七月二十五日的丰岛海战到一八九五（明治二十八）年十一月十八日出兵台湾，日本的死亡人数达一万三千四百八十八人，其中一千四百一十七人死于征战，一万一千八百九十四人死于病患，也就是近百分之八十八的死者因染疾而亡。另外，在十七万八千二百九十二人的出征部队中，染疾人数达十七万一千一百六十四人（约百分之九十六），被送往战地医院的有十一万五千四百一十九人（约百分之六十五）。在各类疾病当中，患脚气病的人数最多，为三万零一百二十六人，痢疾为一万一千一百六十四人，疟疾为一万零五百一十一人，霍乱为八千四百八十一人，冻伤为七千二百二十六人，其他为四万七千九百一十一人。因疾病伤亡的人数远远超过死于征战的人数，因此日清战争对日本部队而言亦是一场与疾病的斗争。

日清战争的经历提高了日本对体育与学校卫生的重视程度，随即展开了对学校卫生法规的完善工作。一八九六（明治二十九）年，文部省创立学校卫生顾问会议制度，设学校卫生顾问九名、学校卫生主管一名。三岛被任命为学校卫生主管，伯尔兹则在顾问名单之列。法制也在逐渐健全，一八九七（明治三十）年出台《学校清洁方法》与面向直属学校的《学生身体检查规程》，一八九八（明治三十一）年规定公立学校必须设置校医院，并颁布《学校传染病预防及消毒方法》等。

———

三 女性服装的问题与改良要点

伯尔兹的演讲——女子的体育

　　日清战争以后，对学校卫生与体育的重视催生了支持女子体育的论调。其中最引人注目的是一八九九（明治三十二）年五月十三日，伯尔兹在私立大日本妇人卫生会上发表的演讲——女子的体育。前文提到的三岛通良担任了演讲的翻译工作。

　　伯尔兹演讲的内容涉及女性的社会地位、浮世绘中反映的江户时代美人的变迁、日本女性服装的特征、儿童的发育与衣服的影响、对华美服装的批判、体操运动时有关衣物的注意事项以及女服改良的提案等诸多方面。

　　演讲从生理学观点揭露了日本女性服装的缺陷，简言之包括以下两点：第一是对躯体的压迫，第二是阻碍动作。和服的绲与带压迫躯体，长袖与长裾阻碍动作。比如，绲与带束缚胸部与四肢，造成内脏挤压与骨骼变形。内脏受到挤压会导致少食与消化不良，使人无法摄取充足的营养，骨骼变形将影响身体发育。而且沉重的长袖约束手腕与肩部的舒展，长裙又缠绕脚部，有碍行走。这些都属于需要改良的关键之处。

随后，针对日本女性服装的缺陷，伯尔兹提出了关于带宽与质地、袖长、纽宽与位置、裙、搭配袴时的和服长度与发型等的改良建议。之前的众多文献都将伯尔兹的演讲视为袴在女生之间普及的证据。但是经过对演讲全部内容的仔细研究，只发现了与袴有关的两点内容：

"对比如今的装束，让在校女生穿袴是相当明智的。但是如果在穿袴的同时，依然搭配普通和服与腰带，也等同于无济于事。所以穿袴的时候应该将和服长度控制在膝盖部位。

"做体操的时候，因日常服饰不便于活动，所以需事先定制、预备运动服，在体操之前换装。换言之，应穿及膝和服配袴的日式服装或短装洋服。"

演讲较少涉及袴的穿用，而且从内容上看也难以断言伯尔兹对穿袴持积极的肯定态度。他从医生的立场出发，基于生理学知识与临床经验，具体地分析了当时的服装在卫生与功能上的弊端，即有碍健康、发育与运动，而在他看来，袴只是克服这些弊端的一种选择。另外他还针对和服裙裾的问题提出："制作衣物时只要避免缠绕脚部即可，其他均应交由妇女自行处理。"就是说他并没有将穿袴作为解决问题的唯一途径，也没有表示在普通女性中推广袴的意图。伯尔兹认为女性服装的改良应当由女性完成。

不可否认，在伯尔兹演讲之后，女子高等师范学校开始要求女生穿袴，自此袴在全国女子学校迅速普及开来。有人强调，因为举办演讲的女子高等师范学校是当时女子教育的最高学府，而演讲人又是与宫中渊源颇深、就职于帝国大学医学院本部的外国专家伯尔兹，所以对于袴的普及颇有说服力。不过，尽管伯尔兹在演讲中指出了服装的各种弊端及改良要点，但从中得出伯尔兹支持袴的普及这一结论恐怕言之过早。就结果而言，女校之中虽然开始流行穿袴，但是伯尔兹提倡的短袖却不如袴一般得到普及。从这一点可以看出，袴得以推广的主要原因并不在于服装改良理论或者提出改良方案的论者，而在于受众。

过去的文献都将伯尔兹的演讲视为袴得以普及的证据，可见这些文献并未对演讲的全部内容展开详细调查。其中最为人津津乐道的是，伯尔兹在演讲过程中向观众展示了西川祐信的美人图（图 2-1），提议改造现有服饰、回归元禄时代。如果在研究服装的时候有意参照以往的样式，既"不会引来责难"，也可以回避针对服装改良的批判。在探索女子改良服的过程中，以往的样式将成为创新服装样式的主要源泉（后文将另作详述）。

高等女子学校校长座谈会对服装的探讨

在伯尔兹发表演讲的数日前，也就是一八九九（明治三十二）年五月八日，帝国教育会召开了高等女子学校校长座谈会。来自山形、宫城、东京、静冈、爱知、长野、滋贺、奈良、和歌山、鸟取、岛根、高知等地的高等女子学校校长参与会议，并邀请文部省普通学务局局长出席。此次座谈会提出了"高等女子学校学生可否穿棉服配袴"以及"发型可

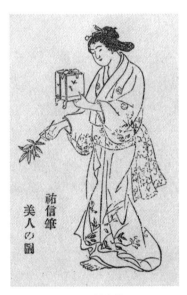

图 2-1 伯尔兹展示的祐信美人画

（《妇人卫生杂志》115 号 6 页 1899 年 6 月 20 日）

否由盘发改为束发、年轻女生可否梳银杏叶发髻"两个议题。讨论结果否定了上述议题，"根据我国目前的状况，统一女生服装与发型是不可行的"。由此可见，在座谈会召开的时候，文部省官员与学校校长对全国统一推行袴仍持消极态度。

高等女子学校校长渡边敏提倡穿袴

参与高等女子学校校长座谈会的长野市立高等女子学校校长渡边敏，对被座谈会否决的袴表示大力支持。自一八九九（明治三十二）年四月起，长野女高的学生开始穿袴。渡边还对媒体积极地发表自己对袴的想法。

他撰写了一篇题为《女子的体育与服装》的论文，指出参与世界竞争要求国民具备强健的身体，而为了培养体格强健的国民，必须重视身为国民之母的女性的体育运动。至于运动时的着装，他点评道"如今的服装不适合体操运动，也不适合女性强身健体"，从而极力推荐袴。与伯尔兹与三岛不同，渡边的论点集中于袴的穿用。

渡边建议推行拆分上衣（"衣"）与下衣（"裳"）的服装样式。渡边评价上下一体的和服是"残缺不全的服装"，认为日本是一个"文明落后的国家"，并与中国、朝鲜及欧洲诸国的套装样式进行了对比。值得一提的是，他不仅关注欧美，还将中国与朝鲜的样式纳入视野之中。在谈及和服样式的时候，渡边还提到了日本的古代服饰："在德川末年之前，上至皇后陛下、下至彩（采）女都身穿上下不相连的衣与裳。"一八八六（明治十九）年皇后颁布的《意见书》中倡导日本服装回归古代样式，穿用上下分开的套装洋服，这与渡边的理论不谋而合。除此之外，渡边还综合考虑了衣服各个部件的必要性与性质、各国服饰与古代服饰、现在的国情等各方面因素，描述了他所在的学校推广袴的过程。尤其令人注目的是，他在研究服装时参照了"各国服饰"与"我国古代宫廷服饰"，在世界的空间轴与历史的时间轴交叉处寻觅服装的理想样式。

渡边极力推荐袴，忽视了三岛与伯尔兹提出的筒袖问题，与文部省的方案之间也存在分歧："文部省法令建议女生穿筒袖服装，没有关于袴的规定，然而贵校却提倡学生穿袴，而非筒袖。"可见，渡边在长野地区优先推行袴、而非筒袖。在一八九九（明治三十二）年前后，袴在东京地区的女生之间迅速普及开来，但地方仍对袴的推行保持谨慎态度。

自一八九九（明治三十二）年至一九〇〇（明治三十三）年，三岛与伯尔兹从卫生与功能的角度揭露了女性服装的缺陷，但是具体的解决方案仍处于探索阶段。政府颁布了提倡筒袖和服的法令，但未建议穿袴，高等女子学校校长座谈会也以"为时过早"为由否决了关于推广袴的议案。另一方面，在伯尔兹演讲的前一年，即一八九八（明治三十一）年，女子高等师范学校附属高等女子学校便开始推行穿袴。这表明袴的普及与女生服装的改良并不是在文部省的指导下统一实施的，而是在各所女子学校的相互影响下逐渐展开的。接下来的一章将重点考察几个具体的服装改良案例。

Chapter TWO
改良服的设计、批判与实践

一 医生、教育家与美术家对改良服的设计

医生弘田长设计的改良服

一九〇一（明治三十四）年左右，各大新闻杂志集中刊登关于女子改良服的提案。设计者包括医生、教育家与美术家等，各个领域都提出了服装改良方案。

一九〇〇（明治三十三）年，三岛通良的研究生导师、医学博士弘田长在华族女子学校附属幼儿园举办的第一届"少女服装改良会"上展示了自己设计的女子改良服。第二年，以女性为中心的"女服改良会"成立，指出"改良服应当预留随时进步、改良的空间，目前采用上下衣搭配袴的样式"。伯尔兹曾主张女性服装的改良应由女性完成，女服改良会正是女性主持服装改良的一次尝试。

弘田对女子改良服的设计图示刊登在了《妇人卫生杂志》上（图2-2）。该服装由左右两侧稍微敞开的及膝上衣、模仿欧美女性亵衣的内裙、以及两侧缝合的上裤组成。为了保暖，裤内还增添一件以"朝鲜裤"为雏形设计的下裤。可见，弘田的改良服参照了欧美与朝鲜两国的服装样式。虽然未提及袖子，不过从图示中可以看到，上衣仍是长袖。弘田在《妇女新闻》上对袖子款式做出了解释："尽管袖子不便于运动，但姑且保留原来的款式，运动时套上手襻。"尽管三岛极力推荐筒袖，但弘田并未采纳这一意见，而是提出运动时系襻的对策。他还写道："就外表而言与当今的女生服装并无二致，但可以摆脱裙裾对脚部的束缚，自由地运动"，他在没有改动外观的前提下，实现了服装在功能与卫生上的优点。

医生高木兼宽对女子服装改良的意见

同为医学博士的高木兼宽主张由女生引领全国女性的服装改良，并向文部大臣提出统一制服的建议，支持从经济的角度改良服装。一九〇〇（明治三十三）年，高木向文部大臣松田正久表达了关于女子服制的意见，主旨是"为使普通妇女服装在卫生、经济与动作上更加方便有利……建议文部大臣颁发训令，督促全国各地的女生同男生一样穿窄袖和服、搭配裤，并制定相应规程"。高木提议，通过在全国各所学校的女生之间推行筒袖与裤，继而引导全国女性的服装改良。

在高木的观点中，最引人注目的是服装经济性的内容。这一点尤其

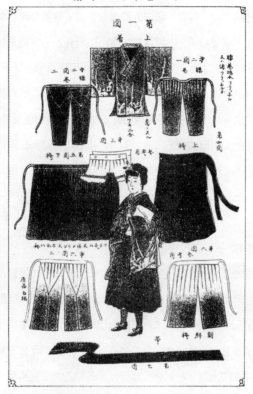

图 2-2 弘田长的女子改良服

（《妇人卫生杂志》136 号前插图 1901 年 3 月 25 日 ）

突出地体现在他对袖子的介绍中。高木认为，劳作时不得不用襻绑扎兜袖，浪费时间与体力。而且，倘若忘记放置襻的地方，还要花费更多的时间与精力去寻找，这是日常琐事中不必要的浪费。如果统计全国正在使用的襻，总额必定十分巨大，这也是金钱与物资的浪费。因此，高木主张完全废弃浪费精力、时间、金钱与物资的长兜袖，建议采用筒袖。在高木看来，过去一片袖子的布料可以制作一对筒袖，进而节约三尺左右的布匹。假如换算成全国四千三百万的总人口，将产生庞大的差额。而且每个人都有数件单衣、夹衣、棉衣与外褂等，全部统计进去的话，节约规模更为显著。《妇女新闻》也转载了高木解说袖子经济性的文章。

　　尽管高木是一位医生，但他不仅同三岛、伯尔兹一样从医学、卫生的角度揭露了服装的缺陷，还从经济的角度解释了旧式服装在时间与精力上的浪费，呼吁合理的服装改良。但是，他对服装的最终样式叙述道："如果女性认为筒袖与袴有失体面，她们自然会选择洋服。所以归根结底，符合自身期待的也将是洋服。"高木认为最终洋服将脱颖而出，所以并没有提出具体的改良方案。简言之，在高木看来，服装改良的实践是通往洋服普及的台阶。

医生山根正次设计的改良服

　　提及这个时代的改良服设计者，担任法医的山根正次赫赫有名。一九〇二（明治三十五）年，山根出版《改良服图说》一书，并带领全家换上了改良服。在弘田版改良服之后，《妇人卫生杂志》登载了山根的改良服图示（图 2-3）。为了达到普及的目的，山根综合考虑了卫生、经济与便利性等因素，改良服由上下两部分构成，上衣为筒袖和服，由纽扣代替纽带，衣服面料为常见的棉或丝绸，裁制方法也简单可行。《妇人卫生杂志》登载了山根版改良服之后的一九〇二（明治三十五）年，他出版了《改良服图说》一书。同年十月发行第二版，次年三月发行第三版，引起了强烈反响。卷首插图中有一张山根正次与家人身穿改良服的照片（图 2-4）以及数张男女改良服的图示。书中详细地介绍了现行服装的危害与改良服的制作方法。在"衣服改良的来历"一章，山根讲到自己远渡欧洲、出席万国体育会时，发现欧洲已经意识到紧身褡对体育运动造成的诸多不便，并呼吁改良女性服装，因此在他回国之后便开始尝试制作改良服。以一九〇〇（明治三十三）年赴欧期间的见闻为契机，山根开始正式着手改良服的设计。

在制作改良服的过程中，山根对从陆军少尉手中获得的中国女性服装展开了研究。

"与西洋服装不同，袖与裾既小又轻，上下分开，下面穿裤子、上面穿和服，缝制方法优于日本。有风吹来时，日本和服的裾经常敞开，丑态毕露，而中国服装绝不会这样。无论狂风如何肆虐，决不会暴露脚部，与日本服装相比具有明显的优势。因此，就服装结构而论，日本服装最劣等。"

山根对比了中国与日本的女性服装，认为在结构上中国更胜一筹。

《改良服图说》还描写了男子改良服的设计方案："大致类似于洋

服、且与日本古代服饰接近的一种简易服装。"该书还介绍了"日本古代服饰",其中被作为参照物的"持统天皇后期日本农夫的装束"(图2-5)也附加在卷首插图中。

山根亲身体会了欧洲服装改良的潮流,对中国妇女服饰的实物与日本古代的历史展开研究。他在"改良服的构造方法"中,就如何设计改良服作出了如下解说:

"至于服装改良的有效途径,我自己曾经收集并对比了种类繁多的衣服。我发现每种衣服良莠不齐且各有利弊,既有优势也有劣势,没有哪一种是完美无瑕的。因此,我试图总结各类服装的长处,择善而从,设计了一款前所未有、独一无二的样式。"

山根在参考各种服装之后择善而从,设计了一款"前所未有、独一无二的样式",每个人对此见仁见智,但都觉得既与某种服装相似、又非完全雷同。在设计改良服期间,山根多次参考了中国、朝鲜与日本古代的服装样式。他收集并分析了古今内外的各式服装,对服装要素加以分解,并从功能、卫生与经济的价值观出发重新组合要素。

《改良服图说》被各类媒体竞相转载,多次再版,收获了各种各样的评价。其中,既有人称赞山根版改良服满足了卫生、功能与经济的需求,也有不少人批评其缺乏艺术美感。对此山根反驳道,自己设计改良服的出发点是卫生、而非艺术角度,损伤身体的华装丽服是陈规陋习的假面具。

图 2-3 山根正次的女子改良服
（《妇人卫生杂志》138 号前插图
1901 年 5 月 15 日）

图 2-5 持统天皇后期日本农夫的
装束（山根正次《改良服图说》
前插图 伴鹤堂 1902 年初版）

图 2-4 穿着改良服的山根正次一家
（山根正次《改良服图说》前插图 伴鹤堂 1902 年初版）

教育家渡边辰五郎设计的改良服

除医生外，从事裁缝教育的专家也参与了改良服的设计。和洋裁缝讲习所（后来的东京家政大学）与共立女子职业学校（后来的共立女子学园）的创建人渡边辰五郎于一九〇一（明治三十四）年在女性杂志《女人》上连续发表了四次有关改良服的文章。文章借助裁剪图，解释了裁缝的具体顺序。另外，渡边还创建东京裁缝女子学校，将自己设计的筒袖型改良服规定为教师与学生的制服（图 2-6）。一九〇三（明治三十六）年，东京裁缝女子学校同窗会出版《妇人改良服裁缝指南》一书，记载了渡边设计的改良服。

渡边的筒袖型改良服与附属女高学生所穿的改良服有异曲同工之妙。一九〇三（明治三十六）年的《风俗画报》印有描绘当年附属女高运动会场景的插图（图 2-7），图中除洋服与长袖和服外，还有袖口聚拢的筒袖和服。另外，一九〇二（明治三十五）年入学的一位附属女高毕业生回忆当时的改良服道："开始穿袴之后，筒袖也流行起来，我们称其为'改良服'，这里布满褶皱……用丝带轻轻缠绕袖口。"虽然这个时期改良服与筒袖在附属女高的推广情况无法从校史与照片资料中获得，但杂志插图与毕业生却可以证实被称为"改良服"的筒袖和服的确存在。

而且，从现存模型中也可以窥探当年渡边所提倡的改良服样式。如今，东京家政大学博物馆收藏有"渡边学院裁缝模型展"的两千两百九十件展品，以及其余六十一件模型。其中，有四件筒袖上衣"女式改良服"（制作年份为一九〇五至一九一〇年）、六件"改良裤"（制作年份为一八九七至一九一〇年）、二十件"渡边式改良裤"（制作年份为一九一二至一九二九年）与四件"女式改良披风"（制作年份为一八九七至一九〇九年）。这些服装中，在时间上距离前文提到的《妇人改良服裁缝指南》（一九〇三年）最近的是一九〇五（明治三十八）年制作的"女式改良服"与"改良裤"。这些模型的上衣下裳均为紫底白色或淡茶色碎花、棉料，借此了解无法从杂志或书籍插图或照片中分辨的材质颜色与整体印象。

渡边的改良服受到东京裁缝女子学校教师与学生双方的接纳，适用对象不仅包括儿童，而且包括成年女性。与儿童相比，成年女性对女性气质与规范的要求更为严格，所以普及服装改良更为不易。面对抵制态度明显的成年女装领域，渡边重新设计改良服，并在自己经营的裁缝女子学校加以施行。

教育家横井玉子设计的改良服

改良服的设计者中也有女性。创建于一九〇〇（明知三十三）年的女子美术学校负责人兼舍监横井玉子曾跟一位美国教师学习洋式裁缝，并将这段经验引入改良服的设计中。横井的改良服登载于《妇人卫生杂志》上（图2-8）。报道称，她的改良服是"洋服与日本服装的折中方案，对象是十五六岁的少女。最近，在女子美术学校学生的期待下，已经实际推行，既美观又轻便"。横井版改良服的特色是膨胀的袖山。据前人

图 2-6 穿着改良服的东京裁缝女子学校的职员

（《女学世界》1 卷 7 号前插图 1901 年 6 月 5 日）

图 2-7 御茶水高等女子学校运动会

（《风俗画报》279 号前插图 1903 年 12 月 10 日）

研究，这种袖子受到了十九世纪九十年代至二十世纪〇〇年代欧美流行的"羊腿袖"的影响，上衣由洋服的羊腿袖与和服的衣领构成。衣袖采用西式裁缝技术的立体剪裁，上衣搭配传统和服一贯的肩褶。横井版改良服把欧美衣袖的款式及西式裁缝技术与传统和服的衣领及肩褶组合在了一起。

美术家梶田半古设计的改良服

画家也参与了改良服的设计。日本画家梶田半古是一位活跃于画坛的插画家，因在一九〇三（明治三十六）年轰动一时的报纸连载小说《魔风恋风》中担任插画师而声名远播。梶田刻画的"女生"形象明显受到当时女生服装的影响。

梶田设计的改良服分别登载于《读卖新闻》与《女学世界》上。梶田版改良服是"对女式正装的改良"，薄纱披风从头罩到脚（图2-9）。《女学世界》对此解说道："沿承本国古代的演变史，同时参考印度、中国与朝鲜等东洋诸国的流行服饰，寻求折中方案。"这证明梶田参照了古代服装与东洋诸国的服装。梶田也在《读卖新闻》上表明自己以"东洋主义"为核心，以日本古代至近世服装为标准："我要坚持以东洋主义为宗旨，对日本风俗加以改良（略）我断定，为开创正统庄严的文明新风，向全世界展示日本光辉，当务之急是以我国上代至近世风俗为基准，尽可能选用国产衣物作为改良服材料。"《都之华》对梶田版改良服的评价是"衣裳酷似朝鲜服饰"，服装各组成部分颇有"天平之风"。"天

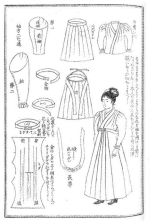

图 2-8 横井玉子的女子改良服
（《妇人卫生杂志》141 号 50-51 页 1901 年 8 月 20 日）

图 2-9 梶田半古的妇人改良服正装
（《女学世界》1 卷 9 号前插图
1901 年 7 月 5 日）

平"是圣武天皇时期的年号，汲取了奈良时代的设计风格。与束带、外套（一般称为"十二单"）等服制趋于国风化的平安时代不同，奈良时代受到了唐朝服制的显著影响。因此，古代服制包含大量中国元素，梶田所指的"东洋主义"反映了他本人的历史观与文化观．即通过追溯历史，将当时日本的文化起源与中国等东亚国家相互衔接。另外，《都之华》的作者还评价了梶田版改良服的色调与风格，将其款式形容为"菩萨式"。由此可见，从梶田版改良服中可以感受到梶田所绘历史画的情趣。

如上所述，梶田主张采取衔接古代日本与东亚诸国的"东洋主义"来设计改良服。梶田版改良服以日本、中国与朝鲜等东亚服装样式为根基，试图创造与洋服截然不同的"文明新风"。改良服折射出的对东洋主义的倾向与行为，为我们提供了重新考察单向洋服化这一历史观的契机。

——

二 针对改良服的批判

内田谦之助的《洋服倡议书》

前文回顾了几款改良服，这些改良服是设计者参考世界上（主要是欧美与东亚）及历史上的各种服装样式，从功能、卫生、经济与美学等角度出发，折中了诸多要素，进行创作。那么，面对各式各样的折中方案，当时的人们如何看待呢？

内田谦之助最先提出了对改良服的批判。一九〇三（明治三十六）年内田谦之助出版《洋服倡议书》，批评了山根与梶田的改良服，主张推广洋服。明治二十年左右，内田也曾参与设计改良服，从事男女服装定制的生意。他在书中写道"我曾经一度赞成渐进式改良主义，甚至创作了改良服的新方案，但是如今的我坚决支持洋服主义"，并对改良服展开批判：

"近十二三年来，不仅山根氏、梶田氏与渡边氏，包括我自己也在十五六年前煞费苦心地寻找改良服的新方案，主要原因无非是担忧并试图改造不经济、不卫生、不方便且不统一的日本服装。然而传统服装经过积年累月的变迁，在不断地发展与完善。因此，突如其来的改良服总让人感到匪夷所思。大多数妇人表现出拒绝的倾向，苦心经营化为泡影。"

当前的服装经过了历史的沉淀，对其施加的改良措施"总让人感到匪夷所思"，受众也并不乐于接受。随后内田独出己见，揭示了设计者自身存在的问题。

"此外，姑且不论设计者能否做到公正无私，被自身专长所累的弊端却极易暴露出来。比如，山根氏是医学博士，所以更关注卫生；梶田氏是一位画家，所以一心考虑美学；而渡边氏是一名位裁缝教师，他的缝制方法又过于细密。还有人认为，对衣领稍加改动之后的服装堪与中国比肩，所以他们很可能出于好奇而选择中国服装。改良服被接二连三地设计出来，如今已无须担忧日本服装种类匮乏，因为其数量已经多达数十种。"

前文也提到，各位设计者的改良重点与价值观各不相同，参照的样式也不一而足，因此可以预见"古风改良服""洋风改良服""中国风改良服"与"朝鲜风改良服"等各类服装样式交织在一起的情形。为了避免改良服造成样式一片狼藉，内田建议应贯彻宫廷洋服的方针、推广洋服，"如今宫廷已经将洋服规定为正式礼服，因此我们应该停止设计改良服这一迂回行为，一心一意发展洋服方为上上之策"。他主张在洋服普及之后再确立"日本风"或"国风"："半数以上的国民穿上洋服之后，再确定'日本风'。或许到时候，日本风会自然而然地显现出来。彼时，必将呈现追逐国风、弘扬国粹的一幕。"

改良服的推广情况

当时的报章杂志也记载了改良服普及的情形与过程。一九〇六（明知三十九）年的《家庭杂志》对此做出以下报道：

一、妇女穿袴的情况比较明显，但只限于学校教师、学生与车站职员，一般妇人居家时不会穿用。

二、妇女的筒袖。尽管对其稍加改良与装饰，但推行范围仍比较狭窄。种类也仅限于下田歌子女官创办的实践女子学校所用的半狭袖（类似于元禄式）、简单的筒袖以及被称为"山根氏"的衬衫袖等袖口收紧的款式。

（略）

七、全国所有男童服装几乎全部变成筒袖。

八、男子穿用洋服的人数逐年见涨。

袴在学校教师、学生与车站职员之间流行，但并未渗透至一般女性。筒袖虽然几乎得到全国所有男孩的支持，但在少女与女性之间的推行范围仍比较狭窄，仅有实践女子学校一例。

概言之，"改良男性服装的情况较为少见，他们大多直接更换为洋服。而妇女之间基本不流行洋服，多是辅以精雕细琢的改良"。另外，这篇报道的作者还讲述了自己尝试山根版改良服的经历："最初，我对改良日本服装的说法抱有期待。后来，我同妻子一起尝试制作了山根正次在明治三十四五年左右设计的山根版礼服。无论是造型的美观性，还是款式的明朗性都多少存在不足，最终还是放弃了。"笔者指出了改良服在美观与款式上的缺陷，继续写道："后来我远渡美国，目睹了美国人的装扮，了解到该国的服制经历了长年累月的开发与改良。自此，我转而支持国内男女老少一律采用洋服。"同前文出现的内田一样，他也开始赞成洋服主义。可想而知，在尝试改良服之后转而支持洋服的人比比皆是。

另外，留学美国从事女子体育研究的井口亚栗在一次演讲中也提及当时改良服的推广情况。井口在介绍美国女子体育发展状况的同时，说明了日本女子教育如何学习这些优点，并分析了日本服装的现状。

"近来，在幼儿园与小学，关于服装改良的声音喧嚣直上。由于看不到其他幼儿园的情况，所以将这里的幼儿园作为观察对象。幼儿园的学生穿筒袖和服搭配袴，普通小学亦是如此。最近，东京府内的学生制服都变更为筒袖和服或袴，教师们也随之换装。实在是一个可喜的变化，与过去长袖和服与袴的搭配相比更加合宜。（略）然而，这种装束距离十全十美仍有差距。如何改良服装是一个至关重要的问题，今后应交由女性实施。如果提倡在各种场合下都穿袴，那么不仅是学校学生，恐怕连普通女性也不会听从。如今的服装令人啼笑皆非，在现有和服外搭配袴尚且可行，但在年长之人看来，筒袖和服搭配袴简直贻笑大方。因此，学校规定另当别论，如果允许自由穿着，她们是不会如此打扮的。这就是除学校学生与教师外、一般人并不采纳这种服装的原因。"

由此可知，当时在东京，只有幼儿园与小学的女生与教师穿上了筒袖和服搭配袴的"制服"，并未普及至一般女性。据井口分析，原因在于"年长之人"觉得普通和服搭配袴尚且可以接受，但是筒袖和服搭配袴"简直贻笑大方"。从中可以了解到井口的态度与价值观，她认为中老年女性与筒袖和服并不相配。袴被描绘在了反映附属女高学生服装演变历程的挂轴中，而作为改良服特色之一的筒袖却没有出现，原因之一很可能正是对其造型的美学评价较低。

一九〇六（明治三十九）年入学的附属女高学生加藤政子，在回忆附属女高的服装时说道："二年级以下的学生穿元禄袖，且不可以穿长袖,而三年级以上的学生穿长袖。"低年级学生必须穿短袖,而高年级学生可以穿长袖。这种规定在其他女子学校也不乏其例,低年级学生正值身体发育期,应穿筒袖或元禄袖,高年级学生则可以穿长袖的成年服装。井口在演讲中也提到,若非学校规定,是不会有人搭配袴穿筒袖和服的,只有学校要求的低年级学生与女性教师才如此穿着。高等女子学校的学生正处于孩童与成年之间的过渡期,袖子的款式反映了这种微妙的年龄变化。

另外,井口认为山根与梶田的改良服未能得以普及的原因在于"由男性设计的服装在女性之间不受欢迎,稍有风吹草动,就会摇摆不定",主张今后的女性服装应由女性设计。

如上所述,袴在校内女生之间得到推广,其中幼儿园与小学的女生穿筒袖和服、高等女子学校低年级的学生穿元禄袖和服,而山根等人设计的改良服却未曾普及。原因包括不美观,"不明朗"、难以识别的特性,导致服装样式一片狼藉,迫于规定,以及由男性设计等。

———

三 各女子高校的服装改良状况

从杂志期刊中可知,袴与筒袖仅仅在女生与女性教师之间取得一定程度的普及。那么,接下来将介绍各所女子学校推行改良服的情形。

地区的应对之策

　　首先，面对服装改良的趋势，地区教育会与委员会就女子服装的改良展开讨论，并拟定方针。在爱媛县，师范学校女子部、高等女子学校及附近各所学校的女性教师成立委员会，制定新的改良服方案，寻求社会支持。福冈市教育会举办"女子服装改良研究会"，邀请福冈医院院长、医学博士大森发表题为"关于女子服装改良与卫生之间的关系"的讲话。研究会之后，各委员展开调查，并就带宽与结法、裤长、纽扣的缝制方法、纽的系法等举行表决。

　　针对女生服装改良的问题，冈山市教育会设置十五名调查委员负责调查。他们在第一次表决中作了汇报以下：

　　一、基于教学与卫生需要，小学女生可更换为如上所示的服装。

　　二、废除广带，使用筒袖、穿裤。

　　三、提倡改良服（山根版、铃木版、委员版等其他式样）、西洋风女童服装、和服筒袖与女式裤。

　　四、天寒之际，可穿筒袖外褂或披风防寒。

　　五、下衣与鞋子可自行搭配。

　　六、发型可选择束发或垂髫，可戴帽子。

山根的方案也包括在内。"铃木版"指的是冈山市教育会选拔出的一名服装调查委员、铃木昌平所设计的改良服，具体款式已无从考证。"委员版"指的是在调查中获得最高评价的岐阜县大垣高等小学校长提出的方案。上衣为筒袖、袖口收紧，穿袴，上下衣均为黑色，定制成本低、缝制方法简单易行，可在家中制作。在表决意见出台之前，教育会还研讨了渡边辰五郎的改良服、朝鲜女性服装以及广岛县推行的改良服等。值得注意的是对朝鲜服装的讨论。尽管决议报告书中没有体现，但从调查与讨论过程可知，他们对各式各样的服装展开了广泛的研究。许多地区都与岐阜与广岛一样，探索改良服、交换相关信息并相互影响。

　　改良服的推行计划如下：首先从高等小学开始，然后推行至普通小学与师范学校附属小学，然后再与冈山县高等女子学校及私立山阳女子学校进行交涉，最终实现市内女生服装的统一。然而从后来的报告中得知，尽管高等小学与师范学校附属小学开始普及筒袖和服与袴的着装，也逐渐推广至其他小学，但是高等女子学校认为"像小学生一样穿筒袖有碍体面。对于正在接受中等教育的妙龄少女而言，尽管筒袖便于运动，但更应优先考虑形象。"筒袖在高等女子学校学生中的普及与推广并不如袴一般顺利。

阻止改良服的推广

　　另外也发生了阻止推广改良服的事例。改良服的推广撼动了传统的穿衣习惯，招致了一些人的反感。

熊本县师范学校附属小学的女生自一九〇一（明治三十四）年三月起开始穿袴，县属的各所小学也纷纷效仿，唯独玉名郡郡长禁止推广袴。可是，玉名高等小学校长却拒绝服从这一禁令，双方发生龃龉。

一九〇一（明治三十四）年九月二十日，香川县师范学校附属小学决定采用山根氏的改良服，并将改良服的图示与采纳理由告知家长。然而，县厅与学校各执己见，后来知事还向该校校长提出警告。

在天皇因陆军演习巡幸宫城县之际，宫城县内务部向各所学校发布通知，禁止恭迎銮驾的女生穿袴。理由是袴并非女子礼服。该事件被称为"禁袴事件"，各大杂志掀起了激烈的讨论。简言之，学校从体育与卫生的实用性出发支持女生服装的改良，但另一方面县或郡的负责人却百般阻挠。

除此之外，学生家长应该也曾阻止过服装改良。尽管具体事例并未见诸报端，但是神奈川县高等女子学校校长在接受文部省关于推广筒袖的调查中回答道："尽管学校赞成，但由于父兄反对，最终无法实现。"不过，随着改良的逐渐推广，并未出现怨声载道的学生或家长。不仅如此，还有报道称横滨市的小学生之中，穿筒袖的女生人数有所增加。因为服装改良需要家长的同意与协助，所以学校与文部省在推行之际不得不考虑家长的意见。尤其是高等女子学校，她们对推广筒袖的抵制情绪可想而知，不过筒袖在神奈川县高等女子学校的推广却畅行无阻。

在女性服装改良运动如火如荼的二十世纪〇〇年代，报章杂志等媒体刊登了医生、教育家与美术家的服装改良方案，并报道了相关评价或批判意见以及推广的情况。设计者参照了西欧的洋服、东亚与日本古代的各种服装样式，但是博采众长、改良服装的理念在付诸实践时并未得到广泛的支持。在不断的尝试下，袴作为女生服装被固定下来（袴的普及过程将在第四章予以详细分析）。接下来的一章将主要回顾为女生服装佩戴学校徽章的经过。

Chapter THREE

女子学校制服的确立——规制与一元化

一 堕落女生——徽章的制定

堕落女生的丑闻

上一章回顾了一些改良服的具体事例，为了培养女性健康的身体，改良服侧重功能与卫生方面。与筒袖或其他改良服相比，裤在女生之间的普及更加顺利。本章则主要介绍女生佩戴学校徽章的理由与背景。

二十世纪〇〇年代，高等女子学校接连不断地成立，女子中等教育的升学热愈发高涨，随之而来的是女生的"堕落""丑态"等耸人听闻的报道占据了各大报纸的头版头条。列举一个典型的例子：从地方来到都市求学的女生，在家长监督不到位的寄宿生活中，陷入与异性的恋爱，最后怀孕、生子、带着不明生父身份的婴孩回到家乡。这种"堕落"被媒体归因于异地求学、寄宿生活与早恋，女生也被贴上言行轻浮、自负、性开放等标签。《女生堕落的真相》曾在《二六新报》上连载了一个多月，文章揭示了社会对女生的看法："无论其人是否纯洁，'女学生'三个字立刻使人联想到淫荡、自负等词语。在世人眼中，褐红色袴、束发已然成为嘲笑的对象。"由此可知，"褐红色袴"与"束发"的外在特征已经成为识别女生的标志。一八九九（明治三十二）年左右，东京女生开始流行穿袴，在"堕落女生"频频见报的一九〇二（明治三十五）年，这一穿着已经完全固定下来，由于其中褐红色袴最为常见，因此被称为"褐红式部"。"式部"源自于对紫式部、和泉式部等才女的借喻。

稻垣恭子认为"堕落女生"是"在普及以'贤妻良母'为主体的高等女子学校教育的过程中产生的形象，是被遗弃之物的象征"，这种形象是"女生们的现实状态与世人的情感、心理互相交织而产生的表象"。换言之，与其说"堕落女生"是一个独立存在的实体，不如说是世人对女生的批判与厌恶产生了"堕落女生"的形象。

小杉天外的《魔风恋风》

丑闻屡屡曝光之际，以女生的堕落为主题的报纸小说——小杉天外的《魔风恋风》大有"洛阳纸贵"之势（一九〇三年《读卖新闻》连载）。根据文学领域的研究，《万朝报》等媒体登载的有关"堕落女生"的报道为小杉提供了小说素材。《魔风恋风》的女主人公是才貌双全的女学生萩原初野。小说对她的第一次出场作了如下描写：

"只听铃声清脆，一位骑在代顿色自行车上的高挑女性映入眼帘。

她微微倾斜肩膀，身穿褐红色袴与通风织法箭翎纹样和服，以一条雪白干净的丝带束发。长袖舒展、随风飘舞，是一个十八九岁眉清目秀、风华正茂的姑娘。"

小说在描写这位女生的时候，除了服装，还提到当时最新潮的自行车与系有丝带的发型。梶田半古为女主人公出场时的情形附上了一幅插图（图2-10），从视觉上展现了女生的形象。在出场场面中，"代顿色自行车"给人留下了深刻印象，这是美国自行车制造商"代顿公司"的产品，由于车体与挡泥板均为洋红色（褐红、深红），因此所谓的"代顿色"指的便是与褐红色袴同色系的洋红色。小说中的美国自行车是展示女主人公追逐时尚的象征。与初野神采飞扬的出场形成鲜明对比的是她的"堕落"与"毁灭"。初野爱上了好友子爵千金夏本芳江的未婚夫东吾，最终却被东吾背叛，并在临近有望出人头地的学校毕业考试前夕，因脚气病惨死。菅聪子评价道："《魔风恋风》的叙述手法是首先交代女生初野的'堕落'结局，然后再倒叙式回顾了她的'堕落'过程。简言之，小说逆转了读者的兴趣点，使其从'如何发展下去'转变为'怎样'堕落。"小说以女生的"堕落"为主题，引起了社会的广泛关注。

堕落女生的监管

面对这些"堕落女生"，教育杂志《教育时论》介绍了文部省对女生的监管动向。一九○二（明治三十五）年，文部省向全国各高等女子学校校长发布内训："从严整肃学生风纪，对于品行不正者坚决给予开

图 2-10 梶田半古为《魔风恋风》绘制的插画
(《名作插画全集第一卷明治篇》14 页 平凡社 1980 年版)

除学籍等处分，以儆效尤。"另外，当时的文部大臣菊池大麓呼吁反思女生异地求学问题：

"如果没有亲戚或称职的监护人，绝不允许妙龄少女前往东京。据本人所指，没有监护人的女生无一例外地贻误了终身。因此，拥有称职监护人的情况暂且不论，本地学校应严格遵循教育方针，绝不可以放任女生前往东京。"

菊池文相认为"女生堕落"最大的根源在于从地方到东京的异地求学，他严厉地训斥了这种行为，呼吁地方实施女子中等教育。

另外，文部省也加强了对私立女子学校的管制，对于违反文部省课程等规定、寄宿宿舍设施不完备、管理松懈等情况下达停办或责令改正等处分。据文部省调查，施行普通教育的私立女子学校并不存在个别问题，但裁缝、手工等技工学校违反规定或设备不完备等状况却层出不穷。

伪女生

《教育时论》不仅介绍了对女生的监管，还登载了描述女生外貌与着装的文章（一九〇二年七月五日）。

"近来，市内女生风纪颓废的程度远超于男生。在本乡、神田等地，居住在出租房里的学生一再上演丑行，因此最近的监管更加严格。但是，这些丑行的施行者中还有一些外形酷似女生的女性，比如徘徊在市内众多医院附近的护士、电话接线员与印刷局女工等。她们混迹其中，为监管造成了难以意料的困难。此时，女生的父兄及担保人更应主动加强监督。"

护士、电话接线员与印刷局女工等人从外形上看与女生无异，为监管提出了一大难题。袴不仅成为女生的代表性服饰，在就职女性之间也相当普及。《教育时论》认为一部分"堕落女生"其实是与女生衣着打扮相似的"伪女生"，对将局部"丑态"扩及全体女生的观点提出反驳。下面引用的是一段关于"伪女生"的报道。

"近来，新闻报纸经常刊登一些所谓的'女生丑闻'。然而这些'女生'之中大多数并非是属于某所学校或从事学术研究的人，她们只是借用女生的名字、模仿女生的风采，利用了社会的信任而已。如此一来，本应化身社会之母的女生被世人投以伤风败俗的眼光，被嘲弄性地称为'虾茶式部'，将对女子教育的发展产生严重的负面影响。（略）

"现在，几乎没有一所学校规定校服或校章。随着女子穿袴的潮流不断升温，学生以外的女性穿袴的现象也日渐增多。仅从外表看，电话接线员、印刷局女工或者教育程度较低、品行低下的女性与学生很难分辨彼此。而且时日一久，世人看到褐红色袴就会立刻联想到女学生。因此，其他未接受教育的女性行径也会被误以为是女生恶习，为世人所关注。"

因为"伪女生"与"真女生"混淆，所以该报道建议学生服装佩戴表示所属学校的徽章。徽章可以起到两个作用，一个是"区分学生与非学生"，另一个是使学生自觉认识到自身本分，即"善导风气、秉性高尚"。前者是对外的表现，后者是对内的警戒。两者相辅相成，有助于培养女生善良的心地。一九〇二（明治三十五）年，附属女高采纳这一提案，并于一九〇六（明治三十九）年制定佩戴在袴腰部位的腰带型徽章。其他女子学校也纷纷效仿，在胸前或袴的系带上佩戴胸章，或者在袴裾处增加线条（袴章），以标明学生所属。在暴露了"堕落女生"的问题之后，学校开始在女生的袴上添加徽章。本书将在袴上佩戴徽章的这一时期定位为女子学校制服确立的阶段。如"前言"所述，徽章的佩戴仅限于在校期间，入学时佩戴、毕业时摘取，形成了学校制服的穿脱循环与继承机制。

——

二 锦衣华服与虚荣心——着装要求与制服规定论

锦衣华服诱发堕落

经常有人指出，造成"堕落女生"的原因在于锦衣华服与虚荣心。此处的"虚荣心"主要指的是衣着打扮或携带品的过分重视，被称为女性的"通性"。当时，国内发行了一本升学指南——《女子求学遍览》。其中，"东京就学的危险"一章详细地描写了城市的诱惑与诈骗学校的信息，而"奢华是堕落的种子"一节对于金装玉裹的危害提出了警告：

"地方出身的女生最先面对的就是身穿锦罗玉衣、往来于东京市内的女子。人类总会为虚荣而疲于奔命，其中女性在这一点上更为明显。

坐在马车里的世家名媛、前呼后拥的豪门贵妇……眼前的场景令她们陡增艳羡，一些女生也开始梦想获得这些身份。一些地方上富裕家庭的女儿们入京求学，但日积月累之下，她们越来越羡慕同学身上华丽的服装与头上精美的饰品，而出身乡下的自己却只能穿着粗布寒衣。最初为了追风，从每个月的学费中开支这个月的外褂或下个月的夹衣。渐渐地，崇尚奢侈的心理愈发膨胀，在尚未觉察之时早已误交损友、感染恶习。这些女生将进京时携带的价值四五百万的衣服用品抵押出去，尽管得以变身东京风名媛，但这些奢侈行为必将使她们自食恶果。"

之后，这些女生为了还债卖身为妾，知晓此事的父母不得不积攒巨款赎回女儿并将其带回故乡。文章警告道，锦衣华服对女生而言是致命的诱惑，是"堕落"的开端。

锦衣华服与虚荣心的问题并不仅限于东京或高等女子学校，在各城市小学的女生之间也时有发生。学校的奢侈之风对来自贫困家庭、衣不兼彩的学生带来恶劣影响，成为阻碍普通教育普及的一大弊端，因此，文部省通过地方长官之手督促各位小学教师矫正奢靡之风。可见，华冠丽服是制约教育普及的一个主要因素。

除学校之外，奢侈之风在出席妇人会的女性之中也有迹可循。《妇女新闻》刊登了一篇谴责华冠丽服的社论（一九〇一年十一月二十五日），对竞相攀比的虚荣心提出尖锐的批评，劝诫女性专心从事慈善、教育、纠风与卫生等事业，为社会贡献一己之力。"竞相攀比的危害"不仅表现在妇人会，甚至波及地方的女子学校与小学。社论在谈及袴时写道："淘汰实用的衣料质地、一味追求外在的奢华，是最应警惕的趋势。"袴作为改良服的一种得到了最广泛的普及，然而与文部省及学校期待的功能性装束相反，长袖和服搭配高高提至胸部的长裙袴成了女生之间最流行的打扮，尤其是袴的质地还选用外来羊绒。

当时，学校为防范锦衣华服的侵蚀，将其作为管制对象，颁布了强调俭朴的《着装须知》。"俭朴"的内容包括限制绢或上等毛织品等面料，使用棉质衣物，禁止发饰与约束袖长等。

女子学校制服论

面对锦衣华服的问题，《妇女新闻》发表了一篇社论（一九〇二年五月二十六日），要求制定统一款式与质地的女式制服。该文首先介绍了女子学校内锦衣华服的状况：

"爱好奢华本是女子的通病，尤其是在女子云集的女子学校，攀比之风更盛。父母格外担心，自己也暗自绞尽脑汁，即便削减必需的学费也定要购置新衣。学业上不及他人时置若罔闻，但服饰上不如他人却深感无地自容，甚至因此厌恶上学，三天打鱼、两天晒网，最后只得退学。这简直不可思议，但是我们确实亲眼所见，也常常从女子学校的教师们那里听说。"

有些女生因为服饰疏于学业，以致退学。因此，该篇社论主张不管"女子通病"如何根深蒂固，为克服锦衣华服带来的弊端，必须统一服装。《妇女新闻》提议穿用筒袖棉服搭配袴的制服。支持制服的最大原由在于，无论男女都可以在学龄期"专注于提高自己的修养，不为他事分心"。学校与教育者为控制或回避女生服装衍生的种种冲突与问题，开始考虑制服这一手段。在日俄战争爆发之时乃至之后，女生服装的华丽与奢侈之风依然存在，被《妇女新闻》视为重大问题："这一陋习比俄国更恐怖。"综上可知，女生服装的规制与女子学校制服确立的背景是媒体披露了女生的锦衣华服与奢侈之风等社会问题，以及学校对此危害的警惕与防范。

—

三 学校的着装规定

二十世纪〇〇年代，女生的锦衣华服与奢靡之风等问题被媒体曝光，同时各学校开始着手整治女生服装。接下来将通过分析几所女子学校的事例，考察着装规定的形式与具体内容。

实践女子学校与女子技工学校实施听课服制度

一八九九（明治三十二）年，下田歌子创办的实践女子学校与女子技工学校最早实施着装规定、统一制服。

一八九三年（明治二十六）年，下田担任华族女子学校教授，为考察英国皇室的皇女教育与其他各国女子教育状况远渡欧洲，一八九五（明治二十八）年途径美国回到日本。回国之后的她恢复原职，继续在华族女子学校任教，并在一八九八（明治三十一）年成立"帝国妇人协会"。这是一个向妇女大众传授知识技能、陶冶性情、讲解自力更生之道的女性团体，协会的另一项宗旨是为创建实践女子学校与女子技工学校做准备。下田在考察欧美期间，认识到了中下层家庭的女子接受教育的重要性，并将其作为协会的一项教育事业加以开展。由此，两所学校的学生均以中下阶级家庭的子女为对象，规定的制服也与华族女子学校等上层家庭的女子不同，即朴素的棉质听课服。

下田设计的听课服是上下一体的连衣裙，袖子为筒袖或较短的元禄袖，衣领原是仿直衣 [01] 款式，后被学生们改为方领（图 2-11）。衣料是未经漂白的三河棉，以纸型印染法印制黑色箭翎纹样，衣领装饰有紫色细绦带，后来专科部用紫色、高等女子学部用绿色、幼儿园用红色以示区分。每年新生入学时的惯例便是由在校生为她们缝制一套听课服。

下田点明制作听课服的动机："两所学校必须规定学生穿棉布制服。当时，妇女服装愈发奢华，而两所学校学生的家庭阶级不同，尤其是技工学校学生的家庭情况相去甚远，所以我坚决制定了这条规定。这对培养求实的学风起到积极作用。"虽然听课服是一件穿在和服与袴外面的披风，但它有助于遮蔽内里的衣物，包含了隐藏家庭贫富差距的目的。听课服的设计是为了避免有钱学生盲目攀比、贫困学生因穿衣打扮而厌

---

01 日本贵族男子的服装，平安时代以后成为朝臣装束之一。

图 2-11 1915 年实践女子学校的听课服
（实践女子大学图书馆藏）

恶上学这两种现象。

另外，帝国妇人协会在全国各地设立支部，将事业发展至地方。新潟县便设有该协会的支部，并在一九〇〇（明治三十三）年成立私立新潟女子技工学校。该校采用了与实践女子学校与女子技工学校一样的听课服。除此之外，成立于一九一五（大正四）年的村松女子技工学校也使用了相同的听课服。由此一来，经过帝国妇人协会举办的诸多活动，听课服在全国各地得以推广，成为帝国妇人协会代表性的学校制服。从上述事例可知，考虑到中等阶层以下的女生，制服被寄托了掩盖贫富差距、避免学生之间的攀比、使她们安于学业的重任。

跡见女子学校制定的礼服

接下来介绍跡见女子学校制定的礼服。该校与实践女子学校或女子技工学校截然不同，在读学生主要来自于上流阶级家庭，其中也包括皇族与华族。

跡见女子学校成立于一八七五年，创始人是跡见花蹊，教授科目包括国语、汉文、算数、习字、绘画、裁缝、琴曲、插花与点茶等。建校之初，在皇后内令下，选用紫色袴作为该校标志。跡见女子学校穿袴的习俗来源于宫廷，在二十世纪〇〇年代袴普及之前，只有该校与华族女子学校的学生穿袴。

一八九九（明治三十二）年，该校制定了黑色棉布白色印花的五纹付礼服（图 2-12）。袴则采用紫袴便服。这一规定表明，学校不仅顾及了运动等实用性，还确定了正式的仪式礼服。据校史记载，因当时黑色棉布的纹付礼服鲜为人知，还曾被嘲笑为"女义太夫[01]"。从反映附属女高学生服装演变历程的挂轴中第一幅"挂轴Ⅰ"可知，在此之前的女子礼服为有色纹付、棉布裾边。而自此以后，黑色棉布纹付衬衣在女生礼服中得以普及。

跡见女子学校要求学生穿用紫袴便服或黑色棉布白色印花的纹付礼服衬衣，不过并未限定平时所穿的和服。直到进入二十世纪一〇年代，学校才统一了制服的上衣。一九一五（大正四）年，为迎接大正天皇继位纪念大典，该校制定了深紫色棉布制服。

校主任大束重善列举了七条制定深紫色棉布制服的理由。第一，由于"近来风靡一时的褐红色袴逐渐偃旗息鼓，而紫袴却与日俱增，以至于难以辨别学生所属的学校"，因此制定制服是为了便于与他校区分。第二，为了克服倾向于奢华的弊端，"养成节俭的美德"。第三，出于对经济因素的考虑，选用一反[02]一点四五日元的棉布衣料，"对家庭经济的影响微乎其微"。第四，选择深紫色素色面料是因为其"看上去品质优良，便于体现温雅贞淑之风"。第五，锦衣华服存在"易生柔弱之气与沉闷之感的弊端"，而制服"利于造就自然活泼的个性"。第六，女子总是过度修饰自身，落伍的衣装即便质量再精良也会被淘汰，"平

01　净瑠璃的流派之一。

02　日本的布匹长度单位，长约二丈七尺，宽九寸。

常上学之际，母亲总暗暗痛心"。为了免受这种弊害，统一制服被证明是一种行之有效的策略。第七，统一的制服被赋予"唤醒自然与自重意识、达到慎独的境界"等内涵。尽管制定制服的动机五花八门，但其中最令人注目的是为了与他校女生所穿的紫裤区分的原因。跡见女子学校的事例表明为上层家庭子女制定制服的目的在于与他校区分。

各女子学校服装规定的变化

全国各地女子学校实行了怎样的服装规定呢？《妇女新闻》曾对各校的服装规定进行了报道。

一九〇〇（明治三十三）年，金泽市高等女子学校制作了一部"学生着装须知"，限制和服、外褂与裤的材质必须为棉布，甚至包括头发、鞋与随身用品等细节。

学生着装须知

一、和服与外褂。棉布（纱绣白绢与烧毛纱织物除外）。

二、带。薄呢、棉缎、博多棉等。

三、衬领、带上、衬衫袖、内裙。棉布或样式朴实的薄呢。

四、挂轴。橡胶质或纸质。

五、簪。束发类（禁止花簪）。

六、刘海夹。铜（使用时仅限于此类）。

七、发卡。素净的饰品。

图 2-12 跡见女子学校的礼服

（《图说跡见学园之路》42 页 2000 年）

八、梳子、丝带、戒指、化妆。一概禁止。

九、发型。束发、银杏髻、裂桃式顶髻、稚儿髻。

十、草拖鞋。小仓或革绪的麻裹。

十一、鞋类。无草衬垫的木屐、高齿木屐（使用稻草雪鞋时仅限于简约样式）。

十二、蝙蝠伞。禁止绷绸。

十三、雨伞。白色或深红色。

十四、斗篷。棉布。

十五、披肩。使用时仅限素净之物。

十六、包袱皮。棉布或薄呢。

十七、袴。需要担保人申请且仅限于棉布衣料。

"着装须知"针对服饰用品制定了详尽的指示、限制与约束。金泽女高并未要求必须穿袴，且穿用之前需要担保人的申请。

一九〇一（明治三十四）年，新潟县女子高等学校制定"着装须知"，与金泽女高一样限制了棉布衣料，并对其他服饰用品给予详细明确的规定。其中，关于袴的规定为"可穿用，仅限褐红素色棉布"。金泽、新潟等地方女子学校体察到学生与家长的希望及需求，慎重地对待袴的推广。就服装整体而言，这些规定仅限定了服装及饰品的选择，并没有表现出强烈的统一倾向。

长野市经历了从服装规定平缓过渡到服装统一的阶段。一九〇二

（明治三十五）年，长野市统一规定市内所有的女生服装为筒袖和服与褐红色裤，并在互相协商的基础上采纳了佩戴麦秸草帽的建议。为便于识别所属学校，还规定长野小学的草帽为褐红色、附属小学为黑色、高等女子学校则配搭白色丝带。独到之处有两点：初、中等学校通过协议确定服装方案；在统一筒袖配裤与麦秸草帽的同时，依靠帽子、丝带彼此区分。

　　一九〇四（明治三十七）年日俄战争爆发之际，女生接受陆军省与文部省的请求，参与缝制军服，援助战争。受战争的影响，在成女学校宫田修的劝诫下，该校与女子美术学校、女子商业学校一同取消了女生的丝带。此举旨在节省丝带的开支：“当前，矫正奢侈糜烂之风是全国军民的共同义务。”以上便是战时的统一服制。

　　一九〇五（明治三十八）年，广岛市各学校限制女生穿披肩，同年成立的东京市上野女子学校制定了徽章。一九〇六（明治三十九）年，埼玉县浦和高等女子学校开始研讨徽章的制作，理由为：“休息日，女生与学生打扮的妇人一同前往东京周边游玩，后者中不乏品行不端之人。她们可能被误认为是浦和高等女子学校的学生，因此为避免与本校学生的混淆，本校决定设计与他校截然不同的徽章。”如前所述，女子高等师范学校附属高等女子学校也在同一年制定了腰带型徽章。

日俄战争后的“思想恶化”——《关于纠正学风之见》

　　前文介绍了战时的服装规定，其中成女学校、女子美术学校与女子商业学校取消丝带，而二十世纪〇〇年代日俄战争与随之产生的社会影响在女生服装规定上也有所体现。这个阶段的社会背景主要包括：日俄战争后的"思想恶化"与文部省针对此现象颁布的《关于纠正学风之见》训令。该训令不仅强化了教育界对学生的管制，其影响还波及了着装。

日俄战争中，日本险胜俄国。尽管日本付出了十一万战死者与高额军费等惨重牺牲，但最终却签署了放弃赔款与割地的讲和条约，导致公众对政府的不满与不信任感与日俱增。而且战后粮食的实际价格降低，物价却节节高升，社会不安的阴影笼罩着人们的生活。

面临这种状况，政府不得不对动摇天皇制国家体制的社会主义思想与时下蓬勃兴起的自然主义文学思潮加以警惕。自然主义文学如实地描写人类与社会现实，以个人内心与自我为主旨，体现在田山花袋与岛崎藤村等人的小说当中。自然主义文学思潮被视为对处于人格形成期的青少年带来恶劣影响的思想毒瘤，因此文部省于一九〇六（明治三十九）年颁布《关于纠正学风之见》训令，基本方针是取缔包含社会主义思想等其他危险思想的图书与言论。训令指出，学生中存在"意志消沉、精神颓废的倾向"以及"溺于奢侈、陷入空想，却抛弃处世本分"等问题，督促家庭与学校反省对学生的监督与制约方式："家庭监督方式有误，学校管制越发松弛。"在上述趋势与背景下，对于学生的监督与管制得到强化，同时女生堕于奢侈的着装也被列入限制之列。

冈山县立冈山高等女子学校的服装规定

一九〇一（明治三十四）年，在接到冈山市教育会要求普及筒袖的通知之后，冈山县立高等女子学校校长从"品位"的角度拒绝了该要求。后来校长换届，加之日俄战争的影响，该校采取了抵制盛装艳服、倡导朴素无华的方针。一九〇六（明治三十九）年五月三十一日，冈山县立高等女子学校制定如下所示的《学生着装须知》，甚至早于《关于纠正学风之见》的训令。

学生着装须知

第一 头发（略）

第二 衣服与鞋类

甲 常服

一 长和服

1、质地。棉类、烧毛纱白绢、麻织品、细棉布（不得混入过多绢丝）等，尽量选用朴素的条纹花样。

2、款式。一尺六寸的长袖或筒袖、和服长度自便但尽量比身高短一寸左右、无腰褶。

另，女子师范学校的学生听课服一律采用筒袖。

二 外褂

仅限天寒时使用，长度不得超过二尺六寸、衣料颜色比照长和服。

三 衬衫

1、内衣为白色棉质，年轻学生着白色绉绸。

2、敞袖为素色薄呢，年轻学生着细棉布、麻、绉绸或有色印花布等。

四 带

烧毛纱白绢、细棉布、薄呢等质地，宽三寸，长度不得超过六七尺。

五 袴

深褐红色、混毛交织，佩戴本校规定的裾章，戴于纽外时应在右侧。

六 短布袜

使用白色棉质，应经常穿着。

七 木屐

直接穿着、以朴素主（一双约二十五钱）。

八 鞋类

素净矮腰皮鞋、一双的价格在三日元以内，袜子为棉纱或粗呢、颜色为黑色。

乙 礼服

长和服为纯色棉质纹服。可穿便服的特殊场合下，比照前述便服标准。

第三 随身用品

一　包袱皮

质地为白色细棉布，年轻学生可自由选择印花布。

二　阳伞

素净棉缎，年轻学生可选择丝光、紫色或青灰色等黑色系列（一把的价格在二日元以内）。

三　披肩

仅限天寒时使用，毛线织、方形或三角形（一条的价格在三日元以内）。

四　手套

仅限天寒时使用，毛线织（一双的价格约在五十钱以内）。

第四　饰品

不得佩戴戒指、项链、胸针等衣物饰品及任何红、白、粉色饰品。

该校标明了服装底价，规定袖长应与身高相配，限制袴的质地，统一颜色，甚至详细教导了束带的系法。质地与袖长表明服装规定，袴的颜色则体现了服装统一的倾向。

据校史记载，"着装须知"制定于训令颁布之前，后来为响应训令的号召，该校校长不折不扣地执行了有关筒袖的规定。首先由教师率先垂范，然后推及至住校生，最后普及到走读生。校史还引用了《大和新闻》刊载的一幅讽刺漫画——"文相的女生服装规定"（图 2-13），称该画是"对训令如何被教育界付诸实施的预测",表现了加强学生管束的风气对女生服装袖子规定带来的影响。

一九〇一(明治三十四)年因"品位"的原因,筒袖改良服被校长视为洪水猛兽,然而经过日俄战争、社会主义思想的管制与思想善导的熏陶,女生的长袖成为豪华奢侈的象征与规制的对象。

《戊申诏书》的颁布与爱媛县立今治高等女子学校的服装规定

在《关于纠正学风之见》训令颁布两年后的一九〇八(明治四十一)年,天皇颁布了《戊申诏书》,宣扬了日俄战争后新的国民教化理念。该诏书颁布于前文述及的日俄战争后"思想恶化"与社会动荡的背景下,暗含促进天皇制国家帝国主义重构的意图,提倡贯彻抵制自然主义与社会主义思想的方针,弘扬资本主义社会克勤克俭的规范。《戊申诏书》颁发后,地方长官会议对其进行了详细解说,通过文部省与内务省两条途径向全国广泛宣传。各府县、郡市町村学校纷纷举办诏书拜读仪式或演讲会,另外还利用产业组合、报恩会、教育会、农会、青年会、各种总会、农产品品评会、小学父兄会、母姊会等集会场合,普及诏书内容。

在此种趋势的影响下,爱媛县立今治高等女子学校在同年十月十九日举办"《戊申诏书》拜读仪式",严格执行校训第八条(应重视勤勉与节俭),并更新服装规定,纠正与"勤俭"理念相悖的奢侈之风。尽管校史没有明确记载服装规定,但是据调查可知,当时的蝙蝠伞颜色限

图 2-13 文相的女生服装规定
（《大和新闻》2 页 1906 年 6 月 14 日）

定为黑色、袖长也有所控制。据一九一二（明治四十五）年三月从该校毕业的学生回忆，当时袖长为一尺五寸，早会时老师常常会拿着尺子测量，并提醒袖长超过规定的学生注意。一尺五寸的袖长比创校之初的规定还短了三寸。而规定筒袖则发生在一九一一（明治四十四）年的夏天。当时思想善导与勤俭的风气对于女生服装、尤其是袖子的规定带来了明显的影响，从爱媛县的案例中可见一斑。

———

四 文部省的对策——关于可否统一服装的征询与运动服

关于统一服装的征询

　　上一节具体分析了各女子学校的服装规定，那么统管女子教育的文部省又确立了什么样的方针呢？在改良服方案竞相见报的一九○一（明治三十四）年，《妇女新闻》发表了一篇报道，披露道："最近，文部省卫生主任三岛先生正在殚精竭虑地设计女子学校制服。一旦方案成形，将强制公立女子学校学生穿制服。"前文已述，同年高木兼宽向文相提出了确定女生制服的建议，那么三岛通良在同一时期着手解决制服问题也在情理之中。不过，目前无法确认女子学校后来是否被"强制"执行制服规定。《妇女新闻》追踪了其后的政策动态发现，四年后，也就是在一九○五（明治三十八）年，"文部省就高等女子学校学生服装展开磋商。普通学务局局长泽柳走访各县府，并征求意见"，即文部省深入地方，征询关于统一服装的意见。从对征询的答复中可以印证某些结论。

爱知县丰桥町立高等女子学校的答复

爱知县丰桥町立高等女子学校创建于一九〇二（明治三十五）年，起初并未制定着装要求。直到创校三年后的一九〇五（明治三十八）年四月，该校才规定"学校服装为筒袖棉质和服、深褐红色袴及装饰有三条白色波浪形细纹的袴"（图2-14）。袴上的三条白纹与象征三河湾的校旗毫无二致。另规定"发饰仅限于朴素的梳子，禁止丝带。禁止红、白、粉色饰品。穿皮鞋时应穿矮腰皮鞋、配黑袜，穿木屐时应穿单齿或高齿木屐、配白色短布袜与白色长筒袜。另外，教室内须穿统一拖鞋与黑袜，校园内须穿统一草鞋或皮鞋。阳伞应为黑棉缎。特殊场合可穿外褂或披肩"。

一九〇五（明治三十八）年，服装规定生效。同年八月二十四日，渥美郡郡长市川信赖向爱知县丰桥町立高等女子学校征询："统一师范学校女子部及高等女子学校学生在校服装及质地的可行性与得失。"对此，当时的校长本间小左卫门于九月六日提交意见书。意见书分别从"筒袖和服配袴""洋服"与"质地"三个角度，回答了能否统一服装的问题。本间校长称，可以统一筒袖配袴的装束。因为他单列了"洋服"这一条目，而且后文提及的京都女子学校校长的答复中也出现了洋服，由此可知文部省的征询中包括洋服统一的问题。本间认为，尽管洋服于教学有益，但在经济性与现实生活上却不尽如人意，因此他支持统一筒袖与袴。最后关于质地的问题，他表示赞成选用棉质，并支持统一外衣花样与袴的颜色，因为这将有助于"预防堕于奢侈的危害""培养团结精神"，对于教育工作大有裨益。

京都府立第一高等女子学校的答复

京都府立第一、第二两所女高与第一师范学校都给予了答复。京都府立第一高等女子学校创立于一八七二（明治五）年，历史悠久，云集了来自全国各地的学生，至一九〇六（明治三十九）年，全校学生人数已高达八百名。与东京的女子学校相比，该校服装被公认为"更加简朴"，其服装规定如下所示：

第一条 本校学生服装为和服配袴。

第二条 服装质地为棉类，尽可能选择淡雅花样与颜色，袖长不得超过一尺五寸。

第三条 袴的颜色、质地与款式均须遵照本校规定。

第四条 尽可能选择素净的随身用品与饰物。

京都府立第一高等女子学校参考了京都染织学校的设计方案，统一袴的颜色为紫红色、质地为某类薄呢。采用该方案的原因在于布料耐久

图 2-14 丰桥町立高等女子学校制服的筒袖和袴

（《跨世纪》9页 爱知县立丰桥东高等学校 2002 年版）

性强，且在校五年期间只需配备两身袴衣。

面对京都府的征询，该校校长河原一郎也表达了拥护服装统一的立场，而且支持洋服论、反对改良服。他对改良服痛下针砭："这是一种张冠李戴的变异品，而且往往难以达成目的，我不会采纳这种不伦不类的土洋结合体。"然而，河原校长虽然认可筒袖方便动作，但同时指责道："对于小学以上的豆蔻少女而言，简直不堪入目。说是贬低了国民的品位也未尝不可。因此，我们应当坚决抵制这类服饰。"不过，尽管河原校长表明了支持洋服的立场，但主张应由地方自行订立具体计划。推广洋服存在经济问题，难以实现令行禁止，所以可以暂时推广普通棉质和服（袖子稍短）配袴的装束。另外，尽管河原校长支持洋服论，但也提醒道："考虑到衣食住行的变迁与体育卫生等的需要，服装演变在所难免。但与此同时，我衷心期望我国建国以来的精神——日本魂能够与之共存。"

京都府立第二高等女子学校的答复

京都府立第二高等女子学校创建于一九〇五（明治三十八）年。因为校长高桥清一提出了"在临近婚期的最后一年可回家练习实务"的方针，所以该校的学习年限比第一高等女校缩短一年，即四年。另外该校也没有任何着装规定，高桥校长对此解释道："服装必然会反映家庭的生活水平。学校没有必要对此也加以干涉。因此，我校仅训导学生着装朴素，除此之外并未规订必须穿袴或限制袴的长度、颜色等。目前有些年轻学生不穿袴，但是出于袴在纪律与卫生方面的积极作用，我校并不否认制定要求或管制的可能性，只是暂时不作要求。"

面对京都府的征询，高桥校长的答复与第一女高的河原校长形成了鲜明对照。高桥校长断言无须统一服装。而关于洋服，他则认为虽然洋服在体育方面无出其右者，但是目前要求女生穿洋服的时机尚未成熟。他阐明了如下理由：

"近年来，女学生引起了世人的高度关注，而且后者对前者持有偏执、傲慢等消极评价。如果年轻女学生开始穿洋服，将进一步激起社会与国民的反感，稀释实施女子中等教育的理念，阻碍女子中等教育的进步与发展。况且，目前的女子教育尚流于形式，如今正是全力以赴改善与提高教育内容及实质的宝贵时机。"

高桥校长认为本节开头提及的"女生堕落"问题的影响与社会对女学生的消极态度打击了女子中等教育的发展，因此建议回避更加引人注目的洋服。

除此之外，高桥校长还从美学观点否定了筒袖。

"衣服应当兼顾方便与美学的两点要求，而且事实告诉我们，美学占更大比重。（略）尤其是结合女子天性，必须将美学纳入考虑范围。如果要求年轻女子穿筒袖，不仅扼杀女子天性，而且有伤风化。"

在迄今为止研究的筒袖否定论中，高桥最重视女性服装的美学角度。在服装统一的问题上，第二女高校长高桥的意见与第一女高校长河原截然相反，但推迟洋服推广与否定筒袖的观点却不约而同。

京都府师范学校女子部的答复

与京都两所女高不同的是，以培养教师为目的的师范学校积极支持筒袖，认为当下筒袖和服配袴、皮鞋的装束恰到好处。对于推广洋服一事，则与河原、高桥两位校长意见一致："洋服是将来的问题，如今并非衡量其优劣的最佳时机。"但是，兼设男子部的师范学校主张遏制女性服装的美观性与装束细节，与第二女高高桥校长的观点大相径庭。不过，师范学校的服装基本由公费供给，更便于统一，这一条件是费用自付的女高并不具备的。

北海道的答复

根据对北海道各女子学校的调查，可以将她们的答复总结为"服装可采用筒袖配袴"：赞成对长袖宽带的改良，对于是否穿洋服尚无定论，支持筒袖配袴的装束。她们拥护服装统一的理由在于，避免因着装打扮浪费时间，鞭策学生专心学业、修身养性。与前面提到的爱知、京都的答复略有出入，在将来是否推广洋服的问题上持保留态度。

关于文部省规定制服的后续报道

如前文所述，一九〇五（明治三十八）年八月文部省向各府县、各府县又向各女子高校展开了关于服装统一的征询，九月左右收到答复。那么后来，服装统一提案迎来了什么样的发展呢？

一九〇六（明治三十九）年，《妇女新闻》接连四次发表与此相关的报道。首先同年六月十一日的报道称：

"近来，普通女生服装的奢华之风走向鼎盛。文部省深感矫正的紧迫性，采取了向当事人询问可否统一各府县高等女子学校服装的措施。尽管其中或多或少存在反对意见，但大多数仍希望统一制服，因此近期内有望颁布服装规定的训令。"

此时，尽管个别府县的女子学校予以反驳，但基本达成共识。报道预计近期将颁布统一服装的训令。

同年七月九日刊登了与上述报道类似的内容："我省的意见日益明朗化，近日规定女子学校制服的省令有望出台。"

九月三日的报道却描述了制服统一训令受挫的情形：

"近期，由于普通女生趋于奢华，且如今的服饰不便于运动，因此文部省本应对此加以矫正并统一服装。但在征询全国各所女子师范学校与高等女子学校校长的意见之后，发现他们大多持反对意见。因此，尽管如今发布矫正训令的时机已经成熟，但出于各种事端，不得不暂时搁置。"

虽然无法从报道中捕捉所谓"各种事端"的蛛丝马迹，不过前文曾提到，爱知与京都的各女校校长尽管赞成统一服装并推广洋服，然而在答复中仍表示穿用洋服的时机尚未成熟。由此可以推测，即便没有哪一位校长大张旗鼓地反对文部省的方针或提案，但是对于付诸实施仍举棋不定的人占有相当大的比重。

转眼到了一九〇六（明治三十九）年十月八日，报道披露了文部省参事官表示文部省不会规定制服的谈话内容。

"文部省参事官松本说，尽管世人传言文部省将制定普通女生服装，但此传言并不属实。即便当局确有此意，改良女性服装也绝非易事。如今的长裤长袖不便于运动与劳作，因此有人建议规定统一服装，这一问题确实正在研究之中。简言之，目前的研究课题包括三点：应使用何种质地、是否应使用筒袖款式以及如何维护女性的形象。文部省在解决这一问题上不能独断专行，因为我们采取的方针是以舆论提出的女生服装提案为基础，衡量利弊、再三斟酌，最后出台一项成熟方案。"

本报道表明参事官否定了文部省将统一女生制服的计划。参事官纠正道，制定制服方案并非文部省的唯一方针，当局正在收集统一女生服装的提案，着手研究服装改良的办法，并且列举了目前服装改良的课题，如"应使用何种质地""是否应使用筒袖款式"及"如何维护女性化的形象"等。另外，参事官承认改良女性服装"绝非易事"，且文部省无法"独断专行"地解决这一难题，所以应以"舆论提出的女生服装提案"为基础展开讨论。换言之，他否认文部省具备统一女子服装及制定制服的主导权。之后，《妇女新闻》并未对此事追踪报道，统一女生服装的训令也未见出台。在考察女子学校制服的确立与普及过程时，不应认定文部省统一推行的观点，而应具体情况、具体分析，分别探讨各所女子学校的选择及实施情况。

文部省体操游戏调查委员会与运动服

　　《妇女新闻》的报道明确指出文部省并未主导全国女生制服的统

一，在上述一系列报道发表的同时，文部省"体操游戏调查委员会"开始设计运动服。体操游戏调查委员会成立于一九〇四（明治三十七）年，主要研究运动服，旨在推动体育运动的实施与改善。松本参事官的谈话中提到文部省正在研究服装改良，也许正是暗指文部省体操游戏调查委员会设计的运动服。

一九〇四（明治三十七）年，文部省委托体操游戏调查委员会的八名委员调查体操运动。其成员分别是文部省普通学务局局长泽柳政太郎（委员长）、医学博士三岛通良、东京高等师范学校教授坪井玄道、波多野贞之助、女子高等师范学校教授井口亚栗、东京高等师范学校副教授可儿德、川濑元九郎与高岛平三郎。一九〇五（明治三十八）年十一月三十日，委员会汇总了《普通教育体操游戏调查报告》，其中一部分便是"关于女生运动服之见"。

虽然《普通教育体操游戏调查报告》并未公布运动服设计图，但该设计图出现在翌年井口亚栗、可儿德、川濑元九郎、高岛平三郎与坪井玄道等人合著出版的《体育之理论与实践》一书中（图2-15）。运动服的设计者以井口为主，上下拆分、下衣（设计图标记为"袴下"）为及膝灯笼裤。而且"袴下"外穿袴（裙装），也可以用作常服。有研究发现，井口曾赴美国波士顿体操学校留学，她的设计模仿了该校的体操服。换言之，这是对"洋服"的借用。

由此可以联想到一九〇五（明治三十八）年八月文部省面向各府县女子学校展开的关于服装统一的征询，各校校长在答复中表达了对推行洋服的意见。可见，文部省的征询中也包括关于洋服的具体问题。征询与体操游戏调查的时间基本吻合，因此不妨大胆推测，征询中的"洋服"指的正是井口设计的运动服。而且运动服"袴下"配裙装"袴"的装束也可用作常服，暗含了制定制服的意图。然而，尽管各女校校长基本赞成使用洋服，但在答复中表示距离付诸实施尚为时过早。由于无法对这些谨慎论调及地区状况视若无睹，文部省并未"强制"执行。

根据佐藤秀夫对资料的翔实调查，文部省普通学务局于一九〇六（明治三十九）年五月二十五日向各县知事发布通知，公布了《普通教育体操游戏调查报告》中删减的服装设计图。通知指出，"特此送达本年十月十五日官报所载《普通教育体操游戏调查报告》第十一条'体操教室设计图'与第十二条'高等女子学校女生运动服设计图'各一张，供各校参考、展示"，表明此举的宗旨在于提供有关运动服的"参考"。佐藤实地考察了滋贺县厅收藏的"阁省通知书类"文献，找到该文书与设计图，并证实其与《体育之理论与实践》登载的设计图如出一辙，只不过原图中运动服的底色被印刷成浓重的混合色。

一九〇六（明治三十九）年问世的《体育之理论与实践》建议根据各自情况与年龄选择运动服的质地与颜色。尽管此书支持将运动服规定为"普通学校用服"，但考虑到以地区现状尚难以实现，最终建议采用筒袖配袴的样式。

尽管文部省出台了关于兼具运动服功能的洋服的具体方针，不过是否实施以及质地、颜色的选择仍交由各女校自主决定，并未采取完全统一女生服装的措施。

然而，采纳井口版运动服的女子学校屈指可数（图2-16）。

自"堕落女生"的社会问题暴露之后，校方采取了管束女生生活与服装、制作便于区分的徽章、规定详细的着装要求等应对措施。这种局势强化了对女生服装的规制，乃至催生了关于统一服装的争议与制定制服的论调。从女生服装的社会管理这一侧面出发，上述变化以及学校与文部省的应对措施促进了服装统一，确立了表明女生身份、标明所属学校的学校制服。可是，如果认为学校制服是在学校与文部省的规制与监管下单方面地施加于学生，将无异于管窥蠡测。假设学校制服在单方面的力量下得以确立，那么一九〇六（明治三十九）年文部省体操游戏调查委员会所提倡的兼具便服功能的运动服理应以训令形式"强制性"地在全国公立女子学校中推行。可是，事实是全国并未统一实施。原因在于女校校长与教师对服装统一的反对意见以及对洋服型制服的踌躇未决，而且文部省内部关于哪一款服饰最适合女子的问题也众说纷纭。学校制服的确立并非出自对女生服装的规制与管理，表明文部省与学校对于是否施行制服制度并未取得共识。另外，与公费供给服装（及服装费用）的师范学校不同，高等女子学校学生的服装需自费购置，因此家庭或家长的同意与配合不可或缺。关于学生服装，应由学校管理还是交予家庭负责的龃龉想必亦在所避免。

下一章将主要考察在接受、使用裤与徽章的过程中，学生及家长的意见与行动，继而剖析围绕学校制服的文化是如何形成并普及的。

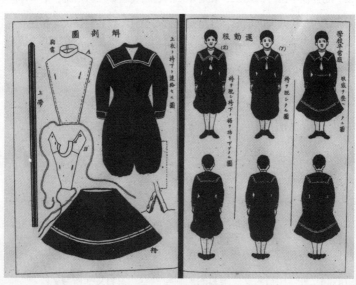

图 2-15 运动服

（井口亚栗等《体育之理论与实践》404-405 页 国光社 1906 年版）

图 2-16 1909 年东京女子高等师范学校国语体操专修科毕业照
（御茶水女子大学图书馆藏）

Chapter FOUR

女子学校制服文化的形成

对于女子学校制服的确立与普及而言，学生与家长的参与不可或缺。表明女生身份的袴与标明所属学校的徽章是如何被接纳与使用的。本章首先通过回顾女子高等师范学校附属高等女子学校的事例，深入了解袴的普及过程。

———

一 袴的普及过程

女子高等师范学校附属高等女子学校的事例

据校史记载，在一九〇〇年前后，附属女高的着装要求如下所示：

"出于倡导运动与改良学校服装的必要性，本校于明治三十一年四月规定普通学生上学时必须穿袴，三十三年四月规定校园内须穿运动款皮鞋。袴即目前通用的女式袴，质地限于斜纹哔叽、粗哔叽、薄呢等毛织物，颜色限于紫色与褐红色，年轻学生可选择与之类似的颜色。另外，至大政年间开始规定上学时也必须穿皮鞋。"

该校制定上述着装要求的时间比伯尔兹在女子高等师范学校发表题为"女子的体育"的演讲早了一年。此前，规定女生穿袴的学校只有跡见女子学校与华族女子学校两所。就读于这两所学校的学生大多是华族子女，她们穿着模仿宫廷绯袴的袴。当时可以穿袴的女性只有华族女子，她们与宫廷有着盘根错节的关系，具备特权身份。一八九八（明治三十一）年，附属女高以"倡导运动与改良学校服装的必要性"为由，将这种代表特权身份的袴普及推广。校史记载了制定袴的着装要求时担任主任的篠田利英对此事的回忆：

"什么时候开始穿袴呢？大约在明治三十或三十一年，当时的文部大臣外山正一先生将我叫到他的家中，询问我规定学生穿袴的缘由。在此之前，大家都身穿简易和服，在玩捉迷藏游戏时，即使跑起来也必须时时留心不要暴露脚部，无法尽兴。一言以蔽之，便是不便于运动。今后妇人应当积极运动、锻炼身体，所以我才决定要求她们穿用方便运动的袴。"

这一段话频频为人引用，成为证明采用袴的目的是开展运动的证据之一。附属女高是全国高等女子学校的模范，其影响力不可小觑，因此外山文相特意问询具体情况。另外，一九〇二（明治三十五）年发行的

《妇女新闻》中揭示了篠田主任关于该校规定穿袴一事的另一段话，他对袴的推广过程加以说明。

"本校开始采用袴——是的，制定制服——正是在明治三十二年的四月份。之前许多人对此持有异议，其中一点便是认为穿袴是贵族之举。"

报道证实穿袴规定落地的时间是在一八九九（明治三十二）年四月，当时反对穿袴的声音此起彼伏，理由之一即认为此规定充满"贵族气息"。袴之所以给人以"贵族"的印象，是因为其来自于宫廷，而且只有跡见女子学校与华族女子学校采用这一装束。对此，篠田主任反驳道："即使袴确实带有贵族气息又如何呢？像贵族一样又有何妨？令人莫名其妙。"附属女高的一名教师建议"设计西洋围裙与日式服装结合的新方案"，但篠田主任坚持推广袴："即便制作出合宜的服装，但是过去从未有人如此装扮，那么人们也会望而却步。若要广泛推广，最简便易行的方法就是采用已经在部分人中流行的服装。倘若有所欠缺，可以逐步改良。"该校也提出了一套改良服的设计方案，但是篠田仍选择了当时"崭露头角"的袴。

另外，该报道还详细地描写了外山文相对穿袴的询问。在袴还没有正式被规定为制服的时候，篠田主任在修身课上列举了和服的若干弊端，有人却将其误传为"命令穿袴演说"，甚至传入了外山文相的耳中。因此，篠田前往外山文相家中，解释了事情的来由，并在外山问及穿袴的优劣时回答道：

"我当然认为穿袴更好。但是，我并不是妄想以此为契机改良普通妇女服装，只不过是担心女生在校时行动不便。体操运动的时候不得不系襷、跑步时不得不单手摁压膝部，这些都不利于学校教学目的实现。所以，我暂时将此规定为校服，以图避免这种不便性。"

篠田并非抱有将来改良女性服装的抱负，而是暂时认可了袴的便利性，并在学生之间推广。外山文相也对此表示赞同，说道："现在的服装松松垮垮的，看上去很是羸弱，乏味得紧。不过，我也不希望袴的后面拖曳过长，不要像神官一样无精打采。"得到文部大臣的认可后，附属女高从着装自由转换为着装规定："一开始规定可以穿袴，后来将其固定为制服，强制学生穿戴。"篠田在《创校五十周年》中提到，学校于一八九七（明治三十）或一八九八（明治三十一）年开始规定学生穿袴，确切而言，当时学生仍可以自主选择是否穿袴，直到一八九九（明治三十二）年袴才被确定为制服。

教师接纳袴的过程则反映了围绕袴的争议与当时的价值观。有趣的一点是，因为袴带有"贵族"气息，所以遭到了反对。针对附属女高学生是否借用跡见女子学校及华族女子学校的象征一事，教师们起初顾虑重重，不过篠田主任对袴的优势与推广理由（提倡运动服）的解说以及文部省权威人士（文部大臣）的认可帮助她们克服了犹豫。二十世纪〇〇年代袴在全国高等女子学校得到普及的一个重要原因是高等女子学校的模范学校——附属女高出于教育方面的考虑而采用袴。文部大臣的赞同、官立高等女子学校的施行以及女子教育权威的支持进一步推动了袴在地方女子学校的普及，逐渐确立了袴作为女生服装的地位。

接下来，站在学生的立场上分析附属女高采用袴的历程。附属女高同窗会杂志《作乐》记载了毕业生的一段回忆：

"明治三十一年四月参加入学考试并取得入学资格的井户小姐、现今的久宗夫人以及来自四谷的一名学生经常穿着褐红色袴上学。十四五岁的孩子再怎样活蹦乱跳、手舞足蹈也无可非议。老师们也看到了她们三位的装扮。不久之后，当时的主任篠田利英与班主任塚本滨子老师在教职工会议上鼓励有袴的学生尽量穿袴。十五六岁的孩子总是将老师的话奉为圣旨，几乎不假思索地接受了。因此袴很快得到普及，原先没有袴的人也纷纷购买。如今的三越株式会社当时专门制作吴服，而大丸株式会社也负责缝制如今仅留存于画本上的古风服装，大家蜂拥而上，前往这两家老字号店铺定制褐红色袴。到了三十二年，袴的普及程度已经达到人手一套，而袴的穿用也终于确定下来。"

从上述回忆可知，在学校制定要求之前，有一些学生主动穿袴。类似的事情也发生在其他的女子学校。换言之，在尚未统一着装之前，已有学生模仿跡见女子学校与华族女子学校的穿袴打扮。教师们看到这种装束后，认可了袴的自由穿用，并且在校主任与班主任的鼓励下，袴在学生之间得到了快速的普及。到一八九九（明治三十二）年几乎人手一套，不久后被确立为制服，这一过程与篠田所言并无出入。经过自由尝试，并验证了学生的评价与袴的方便性之后，才实施袴的着装规定。

据毕业生回忆，一八九九（明治三十二）年学生之中无一不穿袴，而在《高等女子学校令》颁布的同一年，《女学世界》也描述了袴被广泛普及的情形：

褐红色袴势如破竹

当时（引用者注：明治三十二年左右），褐红色袴以锐不可当的气势冲击着鼓形结带的女生世界。过去，除华族女子学校的褐红色袴与跡见女校的紫色袴之外，难以寻觅到其他的袴。随着袴的流行，正方形披肩过时了，四角形长毛绒开始跻身时尚界。不久之后，全国各地陆续创办私立高等女子学校，而后神田桥与竹早町两所府立高等女校相继成立，此时褐红色袴的身影已然比比皆是。

一八九九（明治三十二年）年颁布《高等女子学校令》之际，两所府立高等女子学校与私立高等女子学校在东京成立，袴在女生之间开始快速普及开来。

在穿袴之后，附属女高的学生体会到了如下变化：

"后来，在体操或游戏时再也无须战战兢兢地担心裸露脚部。现在回想起来，以前的体操简直令人匪夷所思。长袖上系着红色或桃色襻以及红色束带，嘴里喊着'一、二、三、四'，向前迈步，双手合拢在裂桃式发髻上方，同时留意不可碰到发髻，与如今学校流行的舒畅轻快、生动活泼又美观大方的联合体操相比，生出一种言语无法形容的恍如隔世之感。

"在穿袴之后，草鞋换成了皮鞋，日式发髻日益减少，束发或发辫与日俱增，运动热潮持续升温。在坪井老师教会大家跳舞之后，游戏时间也有人嚷着要跳舞。大约在三十四年，学校添置网球等运动设备。曾在运动场上对踢羽毛毽、套圈或拍球的我们感觉像是突然进入了大人的世界，自然乐不可支。"

在穿袴之后，发型从裂桃式改为束发，鞋类从草鞋换成皮鞋，连游戏内容也从对打羽毛毽、套圈或拍球过渡到舞蹈。上面的那段话生动传神地描绘了学生从长裾和服的束缚与裂桃式发髻的干扰中解放出来、感受到伸展躯体的乐趣与喜悦的心境。一言以蔽之，袴备受学生欢迎。

附属女高以少数学生自主穿袴为契机，将袴的自由穿用变更为着装规定，袴得以顺利普及。下文将继续考察袴在地方女校的普及过程，可以归纳为几个模式：基于校长判断的采用，学生自发的穿用，天皇巡幸或皇族莅临之际的穿用以及基于家长意见的采用等。

基于校长判断的采用

规定女子学校制服的权限专属于校长。校长关于女生服装的看法将对本校的服装规定产生直接影响。

兵库县立高等女子学校的事例

兵库县立高等女子学校创立于一九〇一（明治三十四）年，永江正直出任校长。在他的带领下，全校积极推广袴与简袖。根据该校教谕田村手鹈的记载，在服装规定确立之前，学生们的装扮各行其是"年幼的学生大多梳稚儿髻、系粗长发绳，年长些的则留裂桃式发髻、绑红底白波点头巾，或结银杏叶发髻、插花簪，或篦文金高岛田发髻，再根据发型搭配服装。如果系红色半幅带，也会结成漂亮的太鼓形"。后来，教职工大会开始研究袴与筒袖的推广，并逐渐普及至普通教师。田村对制定袴的过程描述如下：

"最后，教职工大会决定穿袴。但又有人提出必须统一颜色，在各种商讨之后确定为褐红色。不久，全校师生都开始穿褐红色袴。（略）

"我也不例外。一开始，我觉得学生与年轻老师倒还无妨，可是对于像自己这样三十岁以上的人来说，穿褐红色袴虽无不妥，但我总不能理解为什么需要统一袴的颜色。直到后来，每次全校学生集体郊游或参加其他活动的时候，我才深刻感受到统一颜色的着装所带来的紧张气氛。"

兵库县立高等女子学校不仅将袴的颜色限定为褐红色，而且将普及对象从学生扩展至教师。该校还就筒袖问题展开讨论。

"长袖无法满足自由运动的需求，因此校长提议果断采用与男生一样的筒袖。不过，即便提议通过，即便命令她们穿上与男生一样的筒袖和服，结果未必得偿所愿。首先学生身后的家长可能不拥护这一命令，也无法心甘情愿地服从。虽然如此，但也不可听之任之。有三位女教师建议，应当想方设法地研制出一种合意的服装。最终，她们决定垫高和服肩部并借鉴洋服的袖形，设计了一种'改良服'。"

尽管校长强烈主张采用筒袖，但考虑到学生家长可能提出反对意见，最后决定借鉴洋服的袖形。筒袖的推广并不如袴一般顺利，而且袖形的约束或限制也相当不易。起先有些学生抵触筒袖，但随着羞耻感渐渐淡薄，也就欣然接受了。不过由于学校并未统一要求穿改良服，而且在浆洗或翻新时也多有不便，所以大部分学生仍穿日常的筒袖和服，改良服也逐渐淡出人们的视野。简言之，学校从美学的角度出发，设计出一种洋式袖型改良服，但出于洗涤与缝制的原因，学生们仍选择穿日常的筒袖和服并搭配袴。

爱媛县立今治高等女子学校的事例

由于并未记录在校史之中，所以爱媛县立今治高等女子学校采用袴的经过至今尚未明确，但是可以通过一些事例，了解到学校规定穿袴给女生带来的矛盾心理以及周围人对袴的态度。

一八九九（明治三十二）年町立今治高等女子学校成立，一九〇一（明治三十四）年移交爱媛县。一九〇一（明治三十四）年至一九二七（昭和二）年间担任该校教师的长尾秀回忆了当时学生穿袴的情景：

"高年级学生头梳新碟髻、腰系薄呢束带，一进校门便马不停蹄地赶往室内体育场，换上从家带来的袴，放学以后再系上束带，拎着袴回家。当被问及原因的时候，她们答道，虽然学校要求必须穿袴，但走在常磐町或商业街附近时，路边的人总是指指点点地嘲笑她们，'卖腌豆子的过去啦''穿的是尼姑的道袍吧'。由于不堪其扰，即便费时费力，她们也宁愿随身携带。"

这是长尾老师对赴任之初时的回忆，由此可以推测该校在一九〇一（明治三十四）年左右已经规定学生穿袴。学生最初穿袴的时候，总被周围的人调戏与嘲笑，无奈之下采取了穿和服系带上学、到学校后再换上袴的应对措施。换言之，学生夹在学校规定与周围眼光的中间左右为难。穿袴的服装要求与过去的着装习惯之间产生摩擦，由此滋生的责难与揶揄冲击着穿袴的女生们。女生的袴是一种全新服饰，孕育了同一地区内不同要求之间的冲突。换装行为可以看作是女生遵循当地文化标准而调整外观、回避冲突的一种战略。不过，"这种情形持续半年之后，家家户户开始穿袴，行人也就见怪不怪了"，可见周围的人很快接纳了女生的袴装。

京都府立第一高等女子学校的事例

因为考虑到周围人对女生袴装投来的好奇视线，某些地区的女子学校在付诸实施时不免瞻前顾后。一八九九（明治三十二）年东京全体女生开始穿袴的时候，京都府立第一高等女子学校的河原一郎校长在对本校学生是否穿袴的问题加以慎重斟酌之后，并未立即仿而效之。一九〇二（明治三十五）年四月，该校要求学生穿紫红色袴，而非当时女生之间风靡一时的褐红色。校长描述了规定出台的经过：

"我校学生穿袴的时间远远晚于社会，所以曾经遭受猛烈的抨击，但是我一贯的主张是不要见异思迁，但也并非不去见贤思齐，而是在肯定某事是'贤'之后再'思齐'。所以去年年底，我在充分确认了采用袴的可行性之后才将此决定告诉学生，并从今年四月起向全体学生推广。

"我提倡慎重地对待穿袴一事，一方面源于我平素的主张，另一方面也出于一个关键原因。那就是我在任职之初提到的欧化主义影响，随着欧化主义趋于减弱，洋服被废弃、帽子被废弃、甚至袴也彻底废弃。我经历过那段时期，因此可以更加深入地了解随之而来的危害，所以与他人相比，对于再度起用袴的问题我采取了更为慎重的态度。"

由此可知，直到将袴的"贤"与"随之而来的危害"了然于心之后，河原校长才开始在全校推广袴装。另外，由于河原亲身体验了鹿鸣馆时代洋服与袴彻底被取缔的动荡历史，所以对于再度采取袴持审慎态度。据此推测，十九世纪八十年代至十九世纪九十年代袴在京都开始普及。河原之所以谨慎从事，源于他经历了鹿鸣馆时代及后期的动荡，他认为必须首先明确女生袴装是否如昙花一现般转瞬即逝。

发人深省的是，河原在综合考虑袴的长处与缺陷并制定对策之后才付诸实行。缺陷与对策如下：

"凡事皆有两面性，因此为免顾此失彼，应早做未雨绸缪之计。我在最终落实穿袴制度时，做出了以下决定。将袴的质地统一为结实且不变色的面料；测量全体师生从髋骨……不，是从腰骨到脚踝的尺寸，将其定为袴身长度，禁止增长分毫；由学生自己缝制衣服。不过，由于低年级学生不会缝制，所以高年级学生应施以援手……看到东京女生的打扮之后，我总觉得裾过长了。如前所述，规定每位学生袴衣的尺寸可以一劳永逸地消除这一弊端。然而倘若穿得拖拖沓沓的，也无济于事。为预防这种现象的发生，在后面……相当于男式和服群腰衬垫的部位，增添两个圆球形装饰物，并用带子缚住。说是带子，也不是特别宽。而且袴下也需要一条细带，如此便可以夹住圆球，抬高袴的后面。这样一来，即便袴纽有所松动，也无须担心后面会掉下来。因此，本校的袴别具一格，袴的后面是上提的。

"如果违背此规定，增长尺寸或放低后面，那么就禁止其再穿袴。如果提醒学生注意这一点，想必随袴而来的风险也会大大降低吧。"

河原认为"过长"的袴与"拖长后面"的穿法是两大缺陷，因此他在实行穿袴的制度时，特意规定了长度与穿法，甚至禁止违反规定的学生再次穿袴。这也从一个侧面折射出，女生参考流行趋势与自身喜好的穿袴方式与学校的方针之间存在分歧。

关于这一点，三岛通良评论道：

"数年前我们曾经强烈主张女生穿袴，如今看到袴得以普及，我们感到由衷的欣慰。不过，仍存在一个必须解决的问题，就是袴的长度过长。袴变长，袖子也会随之变长。在外行看来或许很好看，但是为了将长袴提至胸部不得不系带、束纽，而考虑到妇人胸部举足轻重的地位，更不应对此置若罔闻。我们要求学生穿袴，是出于卫生与美学的需要。为了健康的发育与身体，请大家务必缩短袴身，主动降低高度。袖子亦是如此。"

他认为，长袖长袴的女生服装不适于加强卫生与教育。教育者为鼓励运动，建议学生穿袴，而另一方面，女生也通过装饰自身的服装反映流行趋势与自身喜好，围绕袴的服装文化逐渐形成。河原校长慎之又慎的，也正是与学校、教育者的方针理念之间可能产生摩擦的袴装流行趋势与服装文化。

学生自发的穿用

附属女高的学生在服装规定出台前自发地穿上了袴，其他女校也出现类似的现象。

宫城县高等女子学校的事例

宫城县高等女子学校创建于一八九七（明治三十）年，当时仅仅限定了鼓形结带法。一般，学生头梳裂桃式发髻，身穿细纹花样棉质和服与木屐，用包袱皮包裹学习用品。

一八九七（明治三十）年秋天，该校学生要求会见校长，并提出准许学生穿袴的请求。然而，校长以仅华族女子学校穿袴为由，驳回了学生的申请。据说当时出席谈判的学生对袴怀有无限的憧憬，而对愿望未能实现也感到非常遗憾。一八九七（明治三十）年，即便在东京也仅跻见女子学校与华族女子学校两所学校流行穿袴，而地方学校的女生却在此时向校长提出了穿袴的请求，令人刮目相看。在东京各所女校开始穿袴之前，地方学校的女生已经对代表皇族与华族等特权身份的服装向往已久。本田和子指出，下田歌子为华族女校设计的袴款"强调与宫廷的渊源，因此是'贵族的、上流阶层的'象征"。被赋予尊贵形象的袴蕴含了只有贵族方可穿用的特权性以及与平民之间的差异化。这层内涵与就读于高等女子学校的地方精英的特权性及与地方普通女生的差异性相互吻合，因此袴成为平民羡慕的对象，激发了她们与校长对峙的勇气。但是，当时这一请求遭到拒绝。

一八九九（明治三十二）年十二月，学校举办新校舍落成仪式，在此之前小松宫妃莅临该校。当时，学校立即下令要求穿袴："小松宫大妃殿下莅临我们学校，大家深感惶恐与荣幸。同时学校也开始急急忙忙做准备，没有袴的学生这次也要全体穿袴，所以大家不分昼夜地赶制袴衣。"虽然学校未规定制服，但是以皇族莅临为契机，袴在学生之间逐渐普及开来。于是在一九〇二（明治三十四）年，校长向知事呈交《关于学生穿袴的申请》：

"近年来女生穿袴的热情高涨，本校学生穿袴的趋势也愈发明显。倘若顺其自然，必滋生奢侈之风，因此本校希望限定学生袴的质地为棉质或薄呢，限定颜色为褐红色。特此申请。"

这份申请得到了批准，知事认可了褐红色袴的规定。从申请中可以了解到，该校实施穿袴规定的起因在于担心如果放任学生自由穿袴，有可能滋生奢侈之风。学校表示许可、制定规范并明确方针的时间比袴在学生之间的普及更晚一步。

综上所述，一八九七（明治三十）年，宫城女高的学生怀着对袴的热切向往，向校长提出穿袴申请却被驳回，直至以皇族莅临为契机获得知事的批准之后，学校才允许学生穿褐红色袴。换言之，女生采取的积极行动推动了学校与知事对穿袴的许可。

栃木县立宇都宫高等女子学校的事例

一八七五（明治八）年，栃木县立宇都宫高等女子学校成立，直到一八九九（明治三十二）年，这所栃木女子学校的学生装扮依然是"发型主要包括裂桃式、银杏叶式与垂髻，以木板一般的广带结成鼓形，将腰带背衬提至胸部，无法摆脱世俗女子的形象"（图2-17）。该校校史记录了从"世俗女子形象"向穿袴"女学生"改观的过程中发生的三件大事。

第一件事，一八九六（明治二十九）年铃木校长视察各所东京女校之际，亲眼目睹了华族女子学校与跡见女子学校学生的袴装，并在汇报中写道："体操等场合尤为方便。"各所女校的校长可以通过视察，了解东京或其他地区女校学生的服装情况，并以此作为确定本校方针的参考标准。

第二件事，一八九八（明治三十一）年毕业的学生回忆道："当时，褐红色袴还不被普通地方女校所接受，但是我们到了四年级的时候，无论如何也想穿在身上试一试，所以全体学生爆发了一场骚动，学生代表多次向老师提出申请。"也就是说，二十世纪〇〇年代以前，学生提出了希望穿袴的诉求。这与宫城女高学生向校长申请穿袴许可的时间恰好吻合，可见在栃木的女子学校也发生了同样的对峙场面。

第三件事，一九〇〇（明治三十三）年纪元节，三名学生在未经许可的情况下身穿褐红色袴出现在仪式会场，引起轩然大波。以上三件事是以往研究中被频繁引证的事例。纪元节庆典之后，学校紧急召开教职工大会，讨论是否允许穿袴。《校务会议录》中记述了以下内容：

"此次事件连担负监管宿舍职责的舍监都未能发觉。如果就此满足了她们的欲望，将对训育工作带来不容忽视的影响。因此在征集教职工意见之后（校方）决定，坚决制止此类行径，今后再选择合适的时机放松禁令。"

据记录描述，三名学生钻了舍监的空子，提前备好袴并堂而皇之地出现在庆典上。会议结果表示，如果此次顺从了学生穿袴的"欲望"，将对学校指导工作带来不利影响，因此决定暂时搁置此事，留待日后再下决定。换言之，这次事件促使学校同意了袴的穿用。

一个月后，教职工大会公布决定："自下年年初开始，学生可穿袴。尊重学生家长与本人的意愿不做统一要求，不穿亦无妨。"一九〇〇（明治三十三）年四月起，该校通过了穿袴的决议（图2-18）。此事发生的时间距离纪元节不到两个月。该校的方针是尊重家长与学生本人的意愿，可穿、可不穿，并未统一规定。

一九〇〇年左右，东京各女校开始流行穿袴，地方学校的女生也流露出对袴的向往。希望穿用带有特权性、象征女生身份的袴的强烈愿望与积极行动推动了宇都宫女高穿袴的实现。对于仅限华族女子学校与跡见女子学校学生穿用、具有特权性的袴在普通女生之间普及的现状，本

图 2-17 栃木县立宇都宫高等女子学校的学生服

（《百年史》21 页 栃木县立宇都宫高等女子学校 1976 年版 1899 年 11 月 20 日摄）

图 2-18 栃木县立宇都宫高等女子学校的学生服

（《百年史》21 页 1900 年 4 月 28 日摄）

田和子分析称："说明象征贵族女子学校的'女校'特权逐渐被淡化，并普及至广大平民。反之也说明普通女生开始接触特权，一种上升气流开始扶摇而上。"本田的分析指出，限定穿用者、具有特殊性的袴逐渐向全国女生服装转变的过程中包含了两个变化趋势：一个趋势是华族特权的专属物向普通学生的普及，另一个趋势是"女生"这一社会身份与类别逐渐从女性与地区内分割出来。换言之，国内开始接受女生的身份，甚至这一身份被视为女性的特权地位，而这些变化的视觉表征正是袴。地方学校的女生希望通过穿袴彰显女生特权，并对此满怀憧憬。

一九〇〇（明治三十三）年四月，宇都宫女高不再限制袴的穿用，且未限定颜色等。直到三年后的一九〇三（明治三十六）年九月，该校才对袴加以规定与统一，出台《学生服装标准》。《学生服装标准》规定如下：

1. 和服：棉质或法兰绒等面料、染色条纹等非奢华之物。另长度不可失常，且样式应淡雅大方、方便整理。

2. 带：棉质、薄呢或棉缎等面料、染色条纹等非奢华之物。另宽度不可失常，且不可佩戴硬质带。

3. 袴：棉质或毛织类面料、褐红色。另袴长不可失常。

《标准》限制了和服与带的质地，避免奢华之物。同时统一袴的颜色为褐红色，并提醒注意长度。除此之外，还包括关于外褂、衬衫、披肩、发型、伞、鞋类与帽子等的详细规范，强调抵制奢靡、崇尚朴素的原则。

山阳高等女子学校的事例

基督教义女子学校的学生也穿袴。冈山县山阳高等女子学校创办于一八八六（明治十九）年，由日本基督教徒运营，并未接受外国传教团的援助。

该校的沿革史可以由一位最先穿袴的毕业生的一连串回忆连缀而成。这名毕业生于一八九九（明治三十二）年从高等小学毕业，进入山阳高等女子学校二年级就学，一九〇二（明治三十五）年结束了四年制的学业。她回忆当时的学生服装时，说道：“被大家称为‘便当行李’，腰带背衬又大又宽，两人并排坐的时候特别挤。也有的学生梳着可爱的裂桃式发髻。”这位毕业生第一次穿袴是在三年级，也就是一九〇一（明治三十四）年前往儿岛湾赶海的时候。她描述了当时自己如何得到那件袴的过程。

“当时来自农村的学生大多数都住宿舍，我的一个同班同学的姐姐从山阳毕业之后升入东京的学校，她将自己的一件旧袴送给了妹妹。我每天都为腰带背衬苦恼不已，因此特别希望能穿袴参加运动会。幸运的是，听嫁到市内天濑家的姐姐说她家附近有一家二手店，所以我拜托姐姐也给我买一件。在临近运动会开幕前，我竟然真的收到一件完全符合我预期的褐纹镶边袴。我与朋友一起急急忙忙地穿上这屈指可数的两件袴，光脚穿着木屐拖拖沓沓但气势十足地出门了。一想到当时的场景，自己总会忍不住笑出声来。但是从腰带背衬中解放出来的轻松感，加上回程途中上代老师和同学们的夸赞，令我喜不自胜。

"我不记得后来学校出台了有关袴的规定，但不知从何时起，大家都换上了袴。这是我难以忘怀的一件事。"

由于见到了一个朋友的姐姐去东京上学后送给朋友的一件旧袴，这位毕业生也开始向往得到一件。东京女生穿袴的热潮经由亲友、以耳闻或目睹的形式影响了地方学校的女生。另外，这位毕业生觉得身穿结带和服坐在桌旁或椅子上时十分拥挤，平常也深受"腰带背衬"之苦。这些体验也是她对袴产生兴趣，并且希望穿袴参加运动会（赶海）的起因。

一九〇一（明治三十四）年山阳高等女子学校开始普及袴的时候，褐红色最为常见。但一九〇二（明治三十五）年十一月出台的服装规定却将褐红色变更为紫红色，一九〇五（明治三十八）年四月又在袴裾上点缀一条橄榄绿色的"纯绿蕾丝纹"。自此，紫红色袴与绿纹成了该校学生代表性的服饰。

天皇巡幸或皇族莅临之际的穿用

有些地方女校以天皇巡幸或皇族莅临为契机落实了穿袴的规定。

熊本尚絅女子学校与福冈英和女子学校

从关于九州地区女子学校的记载中可以证实，一九〇二（明治三十五）年十一月天皇巡幸九州视察陆军特殊大型演习之际，部分学校为恭迎天皇要求学生穿袴。

一八九五（明治二十八）年左右，熊本尚絅女子学校的流行打扮为：身穿条纹和服配鼓形薄呢腰带，脚穿木屐，发梳蝴蝶髻、裂桃式发髻或垂髻等。一九〇一（明治三十四）年，禁止束发。据记载，一九〇二（明治三十五）年，天皇为视察陆军特殊大型演习而巡幸熊本之际，该校学生穿着褐红色袴恭迎天皇圣驾。

福冈英和女子学校是一所基督教义女子学校，创立于一八八五（明治十八）年。一八八六（明治十九）年前后，该校学生的双条纹棉质袴装大放异彩。一八九一（明治二十四）年，十四五岁的初中学生留垂髻、系丝带，高中学生剪刘海、结"蝴蝶髻"，她们都穿白袜，这一装束成为英和学生的象征。一九〇一（明治三十四）年前后开始出现穿褐红色袴的学生，至明治天皇巡幸之际，学校为恭迎圣驾要求统一穿袴。

尽管经学校沿革史查证的事例屈指可数，但是借助明治天皇巡幸的契机统一要求学生穿袴的学校应当不仅限于上述两所。这些事例表明，袴作为恭迎天皇与皇族礼服的地位逐渐得到认可。

宫城县"禁止穿袴事件"

相反，宫城县在恭迎天皇之际却禁止学生穿袴。这次事件在宫城县督学官员与《妇女新闻》之间掀起了一场激烈的论战。通过两者的言辞交锋可知，东京与地方、初等教育与中等教育等地区及领域的差异导致了他们对袴的理解大相径庭。

一九〇一（明治三十四）年陆军大型演习之际，天皇巡幸宫城县。宫城县内务部向各所小学发布了恭迎圣驾的注意事项，其中包括禁止女生穿袴。《妇女新闻》对此事提出质疑，并谴责宫城县当局的态度阻挠了妇人服装改良的机遇。

《妇女新闻》的立场是支持袴，"穿袴可以进一步加速服装改良的进程，是最适合过渡时期的装束。而且这一观点也得到大多数人的赞成"，谴责宫城县的举措妨碍了袴的普及。而宫城县内务部的回应中着重强调，少女深受服装攀比的毒害，拒绝接受义务教育的情况屡见不鲜。

"学龄期辍学的儿童中一半以上是女孩，而且大多是年龄较长（均为十岁以上十四岁以下）、家境贫寒的女孩，这是不容置疑的事实。为了使得众多年长且贫穷的女子履行受教育的义务，必须排除现实干扰，寻求解决就学问题的方法。另外，阻碍就学的不仅仅是便当、发饰、鞋类、伞类及学习用品等费用给家长造成的负担，更有同学之间服饰攀比所带来的痛苦。"

接受小学义务教育的女子比例低于男子，各府县就如何提高女子就学率进行探讨。一八九九（明治三十二）年"全国联合教育会"举办之际，文部省询问了"提升女童就学率的方法"，对此的回答中包括帮助家长了解教育的现实作用、补充适合女子的教育内容、增加女性教师人数以及引进裁缝练习设备等途径。一八九七（明治三十）年至一八九八（明治三十一）年，深谷昌志通过教育杂志与地方报纸查证了各地对于促进女子就学措施的讨论情况，发现在东京教育会上，有人提出"和服奢靡"是导致女子辍学的一个因素，恰与宫城县内务部的说法一致。可见，其他地方也逐渐认识到女子辍学与服装攀比、奢侈靡费之间的因果关系。

宫城县内务部在《答复书》中继续写道：

"中等阶层以上子女的常服在贫家女儿眼中堪比华服，而且前者一味追逐新潮，后者始终难以望其项背。可是，在这种场合下，贫寒女子的内心以及家长碍于情面、疲于应对的苦恼却鲜为人知。（略）这就是辍学、逃学的直接起因。因此，本县对于近来日渐升温的女子穿袴趋势有意识地加以约束。

"限制穿袴的理由如上所述。这一方针未必会对非义务教育的高等女子学校产生影响（目前尽管部分高等女子学校将袴定为制服，但并不强制实施），也不会对女子服装改良的进程带来危害。如果随着社会变迁，女子穿袴的装束最终固定下来，那么也可以在义务教育范围内逐渐确立穿袴的学校制服。不过毋庸置疑的是，在如今的形势下，统一制服并强制贫民子女穿袴的时机尚未形成。"

从宫城县的《答复书》中可以感受到当局谨慎的态度，他们认为袴是中等阶层的流行装束，其带来的危害波及贫民子女及家庭，导致辍学的人数不断上升。对此，《妇女教育》驳斥道："为了教育行政，而忽视教育本身的改良与进步。急于提高贫民就学的人数，却错过了事关妇人体育这一重大问题的服装改良时机。"对于希望改良袴得到普及的《妇女新闻》而言，袴是值得推广的，"我们坚信在教育领域、卫生领域及经济领域，穿袴都是众望所归的选择。（略）应该寻找时机将其确立为学校制服"，但是对于旨在提升女子就学比例的宫城县而言，袴（借用《妇女新闻》的说法）"将在教育行政方面传播可怕的恶习，被视为奢侈的、装饰性的流行品"，应当加以制约。这表明不同身份与地位的人对袴的价值有着不同的理解，体现了义务教育的初等教育与非义务教育的中等教育之间的差异，说明对于教育的优先目标（是提升就学比例、还是改善教育内容与质量等）尚未达成共识。宫城县始终如一地坚持教育行政的观点，认为袴的流行对下层阶级女子的就学产生不利影响，而《妇女新闻》则从鼓励运动与卫生的观点出发，期待袴发挥对服装改良的推动作用。直到争议的最后，双方仍然势均力敌。

从争议中可以解读到宫城县当局者对袴的怀疑态度。其中一个原因曾在京都府立第一高等女子学校的事例中有所论及，即他们对鹿鸣馆时代取缔洋服与袴的经历仍然心有余悸。出于过去的经历，宫城县督学官员山田邦彦也曾提出："为避免学校成为服装改良试验基地，应当谨慎行事。"另一个原因则是一八八一（明治十四）年文部权大书记官在巡视东北各县时发表的演讲。

"前段时间，滨尾文部权大书记官巡视东北各县之际，曾参观了山形县的多所学校。在校园内见到了半男半女装扮的女教师与女学生，她们穿皮鞋配袴、意气风发，是男女同权论者。书记官发现，有些父母因此产生抵触情绪，禁止子女上学，导致女生就学的人数日益减少。他对此深感痛心，决定在各地发表演讲。演讲的大意是，谆谆告诫学校矫正以上弊端，尤其是在天皇巡行之际，务必遏制此风。另外他还提到，天皇对此装束并不热衷，某县女生穿袴恭迎圣驾之际，天皇面上完全未见喜悦之色。"

该篇报道提及的"半男半女装扮"指的是穿男式袴的女教师与女学生。滨尾书记官发现许多因抵触穿皮鞋配袴、宣扬"男女同权论"的女教师而阻止女儿入学的父母，所以他在各地展开演说的宗旨正是为了清除这一积弊。另外滨尾还指出，天皇并不太喜欢女生恭迎圣驾时的袴装，因此也敦促学校在天皇巡行之际停止这一行为。在约二十年之后天皇视察陆军大型演习之际，宫城县便参考了这一建议。

一八九九（明治三十二）年，跡见女子学校确立袴为礼服。除运动上的便利性之外，袴还被赋予彰显礼仪的含义，但是宫城县认为袴并不适合恭迎天皇的场合。而且从教育行政的角度出发，袴被视为轻佻浅薄的流行装饰，令人回忆起不堪回首的历史。由此可知，立场与经验的差异导致不同主体对袴的印象以及对其价值的理解不尽相同，宫城县"禁止穿袴事件"反映出围绕袴存在着不同的接受情况。

基于家长意见的穿用

学生家长的意见也与袴的穿用密不可分。

滋贺县立彦根高等女子学校的事例

滋贺县立彦根高等女子学校最早建成于一八八六（明治十九）年，

次年更名为"私立淡海女子学校"，一八九一（明治二十四）年移交町，一八九五（明治二十八）年改制为高等女子学校，一九〇二（明治三十五）年再次升级为县立学校。据记载，在明治二十年代私立淡海女子学校与其后的町立女子学校期间，学生均穿袴。一八九一（明治二十四）年从该校毕业的一名学生回忆道："其中还有穿着紫色绉绸袴的学生，走在街上时引起了巨大轰动。后来大家便不再穿袴了。"这段描述有助于确认十九世纪八十年代后期至十九世纪九十年代期间该校学生穿袴的事实。明治三十年代初，该校为回避"好奇的目光"禁止学生穿袴，但是有些学生看到其他高等女子学校学生依然穿袴之后，对于彦根女高禁止穿袴的决定表示不满。一九〇四（明治三十七）年，学校开始商讨穿袴一事，并询问学生家长意见。

　　"我校鉴于本地昔日状况，为回民众避好奇的眼光下令禁止学生穿袴。但在此期间，听闻不少家长提出希望准许穿袴的请求，而且袴便于体操游戏等学生日常活动，加之仅需简易束带即可穿戴，应该不会增加经济负担。因此现广泛征集广大家长意见，再做决定。"

　　上文主要揭示了学生家长的希望、对体操等日常生活的便利性及经济可行性等。最引人注目的一点是家长提出了要求。商讨结果是，学校在第二年允许自由穿袴。最初并未统一袴的颜色与质地，但从次年起限制袴的标准颜色为紫红色，一九〇八（明治四十一）年再次规定学生穿深紫色袴。

　　与其他女子学校相比，彦根女高采用袴的时间较晚，不少学生对此表示不满。推迟采用源于明治二十年代穿裤引起的社会骚动以及明治三十年代初期禁止穿裤的经历。换言之，对于历史悠久的学校而言，有关裤的过往经验对二十世纪〇〇年代的决定也产生了不容忽视的影响。另外，正如对爱媛今治女高事例的分析，女生穿裤激起了地方的强烈反感。主要原因在于对人们裤的传统观点：即便当时华族女子学校学生正在穿裤，而且已被改良为女士款，但裤曾是武士服装，进入明治时期以来又被规定为男式礼服，女性一般不穿。因此，尽管女校发现了裤的功能性，但不可能朝夕之间付诸实践。另外如同彦根女高一般，在规定裤的穿用之前，仍需寻求代表地方的学生家长的意见。如此一来，尽管教育相关人士、学生、家长以及地区社会之间产生了各种各样的规范与价值观冲突，但是裤仍然逐渐得到普及与确立。其中，作为穿用者的女生以实际行动促进了裤的顺利推广。女生的行动表明，她们对学校制服的认识并非仅仅停留在社会规范的层面，而是积极地推动象征自我的服装，并从中挖掘各自的价值，为学校制服赋予更加多重的含义。

——

二　女子学校制服的特征——统一化与差异化

女子学校制服的特征

　　下文将围绕二十世纪〇〇年代至二十世纪一〇年代女生的具体装

扮展开探讨。

反映附属女高服装演变历程的挂轴Ⅳ勾画了一位手执菊花的女生，她穿着箭翎纹样和服与黑色皮鞋，褐红色袴裹至胸部，头发两侧各系一条丝带。挂轴Ⅴ上的女生手里拿着包袱皮与洋伞，身穿条纹花样和服与褐红色袴，头梳檐发，腰佩徽章，脚蹬黑色皮鞋。另外，虽然挂轴Ⅵ对应的是二十世纪二十年代，但在此一并加以比较。挂轴Ⅵ描绘的女生右手持洋伞，携一个挎包、一个提包，身穿元禄袖和服配褐红色袴，头发束于脑后，腰间佩戴徽章，脚上穿一双黑色皮鞋。以上三幅挂轴均展示了日西混搭风格的装扮，和服、袴配丝带、皮鞋、伞与包。这种日西混搭的女生装束是一种"时髦"的现象。

"时髦"一词于明治三十年代由《每日新闻》首席记者市川安次郎首次提出，当时用于形容海归一族，他们穿着风行欧美的高领服，扬扬得意。一九〇〇（明治三十三）年左右，来源于"高领"音译的"时髦"一词成为流行语，并被附加"洋式、新式、流行、轻薄、虚伪、偏执"等含义。女生的"时髦"装扮具有两种内涵，一种是"日西混搭"的款式以及接受新式教育的"女生"新形象等积极理念，另一种则是"洋里洋气"或"女生"等词折射的"轻薄""偏执"等负面印象。

附属女高一八九八（明治三十一）届学生平塚濑贞描述了当时的女生服装。

"那会儿并没有制服，和服、袴与皮鞋的搭配就是常见的女生服饰。

我一般在上学的时候穿平纹粗绸或烧毛纱和服，塔配紫色羊绒袴。因为大多数袴的颜色为褐红色，所以不久之后我也换上了褐红色袴。当时着装比较自由，既有不穿袴、打着'や'字结或贝口结束带的学生，也有极少数（约三四个）穿洋服的学生。（略）

"低年级学生梳垂髻，高年级学生梳裂桃式发髻、唐人髻或者束发。（略）我一般先梳拢耳后的头发，将额发绑成一束，在头顶系一条丝带，然后把下面的头发编成三股辫，系上一条与头顶丝带同色的丝带。偶尔会将三股辫盘绕成花苞形，以绦带扎绑。（略）此外，我有时也用丝带系绑刘海，让后面的头发自然披在肩上。"

根据附属女高校史记载，学校规定穿袴是在一八九八（明治三十一）年，因此濑贞入校之初学生尚可自由着装，也能见到穿和服系带的学生。濑贞"用丝带系绑刘海，让后面的头发自然披在肩上"的发型与前文提及的《魔风恋风》插画中的发式如出一辙。小说称这种发型为"披肩发"。据说女主角的原型是三浦环，一九〇〇（明治三十三）年左右，她时常骑着自行车往返于家与音乐学校之间。三浦对自己当时的装扮描述道："用红色丝带系绑刘海，穿着紫色箭翎纹样和服、褐红色袴与皮鞋，骑着自行车穿梭在芝[01]与上野之间。"

由此可知，和服配袴、头系丝带、脚穿皮鞋是当时女生服装的典型特征。二十世纪一〇年代，这样的女生装扮不仅风靡东京，而且受到全

01　东京地名。

国的青睐。例如，一九一二（明治四十五）年毕业于青森县立青森高等女子学校的学生也穿着纹付和服配袴，头系丝带，手拿洋伞（图 2-19）。另外，在宫城县私立华东高等女子学校的照片上也可以看到一些如此装扮的女生（图 2-20）。一九〇五（明治三十八）年，华东女高统一规定学生穿黑色棉质筒袖和服，并要求不同年级的学生在袖口系绑不同颜色的丝带。简言之，"时髦"的女生造型也影响到了地方学校。

箭翎纹样的和服

接下来，继续观察构成女生服饰的各个组成部分。在全国普及袴、推广女生款式的同时，服装的奢侈靡费也引起了学校的警惕，限制和服棉质面料与袖长的学校数量与日俱增。于二十世纪〇〇年代至二十世纪一〇年代确立服装规定的女子学校一般限定和服面料为飞白或条纹棉质，袖型为元禄袖或筒袖。当时也有一些学校允许穿长袖，规定举行仪式时须穿黑色棉质纹付和服。附属女高规定服装面料为棉、麻或毛织，禁止绉绸等高档品，并未同其他女子学校一样规定黑色纹付礼服。中上阶层子女就读的华族女子学校或东京女学馆等女校则允许学生穿平纹丝绸和服。

其中，箭翎纹样和服在挂轴 IV 与《魔风恋风》主人公登场插图中都有所呈现。可以说，箭翎是当时最常用的一种花纹或图案。

箭翎属于飞白纹，图案为箭羽形状。据奥村万龟子调查，将"箭"这种男性题材的图案融入女性服装的时间是在江户后期。尤其是在明治

图 2-19 青森县立青森高等女子学校的学生服

（《青森高校百年史》893 页 青森县立青森高等学校 2003 年版 1912 年毕业典礼日摄）

图 2-20 宫城县私立东华高等女子学校的学生服

（《二女高九十年》29 页 宫城县第二女子高等学校 1994 年版 1910 年摄）

以后，紫色箭翎成为主流的女性服饰纹样，而且在歌舞伎的影响下，逐渐被赋予武家女佣服的形象。明治二十年代后期，在服饰复古风与江户武士风回归的热潮下，山手地区中等阶层女性开始使用紫色箭翎纹样。奥村列举了平塚濑贞一家作为例证。濑贞的父亲是一位拥有留洋经验的官员，明治二十年代"正值欧化主义的鼎盛时期，人们都选择了山手风的生活方式，约一半的住宅改为洋式。（略）在母亲身穿洋服、手持时髦的刺绣与编织品的氛围下"，"我们姐妹结伴上幼儿园的时候，一般都穿洋服、搭配皮鞋与帽子"。然而，当明治三十一年濑贞升入附属女高之后，"对于在鹿鸣馆时代达到顶峰的欧化主义的抵触情绪达到高潮，随着恢复国粹的呼声，全国上下都走向复古风。（略）在日清战争前夕，父母的起居室由洋式风格换回了榻榻米，（略）曾经烫刘海的母亲开始结丸髻，我和姐姐也脱下洋服，换上紫色箭翎纹样和服、结稚儿髻"，在改变装束时濑贞穿上了"紫色箭翎纹样"的和服。奥村指出，山手地区的新兴中产阶级大多是士族出身，流行于该阶层的"箭图案其实是他们借助复古风的时代潮流，抒发思乡、怀旧情怀的一种现象"。后来，箭翎被女生服饰吸收，"营造了时髦且高雅的'山手风'氛围"，"创造了传统与进取相互融合的都市之美"。女生服装采用的箭翎图案被赋予"复古"、"传统"的显贵风格与"近代"、"都市"的崭新面貌，逐渐渗透到更多阶层。

　　如上所述，在对传统图案作出新的解读、创造全新美学的同时，箭翎纹样成为女生服装的重要构成元素。和式服装与袴、洋式丝带与皮鞋的搭配表现出日西结合的风格，其中的和服纹样则蕴含了现代化的解读与特色。

发型与丝带

当时女生的发型又是什么样呢？在二十世纪〇〇年代至二十世纪一〇年代期间，常见的发型包括裂桃式、檐发、垂髻以及被称为"203高地"或"木茼蒿"的发式等。裂桃式发髻是一种日本发髻，檐发是突出额发的一种束发（图2-21）。日俄战争后，一种名为"203高地"的檐发开始流行（如2-22）。这一发型以日俄战争中双方激战的地名命名，前额的头发蓬起，头顶的发鬓高高耸立。"203高地"发型风靡全国，各校沿革史中均有记载。关于该发型，福岛县立磐城高等女子学校的毕业生回忆道："在鬓发中放入填充物是当时最摩登的造型。"另据东京普联土女子学校记载，每天早晨，为了盘成"203高地"发髻，需花费近一个小时的时间。在石川县江沼郡立实科高等女子学校，时髦的学生之间时兴梳"罗马"髻，额发梳得越高越"摩登"，甚至有时额发的高度是脸的两倍。这种额发高耸的发型后来被学校禁止。

绑发的丝带与其他饰品相比，价格便宜且容易获得，受到从小学女童到高等女校学生的一致推崇。渐渐地，宽丝带便盛行开来。《妇女新闻》报道称，"三年级以下的学生系着极其华丽的宽丝带，在四年级学生中佩戴者则寥寥无几，五年级学生中更是不见一人。这并非校规规定，而是自然而然形成的校风"，可见低年级学生系丝带的现象更加突出。

图 2-21 檐发

（《滑稽新闻》94 号 7 页 1905 年 4 月 20 日）

图 2-22 "203 高地"

（《妇人世界》2 卷 5 号 79 页 1907 年 4 月 10 日）

上一章也曾论及，丝带有时也被视为奢侈品。日俄战争期间，与宫田修有关的各所学校都对丝带予以取缔。在明治天皇驾崩之时，黑色丝带被用作黑纱臂章。《妇女新闻》社论中曾四次评价这种黑色丝带，认为其带来了"虚荣粉饰之风"的教育弊端，主张在明治天皇大丧期过后改用朴素的黑色发绳。

从草鞋、木屐到皮鞋

二十世纪〇〇年代，全国女子学校开始流行穿袴，但是与之搭配的皮鞋被各校引进的时间却不尽相同，在普及皮鞋之前学生一般穿木屐或草鞋搭配白袜。附属女高在一九〇〇（明治三十三）年规定校内须穿运动款皮鞋，然而直到大政年间，学生才开始穿皮鞋上下学。对于校园内的"室内鞋"与上学途中的"室外鞋"，各校都形成了自己的惯例。尤其是规定校内穿草鞋的学校，一般通过改变草鞋带的颜色，与室外用鞋区分。在宫城县第一、第二高等女子学校，室内草鞋的鞋带是红色，室外是白色。当时的大多数女生只能长途步行上学，随着时代推移，福岛县本宫实科高等女子学校出现了穿中齿木屐上学的学生。其原因在于"中齿木屐的齿可以在木屐店里更换，是最经济的选择"。在地方学校，因为雨天容易沾湿木屐，所以也有光着脚走回家的学生。另外在暴雪频发的地带，有些学生则穿着用麦秸制作的雪鞋。

大正末年，福岛县本宫实科高等女子学校的几名学生第一次穿上皮鞋。由于当时皮鞋价格昂贵，所以"如果可以在修学旅行前得到一双皮鞋，一定会欣喜若狂的"。当时还有一则轶闻，讲的是一名石川县立七尾高等女子学校毕业生在修学旅行时穿了一双不合脚的皮鞋。一九二四（大正十三）年该校组织关西旅行，一名毕业生穿着全新的皮鞋，开始攀登香川县金昆罗长长的石阶。她回忆道："不管怎么说，那都是我第一次穿皮鞋，疼得要命。大多数人穿着拖鞋爬山，鞋都被磨得破破烂烂。我的脚后跟肿得就像水蜜桃一样，疼得实在走不动了。虽然这双新皮鞋是我死乞白赖地向父母讨了十日元买的，但没过多久我还是换上了看上去也不堪一击的拖鞋。"

此事发生在大正末年、约二十世纪二十年代之后，可见学校引进皮鞋的时间比袴更晚。当时皮鞋价格昂贵，人们也并不习惯穿皮鞋。即便如此，依然存在学生主动要求穿皮鞋的事例。据记载，一九一七（大正六）年升入埼玉县立熊谷高等女子学校就读的一名学生向校长提出请求："取消学校规定的厚齿木屐，期待'尽早允许我们穿上时髦的皮鞋'。"由此可知，皮鞋是"时髦品"，是被艳羡的对象。

袴

颜色

顾名思义，"褐红式部"一词说明褐红色袴在女学生之间最为多见。虽然附属女高没有统一袴的颜色，但是根据平塚濑贞等毕业生的回忆可以确认，二十世纪〇〇年代褐红色袴比比皆是。随着褐红色袴的迅速普及，为便于识别学生，学校开始有选择地规定袴的颜色。例如，京都府立第一高等女子学校与滋贺县立彦根高等女子学校采用紫红色，奈良女子高等师范学校使用黑色或藏青色，宫城尚絅女子学校则选用灰蓝色（带点灰色的深青色）等。除褐红色之外最受欢迎的便是紫色、藏青色以及两者调和而成的蓝紫色。

质地

有的学校限定袴的质地为棉类，有的学校限定薄呢或羊绒。附属女高规定服装面料可为棉布、麻布或毛织物，并未局限于棉类。地方公立学校一般限定袴的质地为棉类。与毛织物相比，棉袴更易起褶皱，而且不易整饬。一九〇三（明治三十六）年，爱知县立高等女子学校规定使用棉袴，这种袴"因为棉布较厚（小仓织物）易起褶皱，每天放学后不得不费心打理"，打理时"沿着袴的折痕折叠，有时需要喷雾或用火熨斗熨烫，每晚都需压平"。而且，"当时市立女高的学生穿羊绒袴，县立女高的学生一边整饬袴，一边暗暗羡慕她们"。长野县须坂高等女子学校校史也谈到袴的整饬："整饬袴颇费周折，每天必须整整齐齐地折叠起来，铺在被褥下压平。褪色的时候，又必须马上运用从学校学习的技术自己染色，有时甚至还需要全部拆开，重新缝制。"

长度

在一张明治时期的照片上可以看到一位身穿长袴并提至胸部的女

生（图 2-23）。三岛曾经从卫生角度对这一样式提出批评。但是在明治时期，这种穿着方式席卷全国各地，最终逐渐被确立下来。袴长同时也受到鞋子种类的影响。青森县立青森高等女子学校一九〇八（明治四十一）届学生回忆道："穿皮鞋时的袴长要比穿草鞋时稍微短一些。"而且为了与皮鞋搭配，一般穿黑袜。与之相对，群马县立前桥高等女子学校为了避免暴露短布袜与袴之间裸露的部位，要求学生穿长袴。与短布袜相配的是木屐或草鞋。另外，基督教义女子学校严令禁止暴露裸足，且冬夏均穿短布袜，所以该类学校也依据与鞋的搭配调整袴长。简言之，短布袜配木屐或草鞋时袴较长，而普通袜子配皮鞋时袴较短。在有些学校，高年级与低年级学生的袴长有所差别。佛教系私立东洋女子学校并不反对长袖和服与长袴，只是引导低年级学生穿元禄袖和服与短袴。这主要是出于对身体发育期的考虑，同时表明对高年级与低年级学生的服装规定之间存在严宽之别。每当见到高年级学生更自由的穿衣打扮时，低年级学生顿生憧憬。

系带的系法

除此之外，袴的系带系法也令当时的女生们费尽心思。附属女高的挂轴 IV 中，系带被系成蝴蝶结，位置偏右。该校二十世纪〇〇年代的毕业照展现了系带的多种系法：在正中系蝴蝶结、在左侧或右侧系蝴蝶结、仅在正中打结或隐藏蝴蝶结或纽结等，她们按照各自的喜好装点自己（图 2-24）。不过，自一九〇六（明治三十九）年开始推广腰带型徽章后，系带的装饰性系法也濒临谢幕了。在兵库县立丰冈高等女子学校，每位新任年轻教师的系带系法、裙长与腰身高度等等都成为学生竞相模仿的对象。个别系法甚至需要从缝制开始便对纽长再三斟酌。综上可知，袴的系带反映了个人喜好与流行趋势，是女生享受服饰的一个重要因素。

徽章

袴章

除了前文提到的通过袴的颜色区分所属学校之外，全国各地的女子学校也盛行"袴章"，即在袴裾上点缀白色或黑色的纹路。基本样式是在褐红色袴上添加一两条白线或黑线。

一九〇九（明治四十二）年，八卷嘉作出任千叶县郡立安房高等女子学校校长，并在学生的袴上增添一条白线（图2-25），目的是"督促学生认识到作为本校学生的自觉并谨言慎行，激发其他女子入学的渴望"。一九一五（大正四）年，秋田县町立能代实科高等女子学校在袴裾上增加一条白线，旨在唤醒学生的自觉与自重，象征着"正道只有一条"与"少女心灵的真诚与直率"。袴章代表了学校的方针，有助于培养学生的自觉意识。

一九一四（大正三）年，基督教义大阪信爱高等女子学校统一袴的颜色为褐红色，并在距袴十公分的上方装饰两条宽一公分的白线。白线

图 2-23 身穿长裤并提至胸部的女生
（《彦根西高百年史》502 页 滋贺县
立彦根西高等学校 1987 年版）

图 2-24 1903 年东京女子高等师范学校附属高等女子学校毕业照中不同样式的系带
（御茶水女子大学附属高校藏）

表示"明净的心灵"，两条分别代表"信"与"爱"，白线环绕裾一周的设计则象征"无限"。这两条白线也出现在一九二二（大正十二）年确定的水手服裙子上。一九二五（大正十四）年前后，千叶县町立野田高等女子学校也在裤上点缀了两条白线，并解说道："白色象征纯洁，两条平行线表示学业与健康并重。"

一九〇三（明治三十六）年，爱知县立高等女子学校在褐红色的裤裾上装饰了一条黑色毛边。当时学校大门附近有一家养蚕试验场，在此上班的女工也穿褐红色裤，这一举措正是为了方便识别本校的学生。虽然最初的目的在于与女工区分，但后来也成为与他校学生互相区别的标志。一九二三（大正十二）年，群马县立涩川高等女子学校在裤裾上增添两条黑线。校长曾训诫道，"既然成了本校的学生，增添了一条裤纹，就应当在外在言行与内在精神两个方面真正实现一名学生的价值"，借此增强涩川女生的自觉性。裤章在对外标明所属学校的同时，也包含了对内督促学生注重言行举止的意义。同时，学校特有的标志也有助于增强对学校的归属感与爱校之心。

不过，在爱校之风形成的同时，学生之间也逐渐萌发了对附近高等女校的对抗意识。在富山县立富山高等女子学校毕业生座谈会上，曾展开如下对话：

主持人：关于服装……

A：褐红色的裤。大约是在高冈建校的时候吧，我们学校在袴裾上添加了一条黑纹。高冈是两条，我们富山是一条。

B：高冈是两条细线。用现在的尺寸讲，我们在距离袴边十公分左右的地方缝制了一条两公分宽的黑纹。

C：可以称之为"富山县第一学府的骄傲"。

D：对啊，而且我们深深地引以为傲。

毕业生们不仅记得自己学校的袴章，还牢牢记住了其他学校的样式。在她们心中，富山女高堪称富山县的第一学府，与其他学校相比，自己学校的袴章令她们无比自豪。

石川县江沼郡立实科高等女子学校则在褐红色袴上点缀了一条代表江沼郡水纹的波浪形黑带。该校的黑带经常被拿来与小松高等女子学校的绿线作对比。前者的校史记载道："小松在袴上点缀了一条绿色毛边，与我校的黑色毛边形成对照。大圣寺（江沼郡立实科高等女子学校）学生常常因其美观得体而深感得意。"静冈县沼津高等女子学校也记载了学生因认为本校袴上的黑线比三岛高等女子学校的白线更加高雅精美而引以为豪的逸事。

另外，关于埼玉县立忍高等女子学校的毕业生对熊谷高等女子学校产生对抗意识一事也被记录在册。

"大概是在我三年级的时候，忍女高在制服的袴裾上点缀了两条白线。当时无论发生什么事情，熊谷女高总是能够点燃我们的对抗意识。'在为制服佩戴徽章一事上领先于熊谷女高'是忍女高全体女生的共同心愿。经过数次学生代表大会，我们终于告别了白线，并在次年五月最后一次关西旅行的时候换上了白色五金扣紫色腰带制服。当时感到由衷的骄傲、光荣及喜悦。"

忍女高的学生们梦寐以求的便是早于熊谷女高将两条白线的袴章更换为腰带型徽章，在修学旅行时终于得偿所愿。由于向腰带型徽章的转换是在学生自己的推动下实现的，所以当时感到的"喜悦"中也包含着成就感与满足感。

一些学生表现了对附近女子学校的对抗意识或者对本校袴章的留恋之情，但也可以在另一些学生身上发现对他校袴章的憧憬。长野县须坂高等女子学校的袴裾上缀有一条黑线，而临近的中野高等女子学校是一条白线。须坂女高的几名学生认为白线显得更考究，而黑色显得粗陋，因此向校长提出更换为白线的请求。但是校长以白色易脏为由，未予批准。另外，岐阜县本巢高等女子学校蓝紫色袴上统一添加两条波浪形黑线，但是学生穿戴之时却将波浪抚平。校史推测，或许因为其他女校均为直线，学生抱有一种新成立学校的自卑情结。

前文对白色与黑色等基本样式的袴章进行了描述，但是全国女子学校设计了五花八门的袴章，下面主要介绍几种别具匠心的袴章设计。

在北海道札幌，众多女子学校云集于此。为了方便分辨各所学校的学生，袴章的设计必须别具一格。一九〇七（明治四十）年，北海道厅立札幌高等女子学校的教谕安芸佐代设计了一种在褐红色袴裾上缝制白色山形纹的袴章。一名毕业生讲道："当时的女生清一色地穿着褐红色袴，并且在裾上增添不同的标志。我们厅立女高的学生虽然没有为白色山形纹自吹自擂，但是依然以此为傲。"札幌区实科高等女子学校在一九二〇（大正九）年确定了"已"字型花纹的徽章（图2-26）。

除此之外，群马县的各所女子学校也苦思冥想袴章方案。当时，学生一律穿褐红色袴。桐生高等女子学校点缀了两条白线，上面一条是纯白色，下面一条镶嵌了绿色链式蕾丝与白色桐叶纹路蕾丝。伊势岐实科高等女子学校则是一条饰有勾玉花纹的白线。馆林高等女子学校的袴章不在袴裾，而是在左右两侧添加两条白色竖线。一九一五（大正四）年的毕业生形容了寄托在袴与袴章上的情感："成为女学生的喜悦以及走动时两条白线迎风摇曳的神气，让我感到心满意足。"高岐高等女子学校在袴裾上修饰了"三阶松恋云"（图2-27）图案，这一设计模仿的是生长在海边、忍受凛冽海风的松树。松树长青象征节操，白色代表雪，是洁白、纯净的象征。由于图案比较繁复，所以缝制颇为不易。安中高等女子学校的袴章是两条白色波浪形条纹，象征碓冰川与九十九川两条河流，同时起伏的线条代表了碓冰群山。由此可知，表现地区自然景观的袴章层出不穷。昭和初期入学的一名学生描述了缝制袴章时的场景："入学典礼结束后我回到家中，和如今已经过世的母亲两个人一起，花费了很长的时间缝制这两条白线。现在回想起来，依然觉得十分开心、有趣。"

同安中女高的毕业生一样，很多女生通过缝制袴章切身感受到了入学的快乐，同时也是一种独特的女生体验。另一方面，也有人在毕业摘

图 2-25 一根白线的裤章

（《七十五年漫步》10 页 千叶县
立安房南高等学校 1982 年版）

图 2-26 "已"字型裤章

（《女子学校物语》前插图 札幌市教育委员
会资料室 1985 年编）

图 2-27 "三阶松恋云"

（《高女七十年》11 页 群马县立高崎女子高等学校 1968 年版）

除徽章时难掩伤感之情。如前所述，冈山县山阳女子学校的紫色袴制服上缀有一条绿线。该校的惯例是在毕业典礼第二天的早晨，全体毕业生前往操山山顶参加摘除袴章的仪式，同时聆听老师对于开启新生活的训诫。一九一一（明治四十四）届毕业生讲述道：“在肃穆的氛围中，大家一边聆听最后一次教诲，一边低声啜泣，直到最后合唱校歌时哭声才断断续续地停止。每每回忆起当时的场景，泪水依然止不住地夺眶而出。”摘取袴章已经成为毕业仪式的组成部分。

蕴含各种效应与意义的袴章寄托着每个人的情怀，为学生时代烙下了深刻的印痕。

腰带型徽章

除袴章外，还有胸章与腰带型徽章。接下来，选择腰带型徽章加以分析。

一九〇六（明治三十九）年，附属女高制定了嵌有八尺镜带扣的腰带型徽章（图 2-28）。该校的徽章包括宽一寸五分（五点八公分）的博多织带状系带与刻有菊花及兰花花纹的八尺镜带扣。带扣上刻有“女高师高女”五个字。系带底色为紫红色，中央绣一条绿纹，其中白色茶果状图案彼此衔接，茶果内织有“水”字。附属女高确定徽章的时间大约在“堕落女生”系列丑闻相继曝光的一九〇二（明治三十五）年。篠田利英主任提出，该校制定徽章是为了便于在校外对学生进行监督。篠田进一步解释了制定徽章的动机：“虽然在上下学路上确实可以看到溜溜达达、左顾右盼地提防老师的女学生，但无法确认到底是不是本校学生，所以希望制作一种有助于识别本校学生的标记。"徽章制定之后，不仅学生的行为得到改善，而且徽章成为附属女高的象征，为世人所熟知。

据一名毕业生回忆，学生们欣然接受了腰带型徽章，每天早晨戴着徽章上学时，总感到不可言状的感激与愉悦。另外，也有人形容了毕业典礼当天与腰带型徽章告别时的寂寥感，还有人在毕业后依然将其装饰在身上。通常，毕业后不可继续佩戴标明所属学校的徽章，它是仅限于学生时代的标志。徽章寄托了学生各个阶段的心情：对佩戴的憧憬、佩戴之时的得意以及摘除之时的空虚。

附属女高制定的腰带型徽章成为女生憧憬的对象，之后各地女校竞相效仿，也开始设计腰带型徽章。篠田描述了当时的社会反响："如果听说一所学校决定开始制作徽章，那么希望升入该校的学生人数就会显著增多。"对徽章的憧憬拉升了志愿入学的人数，腰带型徽章的影响力可见一斑。

一九一一（明治四十四）年，栃木县立宇都宫高等女子学校将胸章改为腰带型徽章。该校徽章的带扣上刻有蚊子草图案与"女高"两字，天蓝色的系带上横列着白色条纹（图2-29）。一九一五（大正四）年，茨城县水户高等女子学校统一了搭配深褐红色袴的筒袖棉质制服，同时规定了腰带型徽章。该校的徽章带扣上雕刻了一朵梅花图案（图2-30）。系带底色为略显紫色的褐红色，一条浅色条纹从正中间穿过。这条腰带寄托着无限的憧憬，一九三一（昭和六）年校友会杂志上曾经刊登了一位四年级学生对入学场景的回忆："女学生！梅花腰带！是当时的我们无比憧憬的对象。每当佩戴梅花腰带的女生从眼前经过时，我们总是羡慕得垂涎三尺。"而且在一九二八（昭和三）、一九二九（昭和四）年的修学旅行之际，因为身上系的腰带还被当地人误认成附属女高的学生。一九一九（大正八）年，东京私立神田高等女子学校制定了带扣上刻有翠竹流水图案的腰带型徽章（图 2-31）。时间移至一九二三（大正十二）年，秋田县基督教义私立圣灵女子学院也确定使用腰带型徽章（图 2-32）。无论公立私立，各地学校都制定了经过精心设计的腰带型徽章。

———

三　寄托于制服的情怀——穿制服、脱制服

女子高等师范学校附属高等女子学校的腰带

　　本书认为标明所属学校的徽章（校章）是学校制服成立的重要条件。学校制服的穿用仅限于在校期间，形成了入学时穿上、毕业时脱下的固定惯例。学校制定徽章的目的是为了便于校外监管与培养爱校之心，那么面对这种被强加的"标记"，女生们有何反应呢？

　　如前所述，附属女高的腰带型徽章是女生向往的对象。下文将通过

图 2-28 腰带型徽章（八尺镜带扣）
（《创立五十年》123 页 东京女子高等师范学校附属高等女子学校 1932 年版）

图 2-29 腰带型徽章（蚊子草与"女高"）
（《九十年史》24 页 栃木县立宇都宫高等女子学校 1966 年版）

图 2-30 腰带型徽章（梅花图案）
（《水户二高七十年史》68 页 茨城县立水户第二高等学校 1970 年版）

图 2-31 腰带型徽章（翠竹流水）
（《翠竹流水》18 页 神田女子学园 1980 年版）

图 2-32 腰带型徽章（"圣"字图案）
（《圣灵学园七十年史》70 页 1978 年版）

引用刊登在校友会杂志《御茶水》上的几篇学生作文，解读女生们寄托在腰带上的情怀。

腰带型徽章寄托了女生各个阶段的心情：对佩戴的憧憬、佩戴之时的得意以及摘除之时的空虚。首先在佩戴徽章之前以及入学典礼当天第一次佩戴徽章的时候，学生怀着怎样的心情呢？以下引用的是一篇一年级学生的作文。

接到女子学校的入学通知书时，我的眼前立刻浮现出一条闪闪发光的腰带。一想到学校开学就可以四处炫耀，我的心里便美滋滋的。

三月十六日母亲来到学校，为我带来了腰带与课本。我一见到母亲就飞奔过去，一把接过包裹。我打开一看，透过一层薄薄的纸，腰带如黄金一般闪耀着炫目的光辉。我一直勉强按捺着涌上心头的喜悦，目不转睛地盯着它。

在后来放假的日子，我几乎没有一天不把腰带拿出来欣赏的。母亲也觉得很骄傲，每次看向腰带时总是笑眯眯的。

四月八日学校开学，我带上前一天晚上备齐的东西，最后系好腰带。它依然如此熠熠生辉、光彩照人。出了门，行人的注视不禁令我感到有些难为情。走在路上，铿铿锵锵的悦耳声一直在耳旁鼓励着我。

一边走着，一边回想起哥哥对我说起"腰带就是向他人宣告你是御茶水一年级学生"这句话时的表情，我忍不住扑哧笑出声来。在路上我又碰到了一个好朋友，她也很高兴，笑嘻嘻地向我炫耀自己的腰带。看到对方这么开心，我自己欢喜的心情又翻了一番，高兴得恨不能手舞足蹈起来。走进学校，听到每个同学都对自己的腰带赞不绝口。相互攀谈之后，更加强烈地感受到她们发自肺腑的喜悦。

在今后五年的时间里，腰带将激励着我不断前进。为了免于辱没腰带，我必须成长为一个出色的人才。想到这里，我感到一种沉重且强烈的责任感。

这篇作文生动地传达了佩戴腰带时的欣喜之情，再现了与朋友、同学分享喜悦的场景，同时也可以从中感受到母亲、兄弟等家人给予的温暖。除了诉说喜悦，文章的结尾处还提到了在今后的学校生活中严于自律、谨言慎行的想法。在新生入学与学生指导时，学校会教育学生坚守与腰带相符的言行与品格。下面引用的一篇作文便讲述了教师对于佩戴腰带的教导。

今天，中泽老师告诉我们："这条腰带对端正学生品行、培养高尚人格与善良美德，做出了巨大的贡献。今天，附属高等女子学校之所以迎来如此辉煌的发展，赢得社会的尊重，无疑得益于学生的努力，但腰带的功劳也绝对不可小觑。我观察现在的学生发现，她们在一二年级的时候还自豪地炫耀自己的腰带，但到了高年级反而开始试图隐藏腰带。腰带是识别本校学生的标记，因此在佩戴的时候，大家难免深感责任重大，而且必须时刻注意不要抹黑学校的脸面，但是试图掩盖腰带的行为却是满足内心堕落、意志薄弱的表现。"（略）说实话，除了上学期间之外，腰带总给我过于僵化刻板的印象。不过我自己也清楚，这个想法是错误的。毋庸置疑，御茶水的美名与毕业生们为了不辱没校名的严谨与慎重是分不开的。

由于教师的训诫与周围人投注于腰带的视线，行事必须符合附属女高学生的名声，因此学生偶尔感到"刻板"与压力。因为教师、朋友与学生家长也阅览校友会杂志，所以登载的文章很少描写或刻画面对徽章的负面情绪。但毋庸置疑的是，学校意图通过徽章提醒学生作为一名附属女高成员的重任与自省的目的已经实现了。

下面一篇作文来自于一名三年级学生。随着年级上升，腰带带扣的颜色变成了黑色，她对此感到高兴的同时，也对所剩无几的学校生活表示惋惜。

一年级升入二年级的四月份是最开心的时候。我引以为傲的腰带变成了黑色，仅此一事便足以让我欣喜若狂。我觉得自己成熟了，成了校园内的大姐姐。"她是御茶水二年级的学生。"

每当母亲如此介绍我的时候，我总会忍不住地笑起来。一开始参加送别会的时候，只一味地欣喜。对于什么时候将轮到自己这样的问题完全置若罔闻，只要有点心可拿就心满意足了。

可是在今年的送别会上，一种不可思议的恐慌感油然而生，我想自己是否也在一步步地接近这个时刻。到了三年级，课程变得更难，老师们也常常以"你们已经是三年级了"为由，像对待高年级学生一样严格要求我们。我发现自己越来越接近五年的最后期限，心情越发古怪。仅仅升了一个年级，却不得不成为大人，想到这里我感到些许伤感。

第一次戴上如玩具一般熠熠生辉的腰带时，我最羡慕的便是三年级的前辈，以及她们身上倍显尊贵的黑色古朴八尺镜，时刻盼望着自己这条看上去比较廉价的腰带能尽早染上那种颜色。而且我一直憧憬着像她们一般唯我独尊地走在校园里。可是如今自己成了三年级的学生，反而感到未来一年的时间稍纵即逝，五年级近在咫尺。

增添了科学与生理等新课程，成为拥有众多妹妹的大姐姐，这些事都让我感到慰藉。可是一想到不能永远停留在三年级，便只有对岁月无常的憎恨。

从文字中可以觉察到她矛盾的心理，既有因升入三年级、腰带变为黑色而高高在上的成就感，也有成为高年级学生后对于不久的将来即将毕业的不安与对时间飞逝的感伤。与之相比，五年级学生的腰带寄托了更多的感喟。

　　我的时间所剩无几，腰带的正中间凹陷下去，生出了绿色的锈斑。它光芒四射的样子只留在了五年前的记忆里。

　　回想起来，五年的日子如白驹过隙。那个时候……那个时候的心境恍如昨日。曾经那么在意那条闪闪发光的腰带，走在路上也会悄悄地把手放上去，感知它的存在。走过不认识的住宅附近时，总能隐约感受到人们投向腰带的那种若有若无的目光。（略）

　　与它共度了五年的春夏秋冬。（略）如今的自己早已不记得与朋友间的交谈，却依然忘不了那条古色古香的腰带。（略）

　　不知从何时起逐渐感觉不到腰带的存在，与自己此时此刻的心境吻合……我不得不与腰带说再见了。

　　也许数年后，我会怀念曾经与腰带的亲密接触，但却无法再次唤醒此时此刻对它的留恋。不过现在想来，入学时的感觉仿佛也已沉睡了很久很久。

一位即将毕业的五年学生在作文里回忆了与腰带共度的学生时代，倾诉了对离别即将到来的怅惘。值得一提的是，毕业之后可能无法重温此时对腰带的眷恋。腰带这一标记仅限于学生时代，而这种认知勾起了对腰带更深的依恋与对此时此刻的依依不舍。一生当中，只有学生时期才可以穿戴徽章与制服，这一限定性特点是考察学生制服性质与文化的关键。对于徽章与制服的留恋只有在摘、脱下来时才能更加深刻地体会。

从学生的作文中可以了解到她们入学前对佩戴腰带的憧憬、入学后佩戴时感受到的喜悦与周围视线的压力、面对随年级上升而渐次发黑的腰带心中升起的骄傲以及毕业间隙告别腰带的恋恋不舍。

毕业生对制服的追忆

附属女高在一九三〇（昭和五）年制定五种标准服，一九三二（昭和七）年制定运动服与水手服两种制服，在此之前和式服装（和服配袴）与洋式服装皆可，学生可以通过在不同种类的服装上佩戴腰带表明身份。因此虽然对徽章的回忆比比皆是，却很少见到对袴等服装表示留恋的文章。

以跡见女子学校的蓝紫色校服为例，该校于一九一五（大正四）年确定蓝紫色棉质校服，并一直使用到一九三〇（昭和五）年重新制定运动服。

下文引用的是一九三四（昭和九）年一位临近毕业的五年级学生的作文。当时学校已经确立运动服为校服，但该名学生入学之初仍穿蓝紫色校服。

穿着紫色和服与紫色袴，我真是喜不自禁。

我并没有从端庄高雅的校服中读出昔日淡淡的忧伤、苦恼或喜悦。此时此刻，我的内心被前辈们真诚的气息所包围，大声朗诵着幸福的诗歌。

前辈们欢呼雀跃地穿上新校服，几年后又难舍难分地脱下来，离开校门。只不过她们心中装着强烈的恋恋不舍……

不久之后，我们也要告别亲爱的校服了，在几度获得重生的跡见学堂，我流下了离别的泪水……

在这篇文章中，作者追忆了与之共度学生时光的校服，表达了浓浓的怜爱之心。有的毕业生在毕业后依然妥善地保管着校服："作为在校期间的纪念，我将校服与袴完好地保存至今。每次拿出晾晒时不禁睹物思情，沉浸在对一段段往事的回忆中。"在文章中，校服不仅承载了作者本人的情感与思念，还与曾在母校学习的前辈们的身影与心境交叉重叠。由此可见，校服经过一代又一代的更迭与传承，寄托着共通的感情与爱校心。换言之，学校制服不断沿袭着"穿"与"脱"的传统，即便时过境迁，穿着同样制服的人们之间依然存在"同窗"情谊。只不过，以制服为纽带的联结有强有弱。

在承载着浓浓情意的蓝紫色校服变为运动服之际，许多毕业生都表达了保留原校服的意愿，并对这一变动表示痛惜。

每每见到学校逐渐披上洋装的样子，心底不免渴望紫色和服可以与母校特色——即和式思想永远共存。

如今迎来运动高潮，将传统校服改为洋服是时代的要求，也是不得不为之的选择。尽管自己清楚地认识到这一点，但是一想到记忆中紫色的学生服逐渐淡去，依然难掩落寞。

听说学校的服装也换上了洋装。虽然我知道这是顺应潮流、合乎情理的做法，可还是盼望着紫色裤所展现的跫见风范永存不泯。其中蕴藏了不可言宣的校风。我觉得至少今天的我们便受到了那个时代风范的引导。

毕业生在毕业之后依然向母校的制服传递思念与心愿，毕业后对制服的追忆与怀念对于成为母亲后对自己孩子的制服装束以及母校的制服改革都产生不可忽视的影响。徽章与制服限定穿戴时间，可是毕业生通过举办同窗会或参与各种活动延续与母校之间的渊源，她们对于传承学校制服文化发挥了举足轻重的作用。

下面引用几篇毕业生的文章，其中描述了她们对校服与女子学校时代的回忆。

告别学堂不过几天，任何一件事情都可以使我联想到曾经朝夕相伴的母校。每当看到上学的妹妹，眼前就会浮现出校服或裤的模样，撩人心扉。

乘坐电车时，每每看到女学生便又想上学了。总是忍不住潸然泪下。（略）既然有"思乡"，那我应该是在"思校"吧。

巢鸭至小石川柳町的电车中，一个、两个……越来越多穿着黑色纹服与紫色裤的学生站满了车厢。回首几年前自己的身影，不禁露出一丝眷恋的微笑。多么幸福的人儿啊，睡在柔软的卷叶上，安然地做着美梦。这些孩子多么令人羡慕呀！想到离开学校不过八年的自己早已面目全非，心中油然升起一股寂寥之情。

看到妹妹或电车上穿着母校校服的后辈们，这些毕业生不由得将她们与自己曾经的影子交叠在一起，无比怀念渐行渐远的学生时代。第三篇文章将学生时代描述为"睡在柔软的卷叶上，安然地做着美梦"，再反观毕业后的自己，倍感寂寥。在她们的文章中，校服象征着耀眼夺目的学生时代，诉说着与今天的自己隔"时"相望的无奈。

在校期间曾经漫不经心的日常生活与活动，如今却难以重现，这令毕业生体味到更刻骨的孤寂。下文引用的是一篇描述毕业后生活的文章。

地震后的地铁中央线，正值高峰期，我抱着沉重的包裹，几乎没有落足之地。人群互相推搡，袖子几被扯断，裤衣备受蹂躏。剧烈的晃动，拉吊环的辛苦，挤电车的艰难。毕业之后的我再也无从体验了。虽然听上去是一件令人开心的事情……但每每想到战胜辛苦的学习历程，总油然而生一丝英雄般的骄傲……

唯有毕业之后，方能感受到书桌的落寞。书立中曾经井然有序的教科书已经掩身橱柜，字典也被弟弟的书桌借走。于是，我的书桌彻底落寞了。在书桌前歪着脑袋绞尽脑汁、苦思冥想地解答几何题，在书桌前闭着眼背诵英语单词、历史年代与人名地名，成绩公布后在书桌前一刻不停、长夜不眠地奋笔疾书。如今，只是偶尔坐在那儿写写信、读会儿书或者练练字。至此，我更加深切地感受到自己已经毕业的事实。（略）

清晨的喧闹与弟弟妹妹上学后的静寂形成强烈的对比。那是在学校时向来无从感知的一种静寂，而现在的每一天都不得不走过这段漫长的寂寥。幻想自己仍在学校的场景，也正是在这无言的时刻……一边飞针走线，一边侧耳聆听，乒乒乓乓的击球声从远处传来。笑声、掌声，声声洋溢着神采飞扬的活力。

这名毕业生从女子学校毕业后，直到结婚大概一直在家帮忙做家务或缝制衣物。这样的生活无须乘坐满员电车，缺少教科书的书桌以及家人出门后的寂寥让她真实感受到学生时代的终结。这种寂寥感与失落、孤独密不可分。

对女生而言的制服

毕业后，呈现在男生面前的是升学或者就职，而女生则不然。从高等女校毕业后，直到结婚前，她们或修身养性、协助家务，或学习裁缝、茶道等，婚后等待她们的也是"贤妻良母"的本分：家务与育儿。本田和子指出女生的地位如下：

"女生的前程与中学生不同，升学的道路与就职的前景一律被不置可否地堵塞了。她们贡献国家的途径既非官场，也非实业界，而是最贴近日常生活的操劳。结果，摆在她们眼前的只剩下'贤妻良母'的目标……然而，即便希望成为一名侍奉丈夫的贤妻，也无法预知何时邂逅未知的对方；即便期待成为一名抚养子女的良母，也不知是否有幸孕育。

"如此一来，她们对将来的生活方式感到迷茫，在未知的状态下只好享受'眼前'。"

高等女子学校的高等教育与就业脱节，这种制度导致学生时代无异于一段婚前的延缓期，与"将来"相比更看重"眼前"、活在"当下"的文化与生活模式随之诞生。在基本学科之外，她们还广泛关注文学、艺术与运动等，与同龄朋友建立亲密关系，塑造了介于儿童与成人之间的"少女"感性与文化。高等女子学校提出"贤妻良母"的理念，实施的教育内容"不仅包含裁缝与家务等技能型科目，还囊括文学、艺术等人文修养以及运动、兴趣爱好、工艺制作等更多领域"。稻垣指出，不拘一格的教育内容"给予女生享受'实用'之外各个文化领域的自由"。他还主张，与读书、钢琴、茶道技能或社团活动、结交朋友等专攻相比，广泛涉猎的"多才多艺"型才是"女学生文化"的主流趋势。女生应当尽享"青春期"的特权。

在以"眼前"为导向的生活方式下，直接表明女生身份的制服意味着身为女生的幸福与特权。而在"脱下"制服的那一刻，方能切身感受到学生时代的终结。身穿母校校服的身影映入眼帘时，毕业生们不由得联想起往昔的幸福时光，同时也深切感受到此时此刻与彼时彼刻的自己在时间与空间上的隔阂。

第二部介绍了二十世纪〇〇年代女子学校制服确立的社会背景：女子中等教育制度的完善，女生社会身份的确立，日清战争后国民对身体的重视，女性服装改良的形势，媒体披露的"堕落女生"问题，学校与文部省整肃女生风纪的对策及举措等。女生服装不仅反映功能与卫生问题，也代表风纪问题。本部分借助具体事例，分析了袴的普及与徽章的接纳过程，阐述学校制服的确立伴随着教师、学生、教育行政相关人员、家长与毕业生等各界人士的参与，而且关注点与价值观也从功能、卫生、经济拓展至流行或时尚对象、礼服款式、整顿教育风纪的手段、学生时代的象征等方方面面。学校制服具有多样性与多重性的特征，这是单方面、强制性的国民化与规范化进程所无法掩盖的。

Part THREE

描绘出的制服

与

未描绘出的标准服

——

二十世纪二十年代至二十世纪三十年代的女生服装：
女子学校制服的改变

.

第三部将考察最后两幅挂轴所展示的西式学校制服，及其代表的二十世纪二十年代至二十世纪三十年代这一时期。挂轴描绘了一九三二（昭和七）年制定的水手服与裙服两种制服。在制服确定之前，附属女高于一九一九（大正八）年规定一年级学生至三年级学生穿筒袖和服或洋服，于一九三〇（昭和五）年选定五种标准服。二十世纪〇〇年代袴与徽章的出现标志着女子学校制服的确立，而进入二十世纪二十年代之后，制服的样式变为洋服。第三部便主要介绍女子学校制服从袴向洋服的转变过程。

女子学校制服的洋服化与第一次世界大战、女子教育的变化趋势以及生活改善运动的影响等社会背景息息相关。女生服装的洋服化至少包括两条途径：第一是女生各按所好，自由地选择洋服；第二是全体女生穿用统一样式的洋服。进入二十世纪二十年代，各地女子学校开始逐步统一洋服的样式，不过其中有些学校规定洋服，却并未统一样式，还有一些学校对标准服的限制条件相对宽松。附属女高便是其中一例。一九三〇年，该校选定了五种标准服。第三部将围绕挂轴未描绘出的标准服，考察二十世纪二十年代至二十世纪三十年代女子学校制服的新动向。

第一章介绍第一次世界大战对女子教育的影响，第二章讲述旨在实现生活合理化与科学化的生活改善运动对服装的影响，第三章记载了由袴到洋服的转变过程，第四章则论述了二十世纪三十年代服装向水手服统一的经过。

Chapter ONE
第一次世界大战与女子教育

第一次世界大战对参战国的女性服装带来至关重要的影响。欧美国家以一战为契机，取消了女性的紧身褡与长裙，转而流行清爽干练的风格，这一变化也影响到了日本。一战时期，欧美女性的活跃表现在陆军、文部省及各大媒体的纷纷转播下，对日本女子教育的发展产生了不言而喻的作用。顺应时代的女子教育方针与全新的女性形象是推动女生服装走向洋服化的一个重要动因。本章从一战时期欧美女性的具体活动出发，探讨欧美女性的社会活动对日本女子教育带来怎样的影响。

一 战时欧美女性的活跃表现

一九一四（大正三）年六月二十八日，一名塞尔维亚青年在巴尔干半岛萨拉热窝暗杀了奥匈帝国皇太子夫妇，由此引发第一次世界大战。以英、法、俄三国协约为纽带的协约国阵营与德国、奥匈帝国、意大利三国组建的同盟国阵营之间展开总体战，飞机、战车、潜水艇、毒气等各类新型武器轮番作战。其后，美国加入协约国阵营，日本也因日英同盟的关系就是否参战展开讨论，最终决定进攻同盟国阵营位于山东半岛的德国租赁地。随着战争的发展，俄国与德国等地爆发革命，殖民地也开始酝酿民族运动，期间美国势力日益膨胀，世界局势出现重新洗牌的势头。由于欧洲成为主战场，欧洲进口交易中断，使得日本国内的造船业与机械工业等重工业得以高速发展，船舶运输能力持续提升，面向欧洲的出口量突飞猛进，经济形势可谓方兴未艾。但是同时，国内物价飞涨，人民生活更加窘迫，各地女性纷纷组织抗议活动（如以出兵西伯利亚为导火索的美国骚乱）、各地工厂与农村屡屡发生劳动争议与佃农争议，社会变革一触即发。

在欧洲与美国，女性代替出征的男丁成为主要劳动力，她们积极参与社会发展与军事支援。欧美女性的活跃表现也感染了当时的日本。文部省与陆军省对战时欧美女性的活动极为关注，搜集有关信息，并对今后世界情势展开研究与绸缪。一九一五（大正四）年至一九二〇（大正九）年，文部省刊行《与时局相关的教育资料》，其中详细介绍了欧美女性的举动。一九一七（大正六）年，陆军省出版《欧洲战争与交战各国的女人》，公开了大量女性工作时的照片，转述了各国女人的活动情形。同时，各大报纸杂志也针对总体战体制下欧美女性的活跃表现、日本女性的理想姿态与女子教育方针展开探讨。

从上述资料中可以发现，战时代替男性出征的女性行为影响到各个领域、各个职业，大体可分为两大类：军需品生产、伤残兵护理等与战争直接相关的活动，以及农业、其他各行各业等战时支持社会经济的活动。

在与战争直接相关的军需品生产中，既包括制作防毒面具、面罩、犒军品等一向由女性负担的工作，也包括建造船只（图3-1）、炮弹等超越传统女性参与范围的工作。尤其是后者，由于需要专业知识与技能，所以她们也接受了相关教育。另外，女性在战场上也承担了一些护理或搬运伤残兵、驾驶、训练军马等任务。

另一方面，接替出征男性从事各行各业工作的女性人数与日俱增，如邮件配送人、乘务员、铁路工程师、消防员、警察（图3-2）与报社人员等。有人提出，应当制作适合这些职业女性的工作服或表示工种的制服，因此紧身褶与装饰品逐渐被取消，裙身开始缩短，还出现了搭配裤子穿着的服装。除此之外，也有一些女性投入农业或林业劳动。从事这类劳动与职业的女性服装对一战后女性的普通服饰与流行款式也产生了不容忽视的影响。

据石川绫子调查，一九一六年至一九一九年左右，欧洲女性的裙长缩短了约十五至二十厘米。第一次世界大战结束后，服装功能备受注目，"层褶款式"得到普及。外交官的夫人、为学习洋服裁剪或研究美术而远渡欧洲的女性等人将欧美女性服装的革新趋势传入了日本。创办西式

图 3-1 在船厂工作的英国妇人

（《与时局相关的资料》第 14 集前插图 文部省 1918 年编）

图 3-2 英国女警官

（《妇人问题》2 卷 1 号前插图 1919 年）

女装裁剪女子学院的杉野芳子与丈夫工学博士杉野繁一两人共同远赴纽约，学习洋服裁剪技术，并在归国后开办了该学院。芳子说道："在今天的日本，洋装支配所有妇女儿童服装的时期指日可待，但是妇女儿童服装的剪裁却由男性专家主持，这让我不由得为妇女的立场感到担忧。正如仅限女性的美容师一般，裁剪难道也是女性专属的职业吗？通过我对纽约数年来的观察，我领悟到：如果妇女服装从剪裁、缝纫到销售全部由女性完成的话，必将大大地提高效率。我希望可以在三个月内，培养一批有能力自主制作任意款式服装的西式女装裁剪师。"她将妇女服装与儿童服装的制作视为女性的一种职业。一战后，女性开始对服装展开积极研究，不断学习欧美洋服缝纫技术，这也是二十世纪二十年代女性洋服化进程加速的一个主要动力。

——

二　战后的女子教育理论

一战时期欧美女性的活跃动作也对日本女子教育产生了深远影响。本节将主要分析东京女子高等师范学校下田次郎教授对战后日本女子教育方针的论述，首先引用下田对第一次世界大战与欧美女性投身工作的看法：

"这场战争对人类而言是一场史无前例的大规模战争，与此同时，女性运动也是女性史上前所未有的创举与颠覆。过去认为女子难以完成的工作也迫于形势交付到女性手上，女性的成就有目共睹。战争爆发，在男子出征以后，看守家庭、经营家计、教养子女自不必说，继承男子的事业、完成他们的责任等成就更引人注目。（略）自战时起，欧美女性开始工作，女子实力得到认可，这成为促使女性觉醒、开阔男性眼界的契机。"

由此可知，一战时期女性的行为获得了男性与国家的肯定，为她们将来参与政治与经济活动铺平道路。从战争爆发到战争结束的期间，欧美诸国建立了女性参与政治活动的社会制度。女性参政权利的实现便是最具代表性的例子。

与欧美女性的活跃相比，下田对日本女性的现状表示忧虑："倘若国内也同欧洲一样经历一场战争，多数男子出征在外，女子不得不接替他们，那么日本的女人们能否与欧美女性同日而语呢？遗憾的是，我认为以如今日本女性的状态而言，是难以望其项背的。"他接着从体力、智育、家计、职业教育与公益事业等观点，分别指出了日本女性现存的问题与改善女子教育的具体措施。

首先关于体力，他主张为了同欧美女性一样积极地参与社会工作、支援战争，必须拥有健康的体魄。然而现状却是日本女性体格较小、青年女子死亡率较高。为解决这一问题，他呼吁战后的女子教育必须加大对体育的关注力度，培养"健康强壮的女性"。下田尤其推荐女子徒步与登山。

第二部也曾提及，日清战争后，三岛通良与伯尔兹等人主张强化体育训练。与之前的讨论或实践不同，运动强度与规模进一步提升，女子学校积极开展登山、游泳等活动（图3-3）。运动的顺利开展归功于人们对女性的认识与女性观的转变。过去，充分舒展身体的话题多被认为不符合女性本质而被回避，随着女性观念的变革，攀登日本阿尔卑斯山或富士山的登山活动与游泳（图3-4）等相继实现。同时，服装也在发生变化。在二十世纪一〇年代前后，以往的无档裙装与灯笼袴被改为裤装，以绳纽捆绑膝下部位的运动型束腿袴日渐普及（图3-5）。因此可以说，强化女子体育教育的论说与实施对服装产生了显著影响。

关于智育，下田指出日本女子教育程度普遍偏低。相对于欧美女性积极的社会活动，日本女性"一味被动地接受他人的指令、机械地遵守命令，做不到自主自发地活动或组织工作"。他认为女性的这种特质与规矩是在历史悠久的封建制度与儒教道德的影响下逐渐形成并固定下来的。他进而指出了施行女子高等教育的必要性，"如果女子处境更加自由、教育更加完善，女子素质将与今日截然不同"。

关于家计，下田认为家庭生活的非合理性制约了女性活动。他建议科学地经营家计，"日本家庭生活模式尚十分幼稚，家计经营尚处于原始状态"，"如今的家计必须充分运用科学"。其他一些学者也赞成家庭生活应当重视科学性，并就家计科与理科等女子教育内容的革新展开讨论，旨在使女性掌握更科学的知识与技能。东京女子高等师范学校栅桥源太郎教授针对女子理科教学内容提出建议："女子学校的理科与男

图 3-3 大正年间的体操课

（《六十年志》41 页 德岛县立辻高等学校 1976 年版）

图 3-4 白银海岸的海水浴

（《艺术回廊》53 页 青森县立八户东高等学校 2001 年版）

图 3-5 束腿裤

（《创立八十周年纪念志》35 页 山形县立山形西高等学校 1978 年版）

子学校不同，必须是家计中可以用到的理科知识。昆虫学必须是以家庭为中心的家庭昆虫学。换言之，必须让她们学习关于毁坏衣服的昆虫、侵蚀食品的昆虫或者啃食木头、损坏房屋的昆虫等实用知识。"他认为，合理地经营家庭生活对女性与国家双方都大有裨益："不仅可以提高家计质量，同时也是节约女子用于家政的劳力与费用的唯一途径。如果可以在实践中运用自如，女子便可以将节省出来的劳力与时间用于生产性事业、富足家国，或者修身养性、更多地享受精神生活。"

关于女子职业教育，下田讲道："在欧洲大战期间，女子开始接替男子，投身从未涉足的工作，种类繁多，几乎囊括了所有的男性职业。起初这种现象仅发生在战争期间，但是女子的实力逐渐被社会认可，现在已不再是男子的'临时代理'，未来也许有望成为永久的女性职业。"电话接线员、打字员等工作尤其适合女性，他预测今后女子就职人数将继续增加。下田还从国家的立场点评女子就业的现象："对于女子就业一事，国家不应将其视为少数女子的个人喜好，而应定义为当前紧要的女子问题与国家问题，予以认真的考虑。"下田建议开设以政府或府县为主体的官、公立女子职业学校。

最后，下田也谈到公益事业。此处的"公益事业"指的是贫民教育与救助感化等与教育、慈善相关的事业。在欧美，这类公益事业多由青年女子基督教会等女性团体主办，而在日本类似的活动却寥寥无几。下田认为，公益事业是女性发挥能力与优势的领域，对借助该类活动继续解决女性政治问题表示期待与展望。

如前所述，通过回顾下田的论说考察了第一次世界大战后围绕女子教育方针与女性作用的主要观点。女性的作用不再局限于家庭，因其与国家利益相关而被社会赋予更多期待，传统的女性观念与女子教育方针也不得不随之修正。对于如何完善女子教育，下田主要论述了体育训练的强化、高等教育的实施与对科学的重视等几个方面。其中与服装密切相关的是体育训练的强化与对科学的重视。前者加深了对功能性服装与运动服必要性的认识，与后者的关联则反映在服装与穿衣生活的合理化上。接下来的部分将继续探讨这一时期内举办的"全国高等女子学校校长座谈会"以及该会对女子服装展开的磋商情况。

———

三 "全国高等女子学校校长座谈会"对服装的讨论

"全国高等女子学校校长座谈会"

与以往文部省主办的全国高等女子学校校长或实科高等女子学校校长会议不同，一九一七（大正六）年召开的第一届"全国高等女子学校校长座谈会"由各校校长自愿参加、自主集聚，共同对今后的女子教育展开商榷。此届座谈会不包括实科高等女子学校校长，相关方解释道："基于对时局的考虑，着重审视高等女子教育的问题。"由此也可看出，一战后，对于女子教育问题的关注热点主要集中于高等教育。与上一节下田的点评相似，该届座谈会针对第一次世界大战后的女子教育问题，重点讨论了女子的高等教育、体育训练的强化与对科学的重视等方面。本节之所以提及该届座谈会，原因在于有人在会上提出了关于女生服装的议题。

共计一百六十三名全国高等女子学校校长参与了该届座谈会。议题分别由与会人提前提出，并由发起人确定五个甲类议题与二十五个乙类议题。甲类议题包括高等女子学校修习年限的延长、高等女子教育的实施、理科教学的实施与第一次世界大战后的女子教育问题，乙类议题中有一条为"女生服装修改办法"。这一议题的提出者是东京女子高等师范学校附属高等女子学校主任小林照朗、东京府立第一高等女子学校校长伊藤贞胜、东京府立第二高等女子学校校长铃木光爱、东京府立第三高等女子学校校长小林盈、私立日本女子大学附属高等女子学校主任松浦政泰、私立三轮田高等女子学校教导主任三轮田元道与私立成女高等女子学校校长宫田修。这些人也正是"全国高等女子学校校长座谈会"的发起人。可是，这一议题被划为"不提交会议讨论"，并未正式进入讨论环节。据会议记录记载，因时间尚有富余，汤原议长曾提及乙类第三条议题，但一百二十九号议员（私立顺正高等女子学校校长伊吹岩五郎）建议在下午的恳谈会上再展开这一议题。而由于恳谈会记录并未保留下来，讨论内容便也无从查证。简言之，尽管有人提出了女生服装修改问题，但座谈会本身并未对其展开广泛研究。

另外，女生服装也曾作为与加强体育训练相关的课题，被提至议程之中。一名委员针对乙类第十二条议题"高等女子学校学生体育训练改善办法"展开调查，并提交答复书。答复书中包括"改良女子服装，使其便于运动"，并解释道："希望地方考虑盘发与筒袖问题，选择最适宜运动的裤、衬裤与皮鞋等衣物。"在座谈会现场，八十五号议员（奈良县宇智郡五条町立五条高等女子学校校长中村常治）提出"现在的服装尤其不便于运动"，继而说明了自己学校的改良情况："本校也曾做过一两点改良。日本的服装尤其不适合运动，和服极为拖沓。因此，本校将和服开腋处延长了约一寸五分。并且为了避免束带压迫腹部，将束带位置下移。后来束带被完全废止，换上了极细的布带。"中村试图进一步推动对该议题的探讨："对于重视体育教育的学校而言，这是一个值得深究的问题。鄙人希望聆听在座诸位对改良问题的高见。"可是除中村之外，无人响应。由此可见，尽管针对改善体育训练的答复书中提出了服装改良问题，但是意见主要集中在体操教师的培育与体育时间的增加等问题上，在围绕体育的全面讨论中，服装问题仅出现一次。

座谈会提出了关于女生服装的议题，而且针对改善体育训练的答复书也提到服装改良的问题，可是座谈会并未对此展开集中讨论。在这场全国性的集会上，关于女生服装的统一方针未能确立或推行。

在座谈会上提出"女生服装修改办法"议题的东京府立第三高等女子学校校长小林盈借由在向《妇女新闻》的投稿中表达了自己对统一服装的批判性观点，"服装与社会风俗息息相关，无须因学生身份而特殊对待或限定样式"，进而提出服装"必然伴随着社会的自然淘汰，不断发生变化。因此，根据某一个人的说法或设计而规定样式是不现实的"。他并不赞成激进的改良方案，建议"最有效地利用社会最普遍的衣物"，配合社会风俗变迁的步调，渐进式地施行改革。若衣袖或袴身过长，那么缩短即可，无须规定服制，他说："学校甚至干涉学生在家中的衣食住行，实在匪夷所思。我认为只要不是教育所必需的方面，学校没有必要一一强行过问。"

与其相对，提出同一议题的东京女子高等师范学校附属高等女子学校主任小林照朗在向《女子教育研究》的投稿中说，"如今欧洲的战乱令我们感到国民体育问题的重要性和迫切性"，在女子体育的课题中指明服装改良问题。与前文提及的小林盈不同，小林照朗认为学校对女生服装改革的率先垂范有利于加快日本全体妇女服装改良的步伐。具体方针如下：

"和服具有和服自身的演变历史与优势，洋服也有洋服的发展历史与长处。两者的草率结合只可能产生匪夷所思且滑稽可笑的后果。如今的日本妇女服装确实到了必须改革的关头，直接采用朴素大方的欧美妇女服装的时机已经成熟。有一次，我偶然有幸聆听到大阪府立医科大学教授、医学博士木下东作先生对于运动的见解，并瞻仰了他设计的改良服，发现其与过去的西洋服装如出一辙，这更加坚定了我的想法。"

这一段引用明确表达了小林照朗的观点，即支持采用"朴素大方的欧美女性服装"。小林还陈述了附属女高率先解决服装改良问题时遵循的宗旨："作为附属高等女子学校主任，与诸位同僚一道全力以赴，早日谋求良策。"作为解决方法的一个步骤，他将一张附属女高学生的照片附在了向《女子教育研究》的投稿中，照片上的女生穿着上文中提到的大阪府立医科大学教授木下东作设计的改良服。

由此可见，在一九一七（大正六）年全国高等女子学校校长座谈会上提出"女生服装修改办法"议题的成员之中，既有主张渐进式改良的人，也有支持采用"西洋服装"的人，出现了各持己见、意见不一的情形。结果，尽管座谈会并未针对这一问题正式讨论，但各所女子学校各显身手，纷纷制定了解决服装问题的方针。

第一次世界大战后的女子教育旨在培养应对今后社会局势的女性。强化体育训练以强身健体，实施女子高等教育以提高女性智力，运用科学以合理经营家庭生活等话题成为社会关注的焦点。在为强身健体而开展体育运动时，服装问题凸显，由此引发的改良浪潮日益高涨。有关体育与运动服将在第三章逐步展开。而且，对科学的运用在理科与家政课等女子学校教育内容的更新中得到反映。究其原因，如果支撑家庭运转的女性掌握了科学的知识技能与思考方式，避免时间、物资与劳力的浪费，合理经营家庭活动，国家将受益匪浅。

第二章从旨在实现家庭生活合理化的"生活改善运动"出发，阐述了当时的女性服装问题以及摸索解决途径的经过。

Chapter TWO

生活改善运动
——文部省举办的各种展览会与"生活改善同盟会"的成立

　　第一次世界大战诱发一系列重大事件，扰乱了十九世纪的世界秩序与支配体系，比如总体战的战争模式、各种科学兵器带来的巨大创伤、俄国与德国等地爆发的革命与女性运动、殖民地兴起的民族主义运动以及美国势力的抬头等。在震荡的世界局势中，日本各地的粮食骚乱、佃农争议、劳动争议与普通选举运动也频频爆发，动摇了国内的统治体系与社会秩序。本章即将介绍的"生活改善运动"正是发生在日本重构国家统治体系、探索国民统合方案的时期。据成田龙一分析，这一时期，政府一方面打出政策口号，"一定程度上接纳每个人的要求，并在此基础上重构统治体系"，另一方面着手教化运动，采取"劝诫每位公民与政府市町村协调共处，增进和谐"的方针。内务省的"民力涵养运动"与文部省的"生活改善运动"属于教化活动，且两者均旨在合理地改善作为国家根基的家庭，将家庭这一私人领域公共化，实现自主性动员。

小林嘉宏解释道，生活改善运动是指一九一九（大正八）年六月，文部省设立的普通学务局第四科所推行的一种社会教育政策。最初颁布了鼓励节约与副业等三条训令，随后召开"生活改善展览会"、成立"生活改善同盟会"，明确改善生活的具体实施目标，并在各地推而广之。

之所以针对生活改善运动展开讨论，原因在于以下两点。第一，作为社会教育政策的一环，文部省举办各式各样的展览会，展出各所女子学校的衣物，这意味着女子学校是研究生活改善方式的中坚力量。通过展览会陈列的展品，可以追溯与女子学校服装相关的具体研究及实施情况。另一点理由在于生活改善同盟会是一个得到文部省认可的组织，代表了"服装改革的方针"。不同时期的同盟会成员也在不断更新，但女子教育相关人士的比例一直居高不下。考察同盟会的方针有助于深入研究关于女性服装问题的观点与方法论。这一方针也对女子学校规定制服带来了显著影响。

———

一　解决民不聊生的难题

物价暴涨与民不聊生

第一次世界大战期间，日本国内造船与机械等重工业飞速发展，船舶运输量与欧洲出口量不断扩大，由此催生了一批船舶暴发户。经济的上行走势导致物价飙升、普通民众生活拮据与社会不安定等弊病。

《妇女新闻》的多篇报道均可证实二十世纪一〇年代物价腾飞的情形："近来物价一日数涨，日用食品与厨房薪炭尤甚，与一两年前相比大约上涨了一到两倍……欧洲战乱后的三年内，各类物资价格暴涨，尤其是日用食品，平均上涨幅度高于百分之九十。"一九一七（大正六）年至一九二〇（大正九）年，百物腾贵。物价飞涨导致民生凋敝，"我国大多数国民、大多数中层阶级以下的人、特别是依靠固定收入生活的官吏及劳动人民生活在水深火热之中"。物价腾飞不仅导致劳动者与地方农民等低收入阶层的生活水平每况愈下，也威胁到了"城市新中间层"的工薪阶层。

对于这一局势，法学博士山胁玄针发表了自己的看法："食品价格飞涨是致使民不聊生的首要元凶，对人类的健康繁衍有害。如今小学女性教职工中结核病多发的原因也在于此，这在其他国家简直难以想象。而且，近年来十五岁至四十五岁女子的死亡率逐年攀升，这也是一个不容忽视的现象。一旦威胁到一国的生产力，或使国家走向衰退，将需要全体国民一齐寻求救济的方式方法。"日用食品价格高涨首先导致食粮与营养不足，继而造成劳动者患病率与死亡率上升，最终演变为影响国家支柱与国民健康的难题。大米价格的暴涨甚至改变了以大米为中心的饮食习惯，内务省卫生局曾公布"麦饭""红薯麦饭""五谷麦饭""芋面""马铃薯饼"与"糯米饼"等代替大米的具体菜谱与烹饪方法。

除了饮食内容的更换，山胁还揭露了以往购物方式的不经济性，建议利用公营市场。他认为，在城市中等家庭中，"过去，家庭主妇大多稳坐家中，等待常来常往的客商，按照他们提出的价格赊卖日用品。而在收入较高的家庭，几乎没有哪位主妇亲自上街购买日用消耗品。这种贵族习惯正是造成如今普通中等家庭生活方式不经济的主要原因"。他还解释了家庭主妇利用来往客商赊卖用品的缘由，如紧闭家门、便服、判断商品质量、日用品零售市场欠发达、携带现金等。关于服装，他谈道："穿着便服到市场采购太不方便，这也是阻碍主妇出门的一个原因。"由此可见，在为了解决物价暴涨、民不聊生的难题而重新探讨生活的各方各面时，女性服装的不便性与不经济性也成为热点话题。

鼓励节约——废物利用展览会

这一时期，解决民生凋敝的方案主要分为避免生活浪费的"节约型"与开拓副业的"增收型"。

各大杂志针对前者提出五花八门的节约途径，文部省也举办"废物利用展览会"，而且各女子学校与女性团体对如何改善日常生活展开研究。一九一八（大正七）年六月二十二日至八月三十一日，文部省在东京教育博物馆举办"废物利用展览会"，旨在"传播废物利用相关知识，抵制奢侈、厉行节约，弘扬良好风气，实现国民生活的改善与进步"。展览会的展品主要分为"家庭及学校的废物利用"与"工场等的废物利用"两类，前者包括衣物、食品、家具家什、学校用品等。与衣物相关的废物利用展品多达三十种，如将白色旧衬衫改为婴儿围兜、货签、皮鞋鞋垫或和服衬衣袖等，将旧洋服改为袜子、儿童洋服、手提袋或拖鞋等，将膝盖磨损的衬裤改为短裤或儿童细腿裤等。而且，展出方也包容万象，既有千住呢绒制造所、陆军军服总厂、东京植物纤维研究所、日本羊毛工业公司等，也有滋贺县女子师范学校、东京福利第一高等女子学校、私立日本女子大学、私立共立女子职业学校与私立实践女子学校等各地女子学校及小学。女子学校的展品数量尤其繁多，《妇女新闻》还报道了"首都女子学校竞相出展"的盛况。在以女子学校为单位重新审视日常生活、研究改善方法之际，衣服样式与穿衣生活的管理方法也被囊括在研究对象内，并且继续延伸至对服装改良问题的探讨。

鼓励副业——"副业展览会"

　　另一种确保民生的办法是鼓励从事副业或第二职业，增加收入。一九一七（大正六）年九月，农商务省农务局新设"副业科"，政府正式落实激励副业的方针。副业原本只见于农村或低收入家庭，但随着物价上扬、民力衰落，政府也鼓励城市中等家庭从事副业。东京府慈善协会、家庭职业研究会、警视厅与麻布区役所共同举办展览会，面向城市中层阶级普及副业知识，并开办讲习会、出版相关书籍等。《妇女新闻》描述了一九一八（大正七）年十月二十二日至二十三日东京府慈善协会主办的"家庭副业展览会"的情形。展览会陈列了"如制作巴滕贝克花边、编织麻绳等近来中产阶级以下女性主要从事的一百五十一种副业"。

　　另外，创办"家庭职业研究所"的龟井孝子在"最近物价攀升，仅凭丈夫一人收入已经难以维系一个普通中等家庭生活"的经济状况下，考虑到"不得不参与劳动的妇人应当从事的工作或者提供工作的合适场所都有所短缺"，由此创建了家庭职业研究所。而且，过去的副业产业弊病百出，如中介的存在导致副业从事者获得的报酬较低，或者对于努力从事副业怀有羞耻心等，今后应当"督促从事副业的人直接交易、劳有所得，并向普通妇女传播一种思想，即副业并不可耻，可耻的是浪费时间、虚度光阴，任何人都应投身副业"。鼓励副业必须首先改变中等家庭对副业的认识。一九一九（大正八）年九月，家庭职业研究会举办"副业展览会"，介绍了两百种副业，并详细展示制作方法或掌握制作技术所需的练习时间、每日的加工量、用途与经办所等，现场表演了云母剥落、袜子刺绣、扎染、花边编织、缝纫刺绣、口袋缝制、毛线编织等技术，申请这些副业的报名者蜂拥而至。

如上所述，政府机关与民间组织积极着手研究节约办法、提供信息、普及副业，齐心协力地解决物价飞涨带来的民生问题。

———

二　文部省的训令与废除制服的通牒

文部省的训令

举办"废物利用展览会"一年后，文部省又在一九一九（大正八）

年六月新设承担社会教育工作的普通学务局第四科。第四科的第一项成果便是在同一年七八月间签署第六号（粮食增产与普及代用食品）、第七号（鼓励副业）、第八号（节约消费）三则文部省训令。

一九一九年七月二十八日，第四科签署第六号训令，对粮食增产与普及代用食品加以说明。粮食增产与普及代用食品离不开国民的自觉与理解，需要教育培养。教师自主研究该类课题，领会政府与学者提议的方法，并将其应用于教学，鞭策学生理解食物问题并付诸实施。

同一年八月六日，第四科出台鼓励副业的第七号训令。这则训令旨在敦促教师以身作则，向学生及家长宣扬勤劳的难能可贵。"家庭职业研究所"的龟井孝子列举了以副业为耻的危害，第七号训令也试图打破贱视劳动的"陋习"与想法，鼓励国民积极参与劳动、开展副业，而承担这一任务的就是教师群体。教师中也存在因薪水低而生活拮据的情况，因此东京府下令支持教师家属开展副业。鼓励副业一方面起到为学生与家长树立典范的作用，另一方面也是一种谋生手段。

同年八月十九日，第四科又颁发告诫节约消费的第八号训令。该则训令表示"当务之急是培养杜绝浪费、厉行节约的美德"，提倡在日常生活中节省物资、时间与劳力，并期待教师担负起培养杜绝浪费、厉行节约习惯的重任。同时，该训令还建议尽量酌减礼服或盛装等形式化服装，提倡注重便利性与实用性的方针。总而言之，第八号训令督促学校实施全面节约，包括学习用品、服装、仪式等诸多方面。

废除制服的通牒

为解决物价飙升导致的民生问题，文部省还在一九一九（大正八）年十月明确废除制服的方针，并向各地方厅发出如下通牒：

"尽管先前曾经出台关于儿童与学生服制问题的相关训令，但在物价飞涨的今天，统一服制为家长造成明显负担。因此本省决定趁此时机，废除中学及以下各校的统一制服，允许学生穿用洋服或和服等便服。另外，今后着装应更加崇尚朴素、注重实用。望各地遵从上述宗旨，采取合宜措施。"

可见，废除制服的方针是出于对家庭负担的考虑。对此，文部次官南弘补充道：

"如今，物价高涨，备齐冬夏服装、外套与皮鞋等将耗费高额成本。这无疑为学校教育的普及带来极大阻碍，新生的家长尤为不易。因此，本省坚决废除中学及以下学校的制服，学生的装扮交由家长自主决定。可是，如果因为废除制服反而导致儿童或学生的行为缺乏节制，放任自流或堕于华美奢侈，为日常生活带来不便，则与本宗旨相悖。因此望大家尽量以朴素为原则、以实用为首选。"

文部省一方面对制服管制学生行为、抵制奢华的作用与便捷性表示认可，一方面也认识到制服带来的经济负担，出台了废除制服的方针。虽然文部省通牒表示和服与洋服皆可，但在下文即将介绍的关于是否赞成废除制服的讨论中，话题逐渐演变为"废除制服 = 废除洋服 = 起用和服"。下面是赞成废除制服的一种意见。

"不知从何时开始，穿制服上学已然成为理所应当、众所周知的惯例，一时之间学生家庭开支剧增、生活愈发穷困潦倒。尤其是毛织品价格异常高涨的今天，调整制服百利而无害。曾经，哥哥小时候的衣服可以留给弟弟穿，而如今即便在普通家庭，衣服也只有一年的寿命，之后又不得不支出高额费用添置新衣，实为铺张浪费。因此，本人赞成放宽规定、允许学生穿和服。"

新制洋式制服需要高额费用，而且毛织品等面料的价格暴涨，随年龄增长又需重新购买，这些问题可能进一步加重经济负担。"本人"从洋服的经济问题出发，赞成"放宽规定、允许学生穿和服"。山形县立新庄中等学校的一位学生家长也支持废除制服。

"到现在为止，山形县立新庄中学执行统一制服制度已有三年多了。正在快速发育的孩子们不可能五年内只穿一身衣服，而新制制服又对家长造成了难以忍受的负担，所以家长们得知废除制服的消息时无一不笑逐颜开。（略）洋服（略）一旦不合身，就不得不重新制作新衣。但是和服可以剪裁，或者改成内衣。袴也可以趁暑假期间重新缝制。以前，如果家里有一个正处在发育期的中学生，每隔几年就得新做一件洋服。（略）每到孩子三年级的时候，我们就得再备一套新的夏冬制服，实在苦不堪言，因此听到废除制服的消息，终于松了一口气。"

洋式制服给家庭带来了沉重的经济负担，这位家长对废除制服的通牒表示欢迎与支持。在山形县立新庄中等学校执行了三年多的制服规定后，地方政府开始关注各家庭的经济状况。

但是，《妇女新闻》登载的一篇社论表示反对废除制服的方针。该篇社论引用了一位中学生母亲的意见。

"现在，一件小仓洋服也就十五日元，但是一件久留米白点花布和服外褂就要花十五日元，而且还需要和服与袴。虽然洋服也得配皮鞋，但是皮鞋的价格也无法与和服、袴的价格相比。而且有制服的话，就不需要另做礼服，但是一旦没有了制服，参加社会仪式的时候总不能穿着便服，这样算来也要准备不少服装。所以相比之下，反而是制服更省钱。"

这位母亲认为因质地与款式等原因，新制和服比洋服的花销更高。社论对这一意见表示赞同："不言而喻，就新制整套服装而言，洋服比和服更经济"。除和服与洋服的经济性之外，社论还叙述了关于制服的另一种看法。

"最初制定制服制度是出于规范、卫生与防止奢侈，倘若未发现抵消这三点的其他理由，就不应贸然废除。如今，多数中学校长明确表示上述三点问题依然存在。可是，文部省并未征求当事人的意见，而仅仅出于减轻家长负担这一点理由，便骤然下令废除制服。如前所述，这一举措无法真正减轻家长的负担，文部省当局应当对此承担相应责任。"

社论表示，除经济性以外，制服还包含"规范、卫生与防止奢侈"的效果与意义，即便仅从经济性一点出发，该举措也未必行之有效。人们的视角与出发点不同，制服的效果与意义也大相径庭。换言之，围绕文部省废除制服的方针出现了赞成与反对的两种论调，制服的多重性特质逐渐凸现。

　　在围绕文部省废除制服的通牒、即"废除洋服＝穿用和服"的讨论中，东京府立第一高等女子学校校长市川源三对各类论点展开论述，并对文部省的意图做出解读。首先，制服拥有两层含义。第一层是"严格意义上的军队式制服"，第二层是"大受学校欢迎的服装"，文部省废除制服的方针主要针对前者，而非废除洋服、改换和服。市川将文部省废除制服的意义阐释为"旨在提倡着装自由，所谓'自由'指的是不限定洋服或和服，只要质地及缝制简单质朴即可，目的仅在于废除不合时宜的统一主义"。市川本人也支持淘汰军队式的统一制服。他列举了数条理由，比如统一规定服装的制度会在学期初产生费用，对于临近毕业的学生而言得不偿失，放宽限制后便可暂时借用父母或兄弟姐妹的旧衣。另外，他认为制服形成的规矩是"机械僵化的束缚，无法令人肃然起敬"。他还建议区分校服与运动服，如此便可以驳倒"不穿制服就不能运动"这一套反对废除制服的理论。综上所述，市川将文部省废除制服的意图解读为"取缔统一服制"，他还建议区分运动服与校服，提倡学生着装自由，具体装扮可根据家庭情况自主选择。但是，着装自由并非毫无限制。他提醒道："约束高于制服的自由，不拘束低于制服的自由。"市川所谓的"高于制服的自由"与"低于制服的自由"如下所述：

　　"废除制服归根结底是服装的自由，包含两层含义。即可以自由穿用比制服档次更高的高档品与可以自由穿用比制服档次更低的低档品两种情况。高于制服的衣物可能近于奢侈，而低于制服的衣物则可高枕无忧。高于或低于制服不易辨别，只能由教师逐一排查。但是这样一来又不免流于繁琐，因此大多数学校都限制着装自由，规定整套制服。如果可以接受繁琐的检查，自由着装其实更能够锻炼人。原因在于，个人性格、兄弟姐妹的人数、父母的职业以及由此导致的家庭生活差异使得人们对于服装是否方便的认识难以统一。"

着装自由包括高于制服的自由与低于制服的自由。市川提醒学校不要放宽高于制服的自由，但也指出如何判定是一大难点。换言之，制服节省了教师判断学生服装是否合适的精力。反之，自由着装必然伴随着教师判断每位学生的服装是奢华还是朴素、继而辅以教导的工作负担。不过从学生角度出发，这也为她们依据自己性格与家庭状况选择合适着装提供了锻炼机会。深入解读发现，市川提到的"锻炼人"不仅针对学生，也包括教师对学生的教导能力、对服装的判断能力等含义。在制服制度要求下，学生、家长与教师可以对着装问题不闻不问，但在废除制服后，他们将不得不做出判断。

——

三 家政科学展览会

家政科学展览会的宗旨

一九一八（大正七）年十一月二日至一九一九（大正八）年一月

十五日，文部省以"普及家庭衣食住行、卫生育儿等家政相关的科学知识，与时俱进地改善家庭生活"为宗旨，举办"家政科学展览会"。家政科学展览会与前文提到的"废物利用展览会"不同，明确地提到科学思维与方法论。科学进入家庭并非仅仅为了解决目前的民生问题，也隐藏着赶超欧美家庭经营效率与欧美女性能力素养的目标。东京教育博物馆馆长栅桥源太郎值展览会召开之际发表如下讲话：

"毋庸置疑，家庭的健康发展实际上是国家富强的基础。（略）因此，追求国运昌盛归根结底需要的是改善家庭与创新家政。只有如此，国家才会走向繁荣。

"为了解决当前的问题，首先必须分析国内的家庭状况。我们发现，它确实处于一种十分可悲的状态。受到近年来的时局影响，以产业界为首的全社会上下逐渐热衷于运用科学。（略）然而走进家庭后却发现，科学毫无权威性可言，家庭依然处于非科学的、幼稚的阶段。（略）因此，如今的家庭在时间上与劳力上都是极其不经济的。"

栅桥首先将家庭置于国家发展根基的地位，不过现在仍处于"非科学的、幼稚的阶段"。今后家庭的"衣、食、住、卫生与育儿等方面一旦沐浴了科学的光辉，一切问题自然迎刃而解"，而且他积极主张科学走进千家万户："为了创新并改进我国家政课程的教学方法，当务之急是提高科学性。"如上所述，家政科学展览会重视科学知识与方法论，收集、展出了改进家政的各种参考样品与研究资料。

展示衣物

　　家政科学展览会的参展品种主要分为饮品食品、衣物、住宅及家具、家政教育、疾病、育儿养老与迷信，共计一百七十七件展品。其中，与衣物相关的展品有二十五件（表3-1），由陆军服装总厂、日本红十字会、山林局、工商业学校、女子学校、妇女团体、个人与公司等各行各业寄送衣物样品、衣物面料、保温、染织、缝纫、洗涤、害虫标本等参考样品与研究成果。最大的参展方是十八所女子学校，四名参展个人均为女性。这意味着女性开始从科学观点出发对衣物展开研究。

　　《新家庭》临时增刊，推出展览会专集。大多数女校的展品为服饰实物标本，可分为儿童服装、女子运动服及制服、改良妇女服三类。尤其是运动服，贯彻了该时期加强体育运动的女子教育方针，是最适合女校的一类题材。以下将简要地介绍几件展品。

　　大阪府女子师范学校展出一件运动服（图3-6）。这是一件"搭配外衣与运动衫的复式裙装"，运动时穿裙子配运动衫，剧烈运动时穿裤子配运动衫，冬天则加外衣。而且，运动衫还可用作背心，运动时可脱去外衣（长和服），与裤搭配。这一服装具有三个特点，"缝制简单且舒服，全身保暖且卫生，便于清洗"。该校的运动服可以根据运动强度或季节变化进行调整，还可以代替和服内衣。该校参考了内衣构造，研究了内衣的穿着习惯，然后才着手设计运动服。

　　和洋裁缝女子学校展出了一张"和洋服的经济性比较"表，汇总整理了七至八岁女童一年内所需衣物的种类、布料、长度、单价、价格与缝制时间（表3-2）。仅就合计金额而言，和服约六十八日元、洋服约三十三日元。和服的缝制时间为六十四个小时，洋服为四十四个小时。从时间与金钱的角度出发，洋服更经济实用。不过，"和服"还包含外褂与防雨斗篷，但"洋服"却未将相当于外褂与防雨斗篷的服饰包括在内，也就是说比较基准存在不科学的部分。这种对照表更适于解释和服的不经济性，而且时间与金额的基准简单明了、说服力强。

神奈川县立高等女子学校则展示了洗衣方法的种类以及棉类、丝绸、毛织品等不同质地的洗衣方法，比如白色棉类衣物的清洗顺序为"预洗、主洗、洗涤、湿洗、增白、上浆、甩干"。该校同时展示了适合不同衣物的洗剂、分量、浸泡时间、清洗方法与次数等。该校将化学知识应用于衣物的管理方法中，继而探讨行之有效的方法论。

女子学校在家政科学展览会上展示了儿童与女性服装的改良方案及衣物的管理方法，她们从科学观点出发，积极深入地研究家政与生活。尤其是对于运动服与制服，将其视为女生自身的问题，以女子学校为单位予以解决。

除女子学校外，两位医学博士的夫人也参与了这届家政科学展览会。入泽常子设计了一款"东西结合的服装"（图3-7），"白色汗衫源于西洋女性服饰"、"外褂是缩短日本现有外褂的袖子与衣身长度，并裁掉衣带以下衣领部分后的样式"。冈田德子展示了一件"朝鲜妇人服"，她高度评价了朝鲜服装，认为与日本服装相比，朝鲜服装在表示身份、外形、卫生与行走方面更胜一筹，"姿态极其优雅，即便身材矮

图 3-6 大阪府女子师范学校的运动服
（《新家庭》3 卷 12 号前插图 1918 年）

图 3-7 入泽常子设计的改良睡袍
（《新家庭》3 卷 12 号前插图 1918 年）

表 3-1 家政科学展览会的衣物参展品种

衣物	
品种	**参展方**
衣物的害虫标本	陆军服装总厂
日本红十字会救护队的护士服与防寒服 美国红十字会定做的产儿服等	日本红十字会
金合欢制改良帽子	山林局
布料质地及染色类参考样品	东京高等工业学校
布料质地的显微鉴别	小樽高等商业学校
家用染色物的坚固度实验结果及其他	东京府立八王子织染学校
衣物保暖性调查表	东京府立第一高等女子学校
衣物的害虫标本、女童运动服	大阪府立清水谷高等女子学校
儿童服装	大阪府女子师范学校
改良带、儿童运动服、各类衣物保暖性实验调查表	神奈川女子师范学校
姬山扎染的实习照片及扎染布、一套打扫用工作服及其他	兵库县立姬路高等女子学校
女生工作服与运动服	福冈县女子师范学校
颜色参考图、穿裤方法的优劣、儿童的卫生帽与洋服	三轮田高等女子学校
女生制服及其材料	跡见女子学校
实用妇人服、改良带、和服内衣、幼儿睡衣、儿童夏季洋服	东京高等女子学校
妇人工作服与运动服	神奈川县立高等女子学校
第一代和服	东京裁缝女子学校
适合日本儿童的洋服、洋服帽子手套皮鞋的保管护理方法、毛袜的除湿工具、熨斗板、洗涤用玻璃板	青山女子学院
科学经济的洗涤去污法	共立女子职业学校
简易生活（图表）	实践女子学校
和洋服的经济性比较及兼顾经济与卫生的儿童服	和洋裁缝女子学校
女生及儿童服	女子美术学校
女子工作服	东洋高等女子学校

改良服	同志社女子学校
衣物材料一览（表）	兵库女子普通高等小学
衣服及布料制度的改善	家庭经济妇人会
朝阳妇人服及儿童服、朝鲜洗涤工具等	医学博士夫人冈田德子
妇人改良服、改良带及其他	医学博士妇人入泽常子
新料缝制的儿童服	羽仁原子
学生工作服	三角锡子
改良服	报知社
衣料质地研究	岛津制作所株式会社
家庭害虫	山越工作所
洋服与和服的洗涤顺序及家庭用具	能新社
我国家庭使用的缝纫机（野口保兴选择）	胜家缝纫机裁缝院

参照江幡龟寿编著《社会教育的实证研究》（1921 年，第 126 至 128 页）制成此表

表 3-2 和洋服的经济性比较（和洋裁缝女子学校）

小学生（7、8 岁的女童）一年内所需衣物				
和服			洋服	
单衣	4 件	长衬衣	2 件	夏服	2 套
夹衣	1 件	贴身衬衣	3 件	冬服	2 套
棉衣	2 件	内裙	4 件	围裙	3 件
外褂	2 件	衬衫	2 件	夏季内衣	2 套
带	1 条	细筒裤		冬季内衣	2 套
袴	1 套	雨斗篷	1 件	汗衫·衬裤	2 套
合计金额（和服）67.857 日元			合计金额（洋服）32.96 日元	
缝制时间（和服）64.2 个小时			缝制时间（洋服 44 个小时	

参照《新家庭》第 3 卷第 12 期（1918 年，第 38 至 41 页）制成此表

小之人也会显得高挑苗条"。明治时期设计改良服时也曾参照中国服装与朝鲜服装，在家政科学展览会上再次被作为参考对象。不同之处在于，设计者不再是男性医生，而是其夫人。

——

四 "生活改善同盟会"的创建与服装改进的方针

生活改善展览会

自一九一九（大正八）年十一月三十日至一九二〇（大正九）年二月一日，东京教育博物馆举办"生活改善展览会"。生活改善展览会同家政科学展览会相似，旨在"改善不合理的生活方式、弥补科学知识的不足，为国家发展做出贡献"。与家政科学展览会的不同之处在于添加了"欧式生活方式的引进带来不协调、不经济的双重生活"这一表述。

生活改善展览会上的展品囊括"衣食住""礼仪、社交、公德""家庭副业"与"杂"等多个门类。与衣服相关的展品有二十六件（表3-3），除女子学校与个人外，参展方阵容又新增松坂屋绸布店、三越绸布店洋服部、高岛屋绸布店、白木屋绸布店等绸布店。展览内容也添加了日、欧、美对比的研究材料，如和洋裁缝女子学校的"内外国人妇女服饰对比图表"，基督教女子青年会的"美国女生服装一览""日美女生服装对比表"，以及东京女子大学的"日英主妇服饰对比图表"等。参展品种最多的是改良服样品，其中包括百货店或绸布店提交的样品。三越绸布店洋服部展出了山胁高等女子学校于一九一九（大正八）年设计的"学生制服"。各大报纸、新闻、杂志均报道了参展品的具体情况。

下田歌子与本野久子设计的妇女改良服由松坂屋绸布店制作，并交由实践女子学校出展。改良服由"综合古代细长便服与披风样式"的上衣、裤、"结合古代女式木屐与现代希腊鞋"的皮鞋与模仿"高祖头巾"的帽子构成。《妇女新闻》的一位记者对此提出严厉的批评："这样的改良服究竟哪里实用了？令人百思不得其解。（略）在我看来，这只不过是对古代妇女服饰的盲目崇拜。"

《读卖新闻》报道了坂本花代参展的美国女生服装。它被归为"美国女生服装一览、日美女生服装对比表等"门类，因参展方为基督教女子青年会，可以推测坂本亦是该会的一名成员。坂本认为日本女生"与美国女生截然不同。她们的长袖和服色彩鲜艳，连发型都给人一种少女的感觉，一点儿也不像学生。众所周知，美国女生接受男女混合式教育，也许正因此才显得更加生气勃勃，她们身上散发着成熟的女性气质。当然，女性理应给人女人的感觉，但是学生时代又应表现出独特的学生气质"。据坂本称，美国女生服装的款式是在衬衫外穿一件"马甲"，下穿一条打底裙与一条蓝白条纹棉裙，外套一件中长款深蓝色外衣，再戴一顶帽子。坂本评价美国女生服装"看上去神清气爽、赏心悦目"，对日本女生服装则提出了有关色彩的建议："虽然无法断言哪一种才是最好的，但是我认为让色彩更单纯是最关键的。"日本女生给熟悉美国的人们留下"少女"的印象，而这种印象来源于服饰的颜色、长袖和服与发型。与之相对，美国女生更强调"学生气"而非"女性气质"，给人以清爽的感觉。

由此可知，生活改善展览会从与欧美比较的观点出发，展出了各式各样的展品与改良服。另外，家政科学展览会上的朝鲜服装如昙花一现般销声匿迹了。

对于该展会展览的妇女服装，《妇人公论》评价道："服装改良举步维艰，如果偏重实用则有失美观、如果侧重美观又不利节约，往往难以两全其美"，并对下田与本野的改良服提出质疑："从设计上看，会客服完全仿照了日本古代服装与中国服装。固然韵味十足，但一旦涉及经济性的问题，又不得不划上一个问号。"值得一提的是，曾有一位记者对服装改良与美学发表了以下看法。

"如今，日本女性的会客服与便装（不含工作服与运动服）在外形上并没有太多的改良空间。无论衣服本身有多少残缺之处，无论怎样改良服装，只要不对住宅进行根本性的改良，都不可能获得预期效果。有人提议在改良住宅之后采用洋服制度，但是改良版的日本女式洋服在欧美人看来恐怕格格不入。因此，如果一定要开展根本性的改良，笔者推荐无论在美学方面还是在运动方面都为人交口称赞的朝鲜服装。"

也有一些学者不时地提出这一主张，即服装的根本性改良必须伴随住宅的改良。这位记者解说道，在住宅改良遥遥无期的今天，日本妇女服装"并没有太多的改良空间"，并否定了以往采用袴、废除带或改良袖等更改女性服装外形的方案。换言之，保留和服构造。如果根本性的住宅改良得以落实，这位记者推荐引进朝鲜服，而非洋服。他（她）认为朝鲜服满足了美学与运动的需要，堪与洋服匹敌。

纵观日本近代服装变迁史，此时出现了两个有趣的现象。第一是停止改良和服，第二是引进朝鲜服，舍弃洋服。如果从以洋服化为前提的历史观出发，这两点极易被忽视。当时的女性服装面临两条道路，继续改良和服与采用除洋服以外的服装。如果当时选择第一条道路，也许传统和服的样式无法保留至今。正是由于放弃了对和服的改良，所以二十世纪二十年代的洋服化也伴随着和服样式的保留。现在看来，日本人穿朝鲜服不免匪夷所思，最终可能被当作少数人的意见而置之不理。但在二十世纪〇〇年代，关于朝鲜服的话题层出不穷，朝鲜服也成为设计不同于洋服的东方款式时的参考对象。尽管并未得到广泛普及，但日本对朝鲜服的持续关注发生在亚洲观与服装观相交叉的近代，对该现象的深入探究将有助于捕捉异于洋服化的新视角，继而重新审视日本近代服装变迁史。

生活改善同盟会的建立

一九二〇（大正九）年一月二十五日，生活改善展览会召开期间，"生活改善同盟会"成立。同盟会是以文部省为主导、以东京教育博物馆为据点创立的半官方半民间性质组织团体。会长由伊藤博邦（公爵）担任，干事包括市川源三（东京府立第一高等女子学校）、嘉悦孝子（日

表 3-3 生活改善展览会的衣物参展品种

衣物	
品种	**参展方**
内外国人妇女服饰对比图表 改良带、老人被	和洋裁缝女子学校
美国女学生服装一览 日美女学生服装对比表及其他	基督教女子青年会
日英主妇服饰对比图表	东京女子大学
日英主妇服饰对比图表	青山女子学校
三角女士的草案（纺织品制度的改革）	东京家计讲习会
麻丝纺织衣物材料及成品	东洋麻线纺织株式会社
改良服、孕妇服、产妇服	樱井国子
改良女生服与妇人服	户板裁缝女子学校
改良妇人常服与女生服 改良短布袜与产褥	奈良女子高等师范学校
下田、本野两位女士的改良妇人会客服与常服草 案等	松坂屋绸布店 实践女子学校
改良妇人工装 家居服与会客服	妇人之友社
改良妇人筒袖服与旅行用床单	加藤崎子
山胁高等女子学校草案（学生制服）	三越绸布店洋服部
改良儿童服与袖口的家用洗涤法等	东乡昌武
土屋医学博士妇人草案（改良女童服及其他）	高岛屋绸布店
改良儿童服	东京府青山师范学校附属小学
改良儿童服	和歌山县女子师范学校附属小学
改良女生服	成女高等女子学校
尾崎芳太郎草案（各类经济服与改良服）	白木屋绸布店
改良妇人服	日本女子实务学校
吉田女士草案（改良女童服、运动服及妇人内衣）	小野商行
旧衣再利用的女生洋服与改良内衣 改良皮鞋等	高木铎子
衣物研究品种、衣物的害虫及菌类 衣物保管药品等	陆军服装总厂
纸丝及其产品	日本夏帽株式会社
纸布织物等	清水久次郎
改良女童书包	鸟取县仓吉实科高等女子学校

参照江幡龟寿编著《社会教育的实证研究》（1921 年，第 152 至 154 页）制成此表

本女子商业学校）、吉冈弥生（东京女子医学专业学校）、三轮田元道（三轮田高等女子学校）等女子教育相关人士以及文部省的棚桥源太郎、乘杉嘉寿、内务省的天野藤男、家政经济研究会会长野口保兴等。与展览会的举办目的一致，同盟会旨在通过齐心协力改善日常生活，助推国家发展。同盟会的活动主要包括进行与改善生活相关的调查、举办演讲会与展览会、出版杂志图书等。其中，负责调查工作的是"住宅改善调查委员会"、"服装改善调查委员会"与"社交礼仪改善调查委员会"。该会还向全国各官厅、公共团体与学校赠送同盟会章程及《住宅改善方针》、《服装改善的方针》的复印件，并大范围派发《对待外国人的做法》与《借还相关的改善条例》等小册子。另外，在一九二〇（大正九）年五月"时间展览会"召开期间，同盟会将六月十日确定为"时间"纪念日，在全国广泛宣传尊重时间、严守时间的思想，并深入各地召开与改善生活相关的演讲与展览会。

改善服装的方针

　　服装改善调查委员会就服装改善问题展开多次磋商，并于一九二〇（大正九）年八月制定《服装改善方针》。其在序言中写道："本调查报告基于服装改善调查委员会的调查结果，针对我国国民未来的服饰与过渡期的服装改善问题，制定基本方针。具体细节有待后续调查，但改善国民生活是当前首要任务，解决这一问题刻不容缓。因此，委员会决定便宜行事，在完成调查之前，择取已经结束调查的部分印刷出版，面向全国发行，以供参考。"这揭示了委员会在细节调查完成之前公布了大致方针。

《服装改善的方针》列举了以下二十二位委员会成员：委员长东京帝国大学教授医学博士横手千代之助、副委员长成女高等女子学校校长宫田修以及入泽常子、市川源三、井上秀子、滨幸次郎、东乡昌武、渡边滋、龟井孝子、嘉悦孝子、可儿德、吉冈弥生、田子一民、棚桥源太郎、乘杉嘉寿、野口保兴、野中正、齐藤佳三、齐藤俊吉、樱田节弥子、北丰吉、三轮田元道。成员包括医学博士与教育相关人士、文部省及内务省官僚、妇女团体理事、经济会会长等各界人士。

服装改善的方针由"男子服装相关事项""女子服装相关事项""儿童服装相关事项"与"全体服装相关事项"四部分组成。男子服装与女子服装"渐进地转变为衣袴式"，儿童服装则"尽快地转变为洋服式"。"衣袴式"与"洋服"对立，是"世界共通的"。"大多数情况下，衣袴式的男式洋服略胜一筹，但也不能不管不顾，一味地推行洋服"，由此可以推测"衣袴式"指的应该是上下衣独立的套装样式。该方针主张今后的男子服装"区分衣与袴，衣采用筒袖，将袴裁剪出两条贴身的裤腿"，这样不仅节省布料、方便洗涤与缝补，而且便于运动。方针并未盲目推崇洋服，而是借鉴了"衣袴式"原理，为将来的服装改良留下余地。

女子服装也采用"衣袴式"。虽然洋服"是当今世界上比较理想的服装"，但是大部分人反对原封不动地照搬洋服。理由有三："第一，我国女性身材矮小且上身偏长、下身偏短，洋服装扮显得不伦不类；第二，工服或便服使用洋装尚且可行，但若用于社交场合，将导致人们一味追求时尚、盲目攀比，造成巨额花销与难以承受的经济负担；第三，洋服本身的结构存在明显缺陷，其他国家或许已经有所认识。"因此，今后日本的女性服装应当"不为旧习俗、旧样式所束缚，取洋服之长、补和服之短"，采用"在卫生、经济与实用等方面更合理、且符合我国审美观与国民性的衣裤式改良服"。另外，方针还提到发展"衣裤式"的过程包括"缩短妇女便服袖长，裁剪带宽，减小前襟尺寸，尽量穿裤，减少衣服身长，且使用洋式内衣"。

出于对运动的考虑，方针主张儿童服装采用洋服。洋式儿童服装"不仅方便运动，在经济方面也比普通和服更加经久耐穿，具有明显优势。另外，还可以直接将现在的和服布料改制为洋服"。

对于全体服装，方针提议：剪裁方式、缝纫方法与穿衣方法等不拘旧习，合理改进；取消"和服"分类，废除棉衣与套装，改穿衬衫或衬袄；废除原来窄幅短尺的纺织品规定，改为宽幅长尺。

如上所述，委员会于一九二〇（大正九）年八月公布男子服装与女子服装采用"衣裤式"、儿童服装采用"洋服式"的方针。女生服装位于儿童服装与女性服装的过渡阶段。女生处于从孩子向成人转变的时期，她们无法摆脱儿童服装的影响，同时也发挥着推动妇女服装改良的作用。

"衣袴式"向"洋服式"转变

一九二〇（大正九）年的《服装改善的方针》提倡男子服装与女子服装采用"衣袴式"，儿童服装采用"洋服式"，但经过后续的细节调查，一九二三（大正十二）年刊行的《生活改善调查决定事项》却将男子服装与女子服装的样式调整为"洋服式"。

《生活改善调查决定事项》的"男子服装相关事项"中提道："当今世界的主要趋势仍然是采用衣袴制。欧美是这样，中国也是这样。从理论上讲，衣袴式的确是最佳方案。既然如此，男子服装理应选择衣袴式的洋服，这点毋庸置疑。"尽管列举了欧美与中国两个实例，但最终依然提议采用洋服。这与一九二〇（大正九）年的《服装改善的方针》略有差异。经过一九二〇（大正九）年的细节调查以及时代与社会的变迁，采用洋服的方针最终确立下来。

同男子服装一样，女子服装也采取"洋服式"的方针。其间的原委如下所述：

"人人都认为今后的儿童与男性将穿洋服，但一谈到女子服装，却众说纷纭。洋服不合适且为时过早，但是传统和服更不方便、不合适。因此人们一直努力研究改良服，然而到了实际推行的时候，却没有人愿意穿。明治和大正年间，社会上涌现出了各种各样的改良服。可是没有哪一款足以风靡全国。因此退一步分析这个问题，也许女子服装应该与男子、儿童服装一样采用洋服。对于洋服的反对意见层出不穷。其中之一是日本女性身材矮小，上身偏长、下身偏短，洋服装扮显得不伦不类。

但若照此类推，男性亦然。而且如果从孩子开始习惯洋服，也许会越来越顺眼。第二点反对理由是认为洋服适合作为工服或便服，但若用于社交场合，将导致人们一味追求时尚、盲目攀比，造成巨额花销与难以承受的经济负担。不过这只是极端的个例，而且如此说来，和服可能更具危害性。第三点反对理由是洋服本身的结构存在明显缺陷，其他国家或许已经有所认识。坚持取长补短的思路，便可以避免这一危害。简言之，任何事物都不是完美无缺的。因此，女子服装应当采用在礼仪卫生、方便经济等方面具备更多优势的洋服。"

上文针对《服装改善的方针》提出的反对理由逐条加以解答，最后表明没有完美无缺的服装，提议采用具备更多优势的洋服。上文否定了以往的改良尝试，"退一步"选择洋服。洋服被确立为女性服装并非一蹴而就，而是经历了一个不断摸索的过程：首先反复尝试改良服装，然后否定这些改良尝试，最终放弃改良和服。一言以蔽之，采用洋服是否定改良服与放弃改良和服之后的选择。

生活改善同盟会为改善服装提供了具体的目标与方向，将女性服装的方针从"衣袴式"调整为"洋服式"，同时也成为今后穿衣生活的指导原则。该方针公布之后，一些对洋服表示抵触与困惑的地方女子学校也接受了采用洋服的根据与理由，从而下定决心付诸实行。

那么，女性服装究竟如何变更为洋服？下一章将从理论与实际两方面分别考察从袴向洋服的演变过程。

Chapter THREE
二十世纪二十年代服装样式的调整——从裤转向洋服

在讨论二十世纪二十年代女生服装的变化之前，首先将第一次世界大战给日本带来的影响划分为两大类。第一章与第二章分别介绍了女子教育的相关理论与旨在实现生活合理化的"生活改善运动"。在这样的时代背景下，高等女子学校为了赶超欧美女性的体力与智力，开始研讨运动的展开，学习科学节约的家政管理办法，并要求女生服装具备功能性、经济性与合理的打理方式。由此，各所女子高校纷纷针对服装改良与穿衣生活进行研究。有关成果在文部省主办的"生活改善展览会"及各校举行的义卖会、成绩发布会上展示，有的学校则开始推行运动服或制服。女子体育运动的强化与生活改善的热潮使得女生服装改良问题的研究更加活跃，加速了二十世纪二十年代女生服装向洋服的转变。

如第二部所述，二十世纪〇〇年代，三岛通良与伯尔兹等人积极研究女生服装的改良问题。他们主要从医学观点出发，对服装卫生与功能方面加以改良。三岛与伯尔兹指出了和服的带、裾与袖存在的问题，其他学者也总结了许多服装改良方案。其中，袴被公认为有助于缓解裾与带的弊端，得到了女生的顺利接纳，并在二十世纪〇〇年代普及至全国各地女子学校，逐渐成为代表女生身份的特定服装。不过，服装改良问题并未得到根本解决，长袖与纽带对躯体的桎梏仍未有所改善，而袴的长裾与穿戴位置又引发了新的弊端。

在不断探索改良女生服装的功能性与卫生性的同时，也引发了学校生活与校外活动的风纪问题。二十世纪〇〇年代，"堕落女生"问题频频暴露，为了便于在校外指导学生并与"伪女生"区分，校方增加了识别本校学生的徽章。学校标志包括袴的颜色、袴的线条（袴章）、腰带或胸章等，这些不仅起到表明学生所属学校的记号作用，而且佩戴在身上也有助于培养学生的自觉意识以及对学校行为规范要求的重视。另外，学校为了应对女生服装堕于奢华的问题，制定服装要求，限制衣料质地与袖长，规定女生服装的样式与规格。二十世纪〇〇年代，考虑到女生服装趋于奢侈的危害，出现了建议穿用棉服、取消长袖和服以及统一质地与服装样式等的提案。对服装靡费问题的重视与徽章的制定是推动制服确立的主要动力。

女生服装表现了功能与卫生方面的服装改良与学生指导方面的服装规定这一双重问题。这两层含义也在二十世纪二十年代的服装改良趋势中得到继承。

一 女子学校的制服问题——二十世纪二十年代后期的服装争论

大阪对服制与发型的统一（一九一六年）

　　二十世纪〇〇年代的女生制服制定论以遏制服装奢华与制约女生对服装的"虚荣心"为主要论点。在这一趋势的影响下，各所女子学校制定了约束材质与袖长、统一袴的颜色、制定徽章等服装要求，并相继规定制服。一九〇四（明治三十七）年，文部省创建"体操游戏调查委员会"，展开了对女子体育相关事项的调查与对运动服的设计。当时，井口亚栗设计的运动上衣搭配灯笼裤的仿水手服款式运动服被选为参考款式并加以展示，不过除了部分女子师范学校以外，并未充分普及。随着推广女子体育的时机日益成熟，女子学校开始尝试改进发型与服装的功能性。各地女子学校从服装要求与运动功能两方面，着手解决对学生服装的改良课题。

　　媒体再次关注女生服装问题与制服制定论是在一九一六（大正五）年。同年二月至三月，《读卖新闻》与《妇女新闻》均刊载了各所女子学校校长与教员对制服问题的看法。日本女子大学校长成濑仁藏称，引发制服争论的契机是同年大阪统一服制与发型的举措。成濑提到的"大阪统一服制与发型"，指的是大阪府各所女子学校根据协议统一学生发型与服装一事。具体内容包括"一年级学生留垂髻、穿元禄袖和服，二年级学生也留垂髻、穿元禄袖和服，但刘海稍微蓬起，三年级以上的学生留束发、穿一般袖长的和服"。制定制服的始末与实施情况已经无法考证，但是从规定内容可以推测出大阪府考虑到了运动问题，并征得了各年级学生对服装与发型的同意。低年级学生正处于身体发育期，穿袖子较短、功能适用的元禄袖，配以垂髫，而非用油固定的盘发，而且一年级与二年级的发型梳理方法有所区别。高年级学的袖长与一般女性无二，但是留束发、而非日本发髫。第二部也曾提及，日本发髫的弊端包括无法每日重新梳扎、不得不随时警惕以防破坏、无法灵活运动。大阪的这一举动引起了东京女子学校与女子教育家的关注，各大媒体也刊登了她们对此的意见。

成濑仁藏的《女子学校的制服问题》（一九一六年）

成濑仁藏是日本女子大学的创始人，他积极主张实施女子高等教育。成濑认可服装改良的必要性："大家都意识到如今的日本服装无论从经济方面还是从卫生方面都必须进一步改善。但是如何改善是一个大问题。首先从卫生，其次从经济，第三从风俗习惯、也就是从社会心理的角度出发，对该问题展开研究。"但是他并未确立具体的服装方案与实施方法，也不主张统一女子学校的制服。成濑的观点的一大特点便是阐明了统一制服所带来的危害。

"教育不只局限于书本，也应该培养学生具备现实生活中的基本素质。如果学校一味限定颜色、款式或质地，而学生一味被动地遵守，那么在她们毕业后到了必须自己决定的时候，就可能优柔寡断，或者因为受到学校的严格约束而产生逆反心态，以致过度放纵……产生诸如此类的弊端。"

成瀨指出，设计制服有可能导致学生在毕业后缺乏对服装的判断能力，或者对制约产生逆反心理等。与着装规定有助于防止衣物靡费等弊端的观点不同，成瀨认为教育应引导学生自主判断，主动选择朴素的服装。除此之外，他还从经济角度否定了推行制服的价值："单单对比一件普通和服与一件制服，后者可能更便宜，但是制服不能在校外穿，所以学生不得不准备两套衣服。结果还是无法避免浪费。"

《妇女新闻》刊载《关于女生的服制》（一九一六年）

《妇女新闻》编撰了一部名为《关于女生的服制》的专辑。第一季报道了东京府立第三高等女子学校校长小林盈与日本女子大学学监麻生正藏对统一制服的反对意见。如第一章所述，小林对学校制定统一制服表示反对，"服装与社会风俗息息相关，无须因学生身份而特殊对待或限定样式"，"学校甚至干涉学生在家中的衣食住行，实在匪夷所思"。麻生与成瀨所持观点一致，不赞成推行制服："尊重个人自由。无论是自己的生活、精神还是物质，都应由个人自主决定。"麻生对学校的着装引导作出如下评价：

"学校汇集了各个阶层的人，既有有钱人家的姑娘，也有贫穷家庭的女孩。可以利用这样的机会，由学生个人根据自己的地位与境遇自主判断，培养选择最适合自己装束的习惯。尽管尚美是人类天性，年幼的她们可能被华美的外表所诱惑以致忘却其他，但是我相信，引导者只要不断给予暗示，她们便可以做出恰当的选择。（略）但是，强制性的规定只起到一时的作用，一旦离开这个环境，其影响力也就消逝了。不过，若要规定服制，就不应限于在校期间，而必须结合学生的一生进行教育，而且那种认为规定外在形式就相当于完成教育任务的想法更是大错特错。即便费力劳心也平心静气地施行内在教育，使学生将来无论遇到任何事情都不会拖泥带水、迟疑不决，这样的教育才更有价值。"

麻生认为，培养学生自主选择合适装束的习惯与态度不仅限于在校期间，也是校方一生的教育目标，不局限于制服等外在限制，而应重视内在与精神的教育。每所学校都订立了着装简朴的教育目标，但是并非所有学校都为了达成这一目标而使用制服这一策略或手段。通过日本女子大学的事例可以发现，该校正在尝试研究、实施不依赖制服的着装指导方式。

第二季报道列举了跡见女子学校与实践高等女子学校两则实例，并介绍了两所女校制定制服的始末。一九一五（大正四）年，跡见女子学校为纪念大正天皇即位，统一规定学生穿蓝紫色制服。该项规定是"校长多年的夙愿"，在出台之前咨询了学校相关人士的意见，征求他们同意。报道还转述了该校规定制服的几点理由，这些理由在第二部第三章已有论及，此处不再赘述。报道并未记录人们对制服的反响，不过根据校史记载，校方起初担心推行棉质制服可能引起学生与家长的反对，但付诸实行后发现，"颜色搭配得宜、款式素雅，赢得全校学生的一致好评"。

一八九九（明治三十二）年，实践女子学校统一听课服。有关报道称"校服的制定——款式造型、颜色搭配、花纹点缀等——统统出自校长之手"，暗示了校长下田歌子的参与。下田在设计制服时说道："考虑到不能与社会上的服装相差过于悬殊，也不能为此消耗过多财力，而外观又要美观大方等各式各样的需求，我参考了古代服饰，也翻阅了大量中古与德川时期的服装资料，最终决定设计女式袴。"前一章也曾提及，生活改善展览会展出的一些妇女改良服也是对古代服装的模仿，而实践女高在设计制服之际同样参考了古代服装。如此设计的制服具有许多显而易见的优点：学生身份一目了然；棉质外衣应该搭配面料朴实的和服里衣，而且和服穿在里面，不为人所见，自然不会滋生追逐社会潮流的不良风气；元禄袖方便自由活动，因为不用担心弄脏里面的和服，所以动作更加利索；经济；回家后脱下穿在和服外面的制服就成了家居服，化繁为简。

通过上述两个案例，可以发现校长积极地参与了制服的制定。跡见女子学校的跡见花蹊与实践女高的下田歌子两位女性校长均与制服的实施与设计过程密切相关。而且，两所学校在设计与评价制服时都突出了美学因素。女性校长的领导能力以及与学生、家长、学校相关人士之间的信赖关系使得制服在两所学校的推行成为可能。

第三季报道则刊登了高岛平三郎的妻子高岛寿子与生田葵山两人的见解。高岛平三郎是体操游戏调查委员会的一员。寿子站在母亲的立场表示，"我也送女儿上学，但也没有担心她的和服穿着。我都是让她穿着在家穿的和服去上学"，然后对制服的实施表示否定："和服等大多数服饰都是根据本人或者家庭的生活情况来定的，因此一个人奢侈华丽，另一个人平实朴素，大家对这种现象习以为常。但是如果对服装加以限制，反而使人们感到困惑不解。"不过，"孩子天真无邪，看到其他人穿着漂亮和服，羡慕、想要的想法都是无可厚非的，而希望满足孩子的需求也是人之常情。从这一点出发，限制衣料的质地可能有助于维护美好的学生时代"，可见寿子也赞同部分限制与规定的必要性。生田葵山在谈到女子学校制服的问题之前，首先从世界立场出发指出日本女性服装存在的缺陷，"与其说日本女人穿和服，不如说她们的行动被和服所操控"，强调了服装改良的必要性。生田以日本女性服装的缺陷为突破口，对女子学校制服问题进行分析，而且她同其他一些论者一样，并没有直言统一服装的是非得失。

综上所述，专辑分别登载了反对制服的意见、学校统一制服的情况、母亲的见解以及改良整体妇女服装的建议等。关于制服的统一，存在赞成与反对两种观点，《妇女新闻》评论道："对于统一女子学校制服一事，无论赞成或反对都各持其理。即便是赞成的一方，也不认可将高中女生同初中学生一视同仁；即便是反对的一方，也不支持朴素有错的论断。简而言之，制服只是细枝末节。教育的关键问题并不在于此。"最后，《妇女新闻》总结道，女子学校的制服问题并非"教育的关键问题"，今后关于赞成或反对制服的争论还将继续。

《女学世界》刊载《什么是女生的理想服装？》（一九一八年）

一九一八（大正七）年四月，《女学世界》推出《什么是女生的理想服装？》特辑，发表了三个人的见解。一九一六（大正五）年的《妇女新闻》并未论及洋服，而在两年后的《女学世界》特辑报道中，三名论者中两名都谈到了洋服。期间，女子美术学校讲师伊泽峰子在《读卖新闻》上表明了"希望将洋服定为女生的校服"的意见。换言之，以一九一七（大正六）年左右为分水岭，洋服开始被列入高等女子学校学生制服的考虑范围。

一九一八（大正七）年的《女学世界》特辑首先登载了山胁高等女子学校校长山胁房子的见解。山胁女高以在一九一九（大正八）年早于其他女子学校率先制定洋式制服而闻名。该报道发表于此前一年，前半部分指出了约束着装的危害，后半部分建议对服装加以改良。报到首先对束缚着装自由表示反对，因为家庭之间存在贫富差距，统一服装将带来种种弊端与不便。比如，如果限定棉质衣服的话，反而促使学生产生逆反心理，在制服里面穿高档和服或在衬领处佩戴金饰，或者由于在女校时代一直受管束，着装单调，所以在毕业后看见他人的锦衣绣袄后，更容易沾染奢侈浪费的风气。为了避免陷入上述误区，山胁提出务必培养学生如下态度。

"自女子学校时代开始，不对着装加以约束，务必培养'棉服与我的身份相符，所以无论朋友穿上多么华丽的服装，我也无须效仿'的自觉意识。这样一来，步入社会后，即使自己与其他人的衣服相去甚远，也不会耿耿于怀。如果过度管束学生的着装，一旦她们走向社会发现自己与他人无法保持同步，很可能为此惶恐不安。"

山胁的观点与日本女子大学的成濑和麻生非常接近，从约束激起的逆反心理与判断能力的培养等角度出发，反对着装规定与统一服装。

山胁在报道的后半部分指出了女生服装不便于运动的缺点。她对筒袖或元禄袖评价道，"十四五岁前元禄袖尚可，但长大后就不好看了。女性服装不能仅仅考虑实用性或便利性，更须兼顾美学方面。因此，短时间内普及还没看习惯的筒袖是很难实现的"。山胁继续评论道："女性穿太长的袖子也不好，但是从审美的角度来看，难以完成短时间的转变。如果大家悉数换上洋装，倒还可以接受，但是倘若让女生穿男式和服，恐怕有碍观瞻吧。"山胁并不主张通过改良和服解决服装问题，她认为女性气质与美学要素对服装而言至关重要。不过，山胁并没有论及具体的解决方案，仅谈到"如果大家悉数换上洋装，倒还可以接受"，既没有积极推荐洋服，也无法从中捕捉到她对洋服的美学认识。她开始有针对性地推荐洋服是在一九一九（大正八）年，山胁女高制定洋式制服并赢得一定好评之后。在此之前，她对哪一类服装更加合适一直举棋不定。山胁关注服装问题的焦点在于，从美学角度否定筒袖与元禄袖，放弃对和服的改良。这一观念成为服装样式变革的动机，随着洋服化的发展，和服样式得以保留的同时，美学价值也得以确立。

第二位是浅田美华子。她的女儿也在上学，所以她从一位母亲的立场出发，表达了对于女生服装的担忧与期待。学校出台具体服装规定之前，女儿的穿着打扮全由母亲做主。浅田指出了为女儿选择、整理服装时面临的种种烦扰。第一，长袖和服有棉质或绸缎面料，棉布过重、易生褶且不方便运动，而绸缎虽轻且漂亮，但价格昂贵。可是，洋服因为少有同学穿，女儿也不喜欢穿。至于鞋子，因为穿脱皮鞋很麻烦，所以女儿一般穿木屐或草鞋。家里总是备着皮鞋、木屐与草鞋三类鞋。穿木屐的时候，修补鞋带、袜子极为耗时耗力，尤其是袜子，几乎每天都要缝补。到了冬天，必须备齐棉袄与夹衣，女儿走路总踩到和服衣摆，常常弄脏或弄破。而且，和服的浆洗与翻改也造成巨大的负担。浅田认为，为了女儿着装而耗费的精力与时间，已经成为母亲的沉重负担。每天经历这种困扰的浅田表达了"希望所有人换上洋装"的期待。她列举了洋服的许多优点，包括经济、节省浆洗与翻新的人力、方便运动、只需预备皮鞋等。除了改穿洋服之外，浅田还进一步提出了将洋服规定为制服的期望："希望各女子学校规定面料、制作制服，如冬服为哔叽或呢绒、夏季为印花布等。"由于洋服包括各种各样的款型与质地，又不得不顾及女儿的期待与费用，所以学校统一制服可以省去母亲选择洋服的麻烦。有的母亲也希望借此减轻服装费用负担。

第三位是家政实习研究会会长河口爱子，她介绍了一种借鉴朝鲜服设计的套装改良服。河口制定了一套具体提案，兼顾实用与美观，领口与袖口处的蕾丝边起到装饰作用的同时也防止形成污垢，不易退色的条纹棉质和服与袴搭配得体。与山胁和浅田不同，河口提出了参照朝鲜服的改良服设计方案。

《妇人世界》刊载乘杉嘉寿的《为女子学校制定校服》（一九一九年）

　　一九一九（大正八）年七月，《妇人世界》刊登了《为女子学校制定校服》一文，作者是文部省事务官乘杉嘉寿。乘杉是服装改善调查委员会的一员，积极投身于女孩、女性服装改良问题的探讨之中。同年十月，文部省发布废除制服的通牒，这篇报道于通牒出台的数月前见报。一九一九（大正八）年，女子学校呼吁规定制服，同时因物价飞涨，中等学校接到废除制服的通知。简言之，废除男生制服、制定女生制服。

　　乘杉认为，各所女子学校"或缩短袖子的尺寸，或改用元禄袖、筒袖，或统一布料颜色、质地，或穿上雨披式的外套"都是"权宜之计"，"打破传统惯例、制定全新的校服，岂不是更好"。乘杉提到的"校服"，指的是适合女生在学校穿的服装。制定校服时必须注意以下两点：一是"让女生感觉身心愉悦的同时方便运动"，即活动性；二是"从符合女人天性的角度出发，兼顾生理与外观"，即美学。对于第一点，她建议为了便于灵活运动，"毫不犹豫地改变传统日本服装的样式"，不过由于还牵扯到房屋改造的问题，她并未明确提出采用洋服的建议。对于第二点，极尽奢侈或极端简朴都有失稳妥，因此制定校服时应以"不违背女人天性的朴实"为准。接着，乘杉比较抽象地表述了制定校服的提案，"在适当范围内，保持朴实、稳重的美德"。虽然乘杉没有明确地推荐洋服，但从学校使用的洋式校舍、桌椅板凳以及文中对欧美女生制服的介绍，可以推测出她也期待女生服装向洋服转变。综上所述，一九一九（大正八）年，一位文部省事务官主张统一制服，借此推动服装样式的转变。

《教育时论》刊载宫田修的《女生服装改良》（一九一九年）

最后介绍成女高等女子学校校长宫田修的意见。他明确表示赞成采用洋服。宫田是服装改善调查委员会的副委员长，对女生服装改良的问题进行了深入的研究。一九一九（大正八）年四月十五日，《教育时论》第一千一百二十四期刊登了宫田修的"洋服说"，比山胁女高宣布制定洋服的时间早了约半年。宫田从体育的角度出发支持服装改良，主张采用洋服。

"自古以来，人们对服装问题一直争论不休。尽管有些人设计了所谓的'改良服'或者将袴改为两条裤腿，但统统半途而废。就方便运动这一点而言，西洋女性的服装是日本服装难以望其项背的。即便如此，他们依然在此基础上进一步改良，尝试设计体操服。在如今的时代，冗长拖沓的日式和服与女子体育格格不入。因此，我首先否定了所有半途而废的观点，提倡洋服说。"

宫田修否定了改良服或"束腿袴"等"半途而废"的尝试，提议改穿洋服。文中还提到，宫田正在研究美国专业杂志，并尝试制作轻便的"女生洋服"。服装样式"如男子一般采用裤装，考虑到日常外出时略失体面，因此在除体操运动以外的场合，一律披上一件近乎无袖的长款外衣"。后来据《妇女新闻》披露，宫田最终完成了"女生洋服"的设计，但具体样式已无从考证。

二十世纪一〇年代后期的制服制定论涉及诸多方面，不仅包括关于约束服装或制服的着装要求、学生服装的理想样式等的讨论，还包括基于活动性与美学观点对服装样式的探索与提议；既有人建议借鉴朝鲜服装、改良和服，也有人对筒袖或元禄袖等和服改良方案提出否定意见。其中，洋服这一选择也悄然登场，在一九一九（大正八）年以后，各所女子学校开始推行洋服，试图转变服装样式。

二十世纪一〇年代后期各所女子学校的服装规定与运动服

二十世纪一〇年代后期，围绕女生服装的争论在媒体上热火朝天地展开。此时，各所女子学校的服装规定与运动服的推行情况如何呢？

首先从学生管理方面的服装规定出发，考察以下几个统一制服的案例。一九一五（大正四）年跡见女子学校制定深蓝色制服，与此同时，部分学校统一袴与外衣的颜色或面料质地，并将其定为制服。在许多女子学校都可以发现统一制服的趋势，例如一九一五（大正四）年神奈川县立高等女子学校规定箭翎图案和服、一九一七（大正六）年福岛县立高等女子学校制定竖条纹（元禄袖）蓝色棉质和服（图3-8）。统一质地与花纹的制服成了学校的标志，同时也暗含抵制奢侈的意图。另外，如第二部第四章所述，二十世纪一〇年代至二十世纪二十年代期间，各校从服装规定的角度出发，统一袴的颜色，制定袴章、腰带型徽章或胸章等校章。

还有一种趋势是基于开展体育运动的观点对服装加以改良，制作适合运动的服装。全国各地的女子学校纷纷尝试将袴改为左右两条裤腿，普及在膝盖处收紧的"束腿袴"与筒袖。比如，一九一五（大正四）年，秋田县町立能代高等女子学校要求学生在做体操时穿旧的短布袜（不穿鞋、只穿袜子），一九一七（大正六）年制定"束腿袴"，限制发型为束发。后来在一九一八（大正七）年规定学生佩戴印花棉布面料的体操帽，并由学生自行制作（图3-9）。另外，一九一七（大正六）年，兵库县姬路高等女子学校要求穿筒袖与"束腿袴"，做体操时穿"胶底短布袜"。一九一六（大正五）年九月二日，栃木县宇都宫高等女子学校规定学生在做体操时穿卡其色短布袜。过去大都穿草鞋，由于在做体操时需要再脱下，所以改穿短布袜。可见，有些学校为了便于学生运动，制定服装规定，要求体操运动时穿"束腿袴"与短布袜。

另外还有一个特例：一九一八（大正八）年，爱知县丰桥市立高等女子学校定做"背包"（图3-10）。过去，学生单手抱着沉重的学习用具，不仅不美观，而且下雨天也多有不便，为消除这一弊端，校长与教职工设计了背包。样式为"竖九寸五分、横七寸二分、厚二寸七分，外缘包裹着一层蓝褐色防水布，搭配上锁扣，十分美观。除了盒饭与针线包，日常的学习用品都可以收纳在这个装备里"。一九〇五（明治三十八）年，该校规定制服为棉质筒袖和服。筒袖和服、白线点缀的袴、麦秸草帽与背包，这种女生装扮吸引了世人的眼球，甚至出现在《读卖新闻》的报道中。《读卖新闻》刊登了东洋家政女子学校校长对该服装的评价，

图 3-8 福岛县立高等女子学校的竖条纹制服
（《福女八十年志》114 页 福岛县立福岛女子
高等学校 1977 年版）

图 3-10 丰桥高等女子学校的背包
（《跨世纪》16 页 爱知县立丰桥东
高等学校 2002 年版）

图 3-9 能代高等女子学校的运动服
（《创立七十周年纪念志》14 页 秋田县立能
代北高等学校 1984 年版）

"如今这个时代，许多男性希望女性拥有坚定的意志。至少，具备一定男生性格的女生更受欢迎。而这种打扮或多或少地体现了男性气质"，对该校实施背包的举措表示赞成。

从这位校长的评价中可以看出，爱知县丰桥市立高等女子学校的女生服装与背包在一部分人看来带有男性气质，重视功能与卫生的女生服装被认为带有男性倾向。

前文提到，《女学世界》刊登了山胁房子的意见："让女生穿男式和服，恐怕有碍观瞻吧。"对于丰桥女高从功能与卫生观点推动的服装改良与偏男性的女生装扮，山胁恐怕也是不赞同的。

——

二 一九一九（大正八）年东京女子高等师范学校附属高等女子学校的服装规定——筒袖或洋服

二十世纪一〇年代后期，围绕女生服装改良与统一制服的争论如火如荼，各地女子学校分别规定制服或运动服。下文将以一九一九（大正八）年附属女高为转换女生服装样式而制定的服装规定为核心，考察该校普及运动服与洋服的情况。

健母会的运动服设计

如第一章所述，当时担任附属女高主任的小林照朗表现出参与女生服装改良问题的积极态度，在全国高等女子学校校长座谈会上提出"女生服装修改办法"的议题，并在《女子教育研究》上发表《女生服装改良问题》一文。在向《女子教育研究》的投稿中，小林高度评价了大阪府立医科大学木下东作设计的改良服。他介绍了木下设计的女式改良运动服，并在最后附上一张照片，照片拍摄是一位身穿木下版改良运动服的附属女高学生。由此推测，小林可能在附属女高推行了木下设计的改良运动服，或者以此为参考对象设计了运动服。首先介绍小林给予高度评价的木下版改良运动服。

木下以"培养健康母亲"为宗旨，在大阪市创建了一个名为"健母会"的团体，就如何加强女子体育运动展开研究。对于自己的动机，他描述道："倘若只有男生积极投身体育运动，日本全体国民依然无法具有健壮的体格。（略）无论如何，一定要打造女性的健康体魄，因此，今后必须全面发展女性的体育事业。"健母会成员包括以木下为首的数名医生、女子教育相关人士及体操教师等。健母会的第一个活动便是改良女式运动服。最初，"既有人说飞鸟时代的服装不错，也有人说奈良时期的服装很好，或者平安时期的更好，关于日本历史服装，人们一直有着各式各样的看法。另外，还有人说欧美范可以、英伦风很有意思……始终无法达成一致意见"。后来，大阪三越绸布店举办关于儿童服装改良的有奖征集活动，许多会员的设计方案中选，并参照这些成果设计运

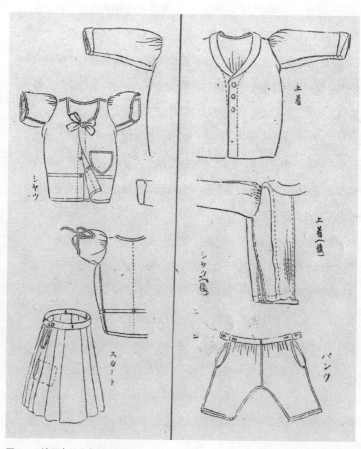

图 3-11 健母会的改良运动服

（《女子教育研究》1 卷 4 号 16–17 页 1918 年）

动服。进入制作阶段后，"日本服装外观大多有失美观且略显滑稽，即便个别方案并非如此，也存在经济方面的不足，因此决定采用洋式"，即确定了洋式的方针。最终的运动服成品如图 3-11 所示。在参加剧烈运动时只穿衬衣与运动裤，但如此约束小学三年级以上的女生又"于心不安"，所以允许她们穿及膝短裙；在走路等轻微运动时披一件外衣，也可以直接穿着上学。而且，"不喜欢穿洋服"的学生可以在运动裤与衬衣外加一件日本和服，运动时则在运动裤与衬衣外加一条裙子或袴。运动服由运动裤、衬衣、裙子与外衣组成，学生可以根据运动强度与服装喜好选择搭配方式。

据《妇女新闻》报道，健母会改良运动服时参考了大阪市教育会与大阪府立清水谷高等女子学校的调查与研究成果。清水谷女高的学生在体操或游戏时一直穿"水手式"的运动服。该校的一名教谕中岛菊子也曾说过，健母会的改良服是对清水谷女高运动服应用研究的成果。同篇报道表明，大阪市教育会与各所女子学校相继针对运动服展开调查研究。

附属女高采用的改良运动服

前文提到，《女子教育研究》的一篇文章登载了一名身穿木下版改良运动服的附属女高学生的照片（图 3-12）。照片的注释写道"竹岛教谕的千金竹岛数子（十四岁），身着木下博士设计的改良服"，她的腰间佩戴着一条附属女高的腰带型徽章。与附属女高的职工询问后得知，

图 3-12 穿着改良运动服的高中女生

（《女子教育研究》1 卷 4 号 19 页 1918 年）

当时有一位名叫"竹岛茂郎"的教员，照片上的学生正是这位附属女高教员的女儿。这张照片表明，附属女高希望通过教员的家人普及木下的改良运动服。如果在衬衫与运动裤外加上外衣与裙子，木下的改良运动服也可以在上下学时穿。照片上的学生正是身穿外衣与裙子，脚蹬皮鞋，并搭配一条附属女高的腰带。可见，除了运动时以外，学生也在上下学途中试着如此穿着。附属女高并未限定袴的颜色或线条，而是借腰带标明本校学生的身份。因此，即便身上的衣服从和服与袴转变为洋服，但只要佩戴同样的腰带，依然可以表明附属女高学生的身份。照片中的学生搭配腰带也是代表附属女高学生的一种洋服款式。

　　第二年（一九一九年），附属女高规定低年级学生穿"筒袖和服或洋服"。这意味着在穿和服时仅限筒袖和服，同时允许穿洋服，学生及家长可从中选择其一。因此一九一九（大正八）年以后的附属女高呈现出和服配袴与洋服装扮的学生浑然一体的场景。

一九一九（大正八）年附属女高的服装规定——"筒袖和服或洋服"与运动裤

　　一九一九（大正八）年，附属女高变更了服装规定。在大正八年的年度《东京女子高等师范学校一览》中，"附属高等女子学校细则"里的"学生须知"对着装作了如下叙述：

　　　　（一）衣物、发饰等均以朴素、轻便为导向，参加仪式时也只可略微讲究，绝不允许奢侈挥霍。

（二）衣服面料可选择棉类、麻布或毛织物，特殊场合可穿粗绸类服装。至于丝织绉绸类等高价品，即便有也绝不可以穿。

（三）本校一、二、三年级学生应穿筒袖和服或洋服，其他年级学生也尽量遵守此规定。

（四）应穿运动裤（衬裤）。

（五）佩戴本校规定的徽章。

（六）穿袴与皮鞋。

变动较为明显的是（三）（四）两条规定。《读卖新闻》对其进行了报道。报道称"筒袖和服"并非强制性规定，只是选择性鼓励。报道推测，洋服将被用作夏服，"估计夏季穿洋服的人将越来越多"。另外，文中还描述了穿洋服的效果："两腿弯曲、踢腿的体操动作及舞蹈、足球、秋千、网球、行走等更加随意，以往无意识地、反射性的弓腰习惯也逐渐被矫正。""穿衬裤"是该校主任小林照朗提出的。他讲述了自己领略到欧洲风俗之后才开始普及衬裤的经过："漫游欧洲时，令我感触颇深的一件事就是衬裤。在英、法、德，人们都穿着衬裤，同一个国家的乡村比城市更随意一些。而在奥地利与意大利，看到人们穿着与国人相仿的服装，我这才发现妇女的衬裤与文化程度是成正比的，因此四月份回国后匆忙开始普及衬裤。"小林的渡欧经历、所见所闻以及木下东作的改良运动服都成为附属女高制定服装规定的参照。

东京女子高等师范学校的运动服与附属小学的女童服

一九一九（大正八）年，东京女子高等师范学校的新运动服与同校附属小学的新女童服正式确定。首先，附属小学要求四月份入学的新生穿如图 3-13 所示的女童服。女童服由衬衣、衬裤、和服、带与袴组成，作为里衣的衬衣与衬裤废弃了原有纽结，改用扣子固定，放松了对躯体的束缚。而且，和服外衣的袖型设计更加便于肩部上下活动，也对袖兜的长度加以限制。据《读卖新闻》报道，上述规定是强制性的："该项规定并非心血来潮，本校长期以来一直致力于服装规定的制定与推行。过去出于种种原因未能付诸实施，借此机会向诸位家长表达学校贯彻执行的决心。"

另一方面，在东京高等师范学校，二阶堂德世接替井口亚栗，担任体操课的教师，并从一九一九（大正八）年起开始着力普及如图 3-14 所示的改良运动服。这款改良运动服是二阶堂留学英国金菲尔德体操专业学校期间所穿的校服，他回国后便在东京女子高等师范学校学生中推广。经确认，国内其他几所女子师范学校与高等女子学校也引进了这款运动服。

一九一九（大正八）年，东京女子高等师范学校、附属高等女子学校与附属小学分别制定了样式不一的运动服或通学服。同一年，山胁高等女子学校制定洋式制服，另外如第二章所述，受物价暴涨的影响，文部省发布了废止普通中学以下学校学生制服的通牒。

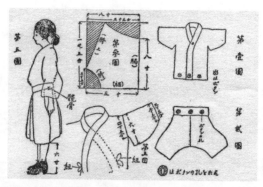

图 3-13 东京女子高等师范学校附属小学的女生服
（《妇女新闻》984 号 4 页 1919 年）

图 3-14 二阶堂德世推广的运动服
（《近代日本女性体育史》169 页 女性体育史研究会编 日本体育社 1981 年版）

三 服装样式的转折期：一九一九（大正八）年——一九二〇（大正九）年

在提及第一所制定洋式制服的学校时，大多数学者倾向于只强调山胁高等女子学校。但是，同一年，附属女高也作出了"筒袖和服或洋服"的服装规定，成女高等女子学校的宫田修也设计出一套"女生洋服"。除此之外，横滨英和女子学校、青山师范学校附属小学、福冈高等女子学校、东京高等女子学校与女子牙科医校等各所女校也规定了运动服或制服，文部省也在同一年展开了对全国各地女子学校服装的调查。换言之，一九一九（大正八）年，各方均采取了相应的应对措施。小山静子认为，由于当时物价趋于平稳，新中间阶层的生活困难逐渐缓解，过渡到"对生活改善的重视超过勤俭节约，更加追求生活合理化与家计科学化"的时期。按照这一观点，一九一九（大正八）年是关键的一年：政府为了减轻民众的生活负担，颁布废止普通中学以下学校学生制服的通牒；女子学校从功能、卫生、经济等合理性观点与美学观点出发，规定制服或运动服；围绕制服的探讨与服装改良的实践蓬勃展开。因此，下文以服装样式发生划时代转折的一九一九（大正八）年至一九二〇（大正九）年为焦点，研究学校、政府等的具体对策。

报纸刊登了各校服装改良的动态

一九一九至一九二〇年期间，《读卖新闻》与《妇女新闻》对女子、女性服装改良进行了相关报道，现列举如下（按报纸的刊登时间排序，并非统一制服的先后顺序）。

一九一九（大正八）年

四月六日　东京女子高等师范学校附属小学的儿童服（读）

五月二日　横滨英和女子学校的制服（妇）

五月十六日　青山师范学校附属小学的通学服（读）

五月十六日　文部省女生服装调查（妇）

五月二十六日　东京女子高等师范学校附属高等女子学校的服装规定（读）

八月一日　福冈高等女子学校的运动服（妇）

九月二十三日　东京女子高等师范学校的改良体操服（读）

九月二十八日　山胁高等女子学校的改良服（读）

十月二十六日　成女高等女子学校的现代服（妇）

十月二十八日　东京高等女子学校的改良服（读）

十二月二十一日　女子牙科医校的通学服（妇）

十二月二十六日　麹町高等女子学校的校服（读）

一九二〇（大正九）年

一月八日　女子医学专业学校的洋服（读）

四月九日　女性乘务员的制服（读）

六月九日　明华女子牙科医学校的夏服（读）

七月二十日　京桥小学的少女改良服（读）

九月十五日　长野高等女子学校的改良服（读）

十一月二十一日　京桥小学的改良冬服（读）

十二月二十九日　水户女子师范学校的运动服（读）

※（读）即《读卖新闻》，（妇）即《妇女新闻》

※ 有下划线表示采用洋服

上表不仅包括高等女子学校，同时也列举了小学、专科学校、职业女性及文部省的相关动态。除山胁女高外，青山师范学校附属小学及牙科、医科女子专科学校等校也采用洋服。此外，一些学校将外衣或改良服定为制服，还有一些学校制定运动服。

改良服的制定

横滨英和女子学校

该校创立于一八八〇（明治十三）年，是一所基督教义女子学校。一九一九（大正八）年，该校首次制定如图 3-15 所示的制服。据校史考证，该制服设计者是一名女教师。外衣是披肩式衣领、洋式袖型，穿在和服与袴的外面。夏服为白色、冬服为褐色，棉质面料、波形竖纹曲线配菊花花样。由于面料与花样统一，所以可以很轻易地辨认出本校学生。

东京高等女子学校

东京高等女子学校也规定了学生的外衣。该私立女子学校创建于一九〇三（明治三十六）年，校长是棚桥绚子。据《读卖新闻》报道，该校于一九一九（大正八）年设计制服，"大衣式造型，黑色棉缎面料，衣领反向翻折，正面以五粒纽扣固定，相对宽松的袖型适用和、洋两类服饰，袖口与和服袖口同样大小，洋服装束时只需将袖子折叠，无须使用纽扣固定，既经济耐用又方便体育运动"，教员们率先垂范。可见，学校设计这种外衣式的制服，是为了同时与和服、洋服搭配。

麹町高等女子学校

麹町高等女子学校也是一所私立学校，由大筑佛郎于一九〇五（明治三十八）年创建。《读卖新闻》称，该校学生自一九二〇（大正九）年春季开始穿用"褐红色偏黑真冈[01]棉织"外衣。据校史记载，该校制服为冬季穿蓝紫色棉质和服与外褂，不同年级搭配不同颜色的里衣（图3-16），夏季穿琴弦与松叶花纹米色棉质单衣，花纹表示模仿"麹町"发音的"琴柱松"。

长野高等女子学校

一九二〇（大正九）年，长野高等女子学校设计改良服，"坚决废

01　日本城市名。

图 3-15 横滨英和女子学校的制服
（《横滨英和一百二十年》25 页 2000 年）

图 3-16 麴町高等女子学校的制服
（《麴町学园百年纪念志》23 页 2006 年）

止过去长及脚踝的长裾和服，规定上衣只及腰间，一反可缝制两件上衣，使用特殊布料缝制裾，模仿西洋袴装填充袴侧面、大腿间的所有缝隙，上衣、下衣独立存在"，学生参加秋季运动会时统一着装。该校在设计改良服时考虑到"直接换洋服成本高昂，且个别部位不匹配"，"骤然更换现在的日本服装会打破旧习，带来动荡，因此应该选择一种兼具经济性与便利性的简便服饰"。尽管该校论及了洋服这一选项，但最终依然决定采用改良服，避免激烈变化（图 3-17）。

运动服的制定

水户女子师范学校

水户女子学校设计的运动服如图 3-18 所示。照片清晰度较低，无法确认细节，不过可以看出与东京女子高等师范学校的服装样式有所差别。一位医生从卫生与经济两个方面高度评价了水户女子师范学校的运动服："彻底解放胸部，十分理想。而且可以由学生自行缝制，比较经济。"后来，这位医生在土浦观看了女高的运动会，并在报告中夸赞了水户女高与女子师范学校的学生风貌。

福冈高等女子学校

由于过去的筒袖袴不便于运动，因此该校设计了"白色前开扣的薄针织上衣与黑色棉缎袴，两者以纽扣连接"的运动服。该校曾经针对是

图 3-17 长野高等女子学校的改良服
（《长野县教育史》14 卷 697 页 1979 年）

图 3-18 水户女子师范学校的运动服
（《读卖新闻》4 页 1920 年 11 月 29 日）

否采用运动服展开了热烈讨论。

洋服的制定

青山师范学校附属小学

师范学校的附属小学也积极改良女童服。比如，在一九一八（大正七）年，东京高等师范学校附属小学委托和洋裁缝女子学校制作服装样本，要求是"既可作洋服的下衣，亦可作体操服"，并在家政科学展览会上展出。而且该校连续数年设立改善儿童服装的研究委员会，最终成功将女童洋服的费用控制在和服的一半，确保服装的经济性。前文也曾提及，东京女子高等师范学校附属小学于一九一九（大正八）年设计女童服，并在同年四月开始推行。

各所师范学校的附属小学纷纷展开了对女童服的研究，青山师范学校附属小学也在一九一九（大正八）年普及"西洋服"，样式为"外衣与裤搭配，限棉类面料，黑底红绿格子花纹，胸部、肩部、腹部与袖口缀有白色缎带，裙长及膝，穿皮鞋，露出长长的袜子"。冬服价格约五至六日元，夏服约两日元，节日时可作为礼服，郊游时又可充当运动服，一衣多用、经济可行，受到家长好评。

山胁高等女子学校

一九一九（大正八）年十月，山胁女高设计了如图 3-19 所示的洋服。

样式为"上衣与下衣连在一起，胸前以三颗扣子固定，自胸部穿脱衣。为防止破坏发型，也可以自下向上套穿。使用白色布料的外翻衣领兼具修饰与防垢的作用，肩部有两道褶皱，胸前略有隆起，装饰的同时也减轻了对胸部的压迫。绕腰一周共十二道褶皱，系一条相同布料制作的约两寸的腰带，再搭配一条宽宽的金属饰品"。另外还搭配一顶浅蓝色麻质宽檐帽。至于一套服装的价格，"一丈一尺哔叽"为九日元六十钱，"内里其他附属品"为一日元二十钱，"帽子"为三日元，共计十三日元八十钱，缝制成本约三日元四十至五十钱。山胁女高委托三越店定做服装，后来三越吴服店洋服部在生活改善展览会上展示了该制服。山胁房子认为，包括缝制成本在内，一套制服大约花费十七至十八日元，比新做一套和服更划算。制服揭晓的时候正值学校提倡"让学生穿自己想穿的衣服"这一理念，因而并未统一实施。

成女高等女子学校

宫田修担任校长的成女高等女子学校在本章第一节已有所述。一九一九（大正八）年十月二十六日的《妇女新闻》披露了成女高等女子学校洋服诞生一事，该校与山胁女高基本在同一时期对制服的推广方式展开协商。不过，与山胁女高洋服的照片与说明频频被各大媒体曝光不同，展示成女女高洋服样式的照片或资料几乎从未被登载。

牙科、医科系女子专业学校

除小学与高等女子学校以外，牙科、医科系女子专业学校也在一九一九（大正八）年至一九二〇（大正九）年期间确定洋式制服。

一九一九（大正八）年十二月二十一日，《妇女新闻》第一千零二十二期报道了"本乡女子牙科医校"学生穿洋服的消息，不过当时共有两所女子牙科医学校：创建于一九一〇（明治四十三）年的东京女子牙科医学校（一九二二年升格为专科学校），创建于一九一七（大正六）年的明华女子牙科医学校（一九二一年升格为专科学校）。前者位于神田，后者位于本乡，因此报道所指的应该是明华女子牙科医学校。自一九一九（大正八）年十月起，明华女子牙科医学校学生开始穿用藏青色上衣、裙装搭配帽子的冬服。上衣正面缝有四颗扣子，腰间系有腰带。《读卖新闻》对该校的冬服样式评价道："与公车女乘务员的工服大同小异。"

另据报道，自一九二〇（大正九）年四月起，吉冈弥生创办的东京女子医学专业学校开始采用藏青色洋服，并搭配天鹅绒大黑帽。吉冈是服装改善调查委员会的一员，她习惯于站在医生的立场研究女性服装的改良。不过，该校采用洋服并非出于校方的提议，而是学生们自己的要求。《读卖新闻》解释道："她们认为，同男医生临床诊治时穿洋装一样，对女性医生而言洋装也比较方便。"不仅从医生这一职业出发对服装功能提出要求，而且也唤醒了女性独立承担社会专业工作的自觉与意识。洋服费用约五十至六十日元，考虑到这一点，学校并未颁布强制性规定。

公车女乘务员的制服

一九一九（大正八）年，东京开通"东京街道汽车"（通称"绿皮公车"），一九二〇（大正九）年录用一批女性乘务员。为了便于她们工作制定了女性工服，即白色衣领黑色哔叽套装洋服（图3-20）。白色衣领是最突出的特征，前文提及的明华女子牙科医学校等各地女子学校纷纷仿照公车女乘务员的工服，规定洋服。一九二四（大正十三）年，"东京公共汽车"开通，女乘务员红色衣领藏青色哔叽套装，同年开通的大阪市公车上也出现了女乘务员的身影，她们穿着黄绿色上衣与裤子的工服。村上信彦称，"东京公共汽车"的红色衣领制服是三越设计所的一名法国人设计的，与绿皮公车的白色衣领成为鲜明对比，被称为"红领娘"。

文部省对女生服装展开调查

一九一九（大正八）年，文部省向各府县致函咨询，调查全国女子学校的着装情况。这一举措的目的在于搜集信息，以供参考，而非统一全国女子学校的服装。

一九一九（大正八）年至一九二〇（大正九）年，小学、高等女子学校、女子专业学校与公车女乘务员的制服一致采用洋服。其中，山胁女高不仅在报纸杂志上公开洋服的照片与文字资料，并且经三越吴服店洋服部在生活改善展览会上出展，引起社会各界的关注。此时，山胁房

图 3-19 山胁高等女子学校的校服

（中山千代《日本妇人洋装史》104 页 吉川弘文馆 1988 年版）

图 3-20 大阪乘合汽车的女售票员

（《妇人画报》231 号 38 页 1925 年）

子、成女女高校长宫田修与文部省事务官乘杉嘉寿等人积极主张大胆引进洋服、改良和服，山胁女高的制服便是这一主张的具体体现。同一时期，也有一些女子学校研制外衣或改良和服。但在一九二〇（大正九）年以后，将洋服规定为制服的女子学校与日俱增。这一洋服化的进程在另一方面也意味着放弃改良和服。值引进洋服之际，如何评价和服改良。本节的最后将针对这一点展开探讨，重点分析山胁房子在山胁女高确定制服后的服装改良意见。

山胁房子的服装改良意见

本章第一节已经论述了山胁房子发表在《女学世界》的《女生的理想服装》一文。山胁房子在文中表示，学校不宜强加限制，而应着重培养学生自主判断服装是否适合自己的能力，并指出筒袖与元禄袖和服有损女子气质，有碍美观。但是她并没有提出解决上述问题的明确方案。

一九一九（大正八）年十月，山胁女高公开洋服设计方案，与此同时，学生与教员开始着洋装。家长们对此表示欣然接受，"结果出乎意料的乐观，最初也曾设想过新制服也许会遭到家长们的冷嘲热讽，但事实上没有一个人表示不满。新制服至少得到了家长的一致认可"。身穿洋服的学生仪态大方，而且由于过去裤与纽压迫胸部，有些学生稍微剧烈运动后就会昏厥，但是换上洋服之后，这些问题也不复存在了。虽然校方并没有强制要求，但是最后发展为即使是面临毕业的五年级学生也换上了洋服。由此可见，洋服深得学生与家长的好评，对改善体态、加强运动起到积极作用。

一九二一（大正十）年，服装文化研究会出版的《名士之声——今后如何改善服装》一书中汇总了农商务省、内务省、文部省、爱国妇女会及各女子教育机构校长对服装改良的见解。其中收录了山胁的一篇文章，题为《大踏步走向洋服》。山胁以传统服装的袖、裾与带有碍运动且不利卫生为由，建议改穿洋服。

如果女性像以前一样只需稳坐家中，那么或许和服更合适，但是在提倡运动的今天，唯有洋服才能担此大任。我建议，从现代的日式服装大踏步地走向洋服。毋庸置疑，有的改良服也相当不错，但无论如何也难称美观，而且费用与洋服不分上下。现代洋服与昔日不同，废除了紧身裙，简单得体、坐立自由，人们一旦尝试，肯定再也不希望换回日式服装。明治二十年，我也试着穿改良服，四处搜集资料、展开调查，最后发现还是洋服略胜一筹。因此，我为自己学校的学生挑选了一套缝制简单、价格公道但不失体面的洋服。现在通用的款式是连衣裙（独立的上衣与裙子只会在腰间重叠，毫无可取之处），肩部与衣襟处毫无装饰，虑到裙子有可能使肥胖之人的双腿看上去更加细长，所以可以自由调整裙子长短，再加上一条底裤。

经过对改良服的各种尝试，山胁果断建议改穿洋服。洋服在活动性与穿衣体验方面得到很高的评价，而改良服在美观与费用方面的评价较低。山胁从美学角度出发，毫不客气地批评改良服毫无美感可言，不过对洋服的美观性也自始至终持保守意见。比如，她为山胁女高学生挑选洋服的标准为缝制简单、价格公道与"不失体面"，并未言及"美观"一词。另外关于裙子，她提出会使（腿部）"肥胖之人的双腿看上去更加细长"。虽然洋服的普及必然伴随着洋服值观与美学标准的建立，但在二十世纪二十年代初期，对于什么样的洋服更美观的判断基准尚未达成共识。因此，当时"不失体面"的感觉便显得尤为重要。

关东大地震后的一九二五（大正十四）年一月，《妇女画报》第两百三十一期发表《自发形成的学生制服》一文，描述了当年制服形成的场景。这篇报道回忆了迄今为止制服改良的轨迹与评价，以及山胁女高设计洋服时的参考对象。

明治二十八至二十九年左右，山胁认识到了服装改良的必要性，继而展开各式各样的研究与设计。当时，她设计改良服时始终遵循下述方针：

"传统和服向洋服的转变不可一蹴而就。由于朝鲜与中国在国民体格、生活习惯等方面均与我国相近，所以我们可以吸取两国服饰的长处，用以完善本国服装。然而，如果连面料也引进外国制品的话，又太过浪费，因此可以采用传统日本面料。另外，倘若结合经济性与活动性两个因素设计服装，很可能导致服装、尤其是女性服装缺乏审美价值，这样仍然无济于事。但是，如果仅仅考虑御寒防暑，那么无论如何大张旗鼓地宣传，也不过是自欺欺人罢了。如此将不难理解：舍弃历史悠久、美不胜收的和服，推广枯燥乏味的改良服，无异于痴人说梦。因此，当时我们的服装改良运动遭到了极大的挫折。"

山胁指出，之前的一些改良服尝试与样本曾经参考了朝鲜服饰与中国服饰，因为与欧美人的体格或习惯相比，朝鲜、中国与日本更为接近。在朝鲜服饰与中国服饰当中，也存在类似于洋服的套装款式。然而这些尝试未能取得成功。据山胁分析，原因在于改良服缺乏审美价值。尤其对于女性服装而言，审美价值不可或缺，舍弃历史悠久、美不胜收的和服绝非易事。

明治时期遭遇挫折的服装改良唤醒了大正时期人们对发展体育运动、增强国民体质的意识，改良运动再次兴起。不过，这一次的设计参考对象变成了英国的女生服装。

"为了设计一款恰如其分、造型优美、格调高雅且充分彰显女性美的服装，我委实煞费苦心。吸取了以往的失败教训，重新展开相关研究，最终发现：英国的女生服装在朴素中透着温文尔雅的古典美。因此，我以此为参考，设计了一套服装样本，交由裁缝师傅专门定做，并让一名学生试穿。结果比我预想的更好，学生们在看到这套服装后，争先恐后地赶去定做，一时之间风靡整个校园。后来，我们委托三越店定做，尽管并没有打算统一着装，但出乎意料的是，它恰好符合当时的审美观念，也得到了家长们的盛赞。如大家现在所见，已然成了学校的制服。"

由于山胁认识到明治时期改良服的失败主要归因于审美价值的缺

失，再次设计服装时将 "优美""高雅"等作为重要的衡量标准，选择英国女生的服饰作为参考对象。山胁尝试改良的洋服获得了出乎意料的好评与欢迎，在学生之间迅速普及，最后发展成为山胁女高的制服。山胁女高的洋服博得各界交口称赞，一些地方女子学校也以其为样本，制定了类似款式的制服。经过对服装的反复试验与改良，山胁女高问鼎了同时代的巅峰，设计出一套重视审美观念的洋式制服。尽管山胁在一九一八（大正七）年公开表明了反对统一学生着装的立场，但是面对洋服在学生中的自发普及以及洋服发展为学校制服的趋势，她未再表示否定态度。主张培养学生自主判断意识、选择适宜着装的呼声在这一形势下也偃旗息鼓了。

——

四　二十世纪二十年代各所女子学校的洋服化

桑田直子对二十世纪二十年代至二十世纪三十年代全国制定洋式制服的动态进行了归纳。一九四四（昭和十九）年，桑田获准调查了三百五十七所高等女子学校，其中二百五十二所的校史记录了统一制服的经过。她在整理分析后发现，制定洋式制服的高峰期应当在一九二三至一九二八年间。本书结合桑田的相关研究，重点考察具体的洋服样式、制定的动机与过程、裁缝与成衣等逸闻逸事。

本节选取一九二〇（大正九）年至一九二九（昭和四）年间的事例为研究对象。另外，此处所指的洋服主要是学校规定的洋服，学校统一洋服式样之前学生或家长自愿选择穿用的洋服除外。

二十世纪二十年代的特点

二十世纪三十年代以后，规定学校制服样式为水手服或裙装的女子学校越来越多，但是在二十世纪二十年代初期，各式各样的洋服才是主流。

首先，一九二〇（大正九）年前后，山胁女高对各地女校的影响是显而易见的。比如，爱知淑德高等女子学校在一九二〇（大正九）年初制定的洋服与山胁女高如出一辙。另外，在爱知县金城女子学校尚未确定洋式制服的一九一九（大正八）年左右，涌现了一批身穿洋服的学生，她们的装束与山胁女高的制服也大同小异。这些洋服是由西洋人经营的洋裁店定做的。爱知淑德高等女子学校与兵库县立神户高等女子学校的校长与教员们在确定洋服样式时，参考了山胁女高的制服。

山胁女高的洋服最早是连衣裙款式，后来套装逐渐成为主流。二十世纪二十年代初期，身穿长款上衣、搭配腰带的女学生举目皆是。前排扣上衣的翻领上装饰有白色领结或黑色天鹅绒。由于这一款式酷似公车女乘务员的制服，所以她们常常被误以为是公车乘务员。到了后来，水手式衣领逐步替代了翻领。水手服成为女子学校制服的一个典型样式，并在一九二一（大正十）年普及至爱知金城女子学校与福冈女子学校等基督教义的私立女子学校，这款服装参考了宣教士与外籍教师的家人所穿的水手服。

洋服的全面普及不仅归功于舆论、社会风潮的影响等抽象原因，在各所女子学校也出现了不少契机或具体事件。就全国形势而言，一九二三（大正十二）年废除郡制，许多学校为了纪念郡立学校移交县管而制定洋服。此外，有的学校趁迁徙校舍或新楼落成之际制定洋服。同一年还经历了关东大地震，由于穿和服不方便逃跑，加之火灾也造成一定损失，所以在城市重建时，有人呼吁改穿洋服。同时，也有一些学校为了恭祝一九二八（昭和三）年昭和天皇即位或皇族临驾而规定制服。由此可见，以同一事件为契机制定洋服的事例屡见不鲜。

为了推行洋服，需要校方预备服装。山胁女高的洋服由三越负责定做，市区女子学校也大多委托吴服店或百货店定做制服。爱知的伊藤吴服店与松坂屋、大阪的高岛屋、三越、白木屋几乎承包了所有的洋服定做工作。上一章也曾提及，许多吴服店在生活改善展览会上展出了改良服样本，而且在大阪市"健母会"设计改良运动服之际，三越也响应了童装有奖征集活动。概言之，吴服店与百货店积极参与到改良服与运动服的设计、制作与销售过程中，从物质与技术两个方面支持二十世纪二十年代初女子学校洋服的普及。对于吴服店与百货店而言，相同款式的学校制服确保了每年的订购量，成为获取稳定收益的重要市场。这也反映了随着资本主义的发展，公共消费社会初露端倪。综上所述，大型吴服店与百货店承担了市区女子学校制服定做的工作，而地方女子学校的做法各不相同，有的委托个人经营的洋服店，有的利用裁缝课的时间由学生自己缝制，有的则是要求高年级学生或毕业生为新生缝制。学生在学校制作制服，不仅经济可行，还为学生提供了学习缝纫技术的机会。而且，高年级学生为低年级缝制制服的传统也有助于培养学生的感恩心与爱校心，可谓一举多得。

洋服的推行进程

接下来的部分将重点分析各所女子学校推行洋服的动机或契机，以及确定洋服的具体过程。这一过程同样也是服装改良争论与洋服盛行的社会风气在诸多女校落实的过程，对其的考察有助于纠正越早实现洋服化的学校越进步、反之越晚实现的学校越保守这一观点，明确实行洋服化的先决条件。下文分别列举发生在一九二〇（大正九）年、一九二一（大正十）年、一九二三（大正十二）年、一九二四（大正十三）年与一九二八（昭和三）年的典型事例。

一九二〇（大正九）年

一九二〇（大正九）年，爱知淑德高等女子学校（私立）、椙山高等女子学校（爱知·私立）、私立金城女子学校（爱知）、平安高等女子学校（京都·私立）、大阪府立泉南高等女子学校、兵库县立神户高等女子学校与宇部村立济美实科高等女子学校（山口）开始普及洋服。其中三所学校位于爱知县，另外三所也集中于京、阪、神等大城市。可见，早期女子学校的洋服化是由城市引领的。由于爱知淑德女高与椙山女高保存了有关制定洋服经过的记录，所以选取这两所学校为例。

爱知淑德高等女子学校（爱知·私立）

爱知淑德高等女子学校是一所私立学校，由小林清作于一九〇五（明治三十八）年创建。小林大力提倡发展女子体育，鼓励女子服装改良，但自身并未提出有效方案。小林谈到，曾经发生了一些促使学校最终决定推行洋服的事件。其中之一便是一九一八（大正七）年中京音乐会理事会铃木政吉提议："既然男子已经换上了洋装，那么女子穿洋装也是顺理成章的事。我们没有必要再为了改良设计而绞尽脑汁。"铃木的提议使得小林认同了采用洋服的合理性。可是，当时穿洋服仍被视为"双重生活方式"，不免存在不经济的嫌疑。一九一九（大正八）年春，古岛安二揭露了双重生活方式不经济论的谬误之处，这一困境才得以解除。古岛指出："单就服装而论，洋服最经济，和、洋服的双重生活方式次之，和服最不经济。虽然我希望全体国民一致转变为洋服一重生活，但遗憾的是，日本的生活富裕程度并不高，我们的住宅依然是日式建筑，在日式房屋的榻榻米地板上，穿着洋服反而不方便。无奈之下，只能在去往学校、政府机关、银行或公司的路上穿洋服，回到家再换上和服。以日本当今现状而言，双重生活方式才是最经济的。"由此，小林在铃木与古岛的建议下坚定了推行洋服的信念，并着手研究具体方案与实施安排。此时，正值山胁女高确立洋服服制的消息传来，小林更加坚信普及洋服的时机已经到来。

经历了上述阶段，小林最终决定落实洋服方针，并在一九二〇（大正九）年四月五日的入学仪式上向学生家长说明此事，宣布自五月十七日建校纪念日起正式实施。当时选择的洋服为（藏青色）斜纹薄绸连衣裙，由伊藤吴服店承包订单，东京松坂屋负责定做。一套连衣裙约十八至二十一日元、帽子约两日元三十钱、皮鞋约六日元五十钱，共计二十六日元八十钱至二十九日元八十钱。

可是，制服很快便开始褪色，家长的谴责声此起彼伏，最后校长不得不出面谢罪。小林对此回应道："一次失败无法否定洋服的可行性，如同一次脱轨也不能令人放弃火车一样。"他承认失败，但依然毫不动摇地坚持普及洋服的方针。小林预测，不久之后爱知县椙山女高、金城女子学校、皇华女子学校、县立第二女高也会开始采用洋服，小学女童穿洋服的现象将愈加普遍，而且在不久的将来就会遍及全国。翌年的一九二一（大正十）年，他设计了如图 3-21 的冬服与夏服。冬服的面料为藏青色棉哔叽，衣领与领结为黑色天鹅绒，帽子为"大黑帽子"；夏服为装饰藏青色方格花纹的天蓝色棉质布料，袖口与裙摆上点缀有"褶"（方便调整长短）。

椙山高等女子学校（爱知·私立）

与爱知淑德同时推推行洋服的女子学校是椙山女高。该校的前身是创建于一九一九（大正八）年的名古屋裁缝女子学校，也是一所私立女子学校。据爱知淑德的小林清作回忆，在一九一九（大正八）年爱知县召开的"裁缝课教学方法研究会"围绕改良服展开议论之际，椙山女高的椙山正式建议采用洋服："日本服装一直以来遵循日本服装自身的发展规律，对其横加改良、使之趋向洋服，是犯了根本性的错误。证据便是迄今为止改良服无一不惨遭失败。如果说为了克服日本服装不便性的弊端而不得不改良，那么采用洋服无疑是最高明的选择。"该校于一九二〇（大正九）年三月在校内举办生活改善展览会，从面料、价格、缝纫所需的费用与时间、鞋子、伞等诸多方面证实了洋服的经济性。随后，学校开始尝试性地推行洋服。学校展示了斜纹哔叽（藏青色或浅蓝色）的"纯粹洋服"，有意者可以委托伊藤吴服店定做。同时，学校表示洋服样式可由各个家庭按喜好选择，不限制定做的商店，学生也可以穿现有服装。

一九二〇（大正十）年

一九二〇（大正十）年，大阪的清水谷女高、爱知的金城女校与福冈女校开始采用洋服。

大阪府立清水谷高等女子学校（大阪·府立）

如上一章所述，在健母会设计改良运动服之际，该校已经开始穿用"水手式"运动服，鼓励学生投身体育训练，可见清水谷女高是一所积极实践服装改良尝试的女子学校。该校决定采用洋服的具体时间并不确

图 3-21 1921 年制定的爱知淑德女子学校的冬装与夏装
（《爱知淑德学园史》107 页 1965 年）

定，不过据记载，一九二〇（大正九）年的《风纪卫生规定》中有一条关于洋服的规定："通学洋服宜采用'服装调查委员会'设计的款式。不过亦可穿过去制作的洋服。"《风纪卫生规定》中提供了和服（筒袖和服配褐红色袴）与洋服两种选择，而且服装调查会已经明确了特定的洋服款式。一九二一（大正十）年，职工大会提议"修改洋服"，"上衣 一颗前扣，优质棉绒衣领既体面又便于保存"，并决定将费用控制在二十八日元左右，"委托高岛屋制作全体学生服装，不过仅限本次"。一九二二（大正十一）年，"对于学生服装与近期确定的洋服款式，学生家长纷纷致信提醒，但学校坚决维持原规定，严禁学生穿用其他样式的服装"，虽然无从获悉家长来信的具体内容，但面对这些提醒与意见，校方采取了"坚决维持"既定方针，禁止不同服制的对策。以一九二三（大正十二）年学生参加东洋冠军大赛应该穿什么样的运动服这一问题为契机，学校规定制服为水手服，面料为藏青色斜纹哔叽或哔叽，价格为二十日元五十钱。据记录记载，当时几位三越与白木屋的店员来到学校为学生量体裁衣。清水谷女高的事例极具代表性地反映了从和服洋服皆可的着装规定到选择洋式运动服、乃至最后确定水手服为制服的经过。

私立金城女子学校（爱知·传教）

这所位于爱知县的基督教义私立女子学校创立于一八八九（明治二十二）年。一九二〇（大正九）年四月，校长鼓励新生穿洋服，样式不限。一九二二（大正十）年，学校要求三年级以下的学生穿用学校指定的水手服。这套水手服的原型是该校主任洛根的女儿拥有的一套海军服（图 3-22）。据说，当时许多学生向洛根的女儿请教水手服的穿衣方法与领结打法。这套水手服的费用为十七日元五十钱。基督教义女子学校经由外籍教师及其家人，积极引进欧美的流行服饰。接下来即将介绍的福冈女子学校同样将校长本人拥有的一件水手服规定为该校的制服。

福冈女子学校（福冈·传教）

福冈女子学校于一八八五（明治十八）年在福冈创建，也是一所基督教义私立女子学校。一九二一（大正十）年制定如图 3-23 所示的制服，这是一件胸前装饰有白色船锚的水手服。该校校长伊丽莎白·李在成为服装调查委员后，花费了一年的时间研究制服，最终决定借鉴自己的一件水手服。她委托专营男子制服的太田洋服店试做制服，经过八次的反复修改，一件红色纹理修饰的藏青色哔叽水手服终于在一九二二（大正十）年十二月正式发布。

建校八十六周年纪念仪式当天，李校长来到学校，讲述了当年统一制服的理由与经过。她说道，刚来到日本的时候，由于不精通日语，只好与学生们一起打篮球、排球，但是家长们看到学生穿和服、草鞋进行剧烈运动后，同声谴责。交流手段被驳斥，于是她开始研究学生服装的改良，并在与家长协商时展示了自己拥有的一套深蓝色水手服。其后，她委托太田洋服店试做制服，由于日本没有深蓝色布料，她便从英国伦敦进口，又从美国洛杉矶进口袜子，鞋子则委托位于福冈的一家鞋店比

图 3-22 金城女子学校的洛根一家

（《眼中的金城学院百年史》61 页 1989 年）

图 3-23 1921 年制定的福冈女子学校的水手服

（《福冈女子学院九十年史》43 页 1975 年）

照自己的鞋子制造。除设计以外，李校长还动用了自己拥有的信息与人脉，从布匹到袜子、鞋子一一解决，使得水手制服的实施成为可能。基督教义学校之所以成功地推行水手服，原因之一在于能够通过外籍教师引进欧美的款式、信息与物资。

一九二三（大正十二）年至一九二四（大正十三）年

许多文献提到了一九二三年关东大地震的影响，同年，日本废除郡制，若干学校为纪念郡立高等女子学校移交县管而确立洋服服制。郡立向县立的交接，或"实科高等女子学校"向"高等女子学校"的"升格"，对学校、学生与地区而言都是引以为傲的转变，值得热烈庆贺。

山口县立长府高等女子学校（纪念移交县管）

校史记载："大正十二年的移交县管对全校上下而言，是一大喜事。因此，本校以此为契机推出各种新政策。其中，将制服从和服改为洋服也是一项重大革新。"换言之，移交县管是确定制服的一个关键契机。自一九二〇（大正九）年济美实科高等女子学校确定洋服以来，山口县的不少学校闻风而动，山口县立长府高等女子学校未能免俗。该校决心推行洋服后，便指定数家吴服店制作样本，经过职工大会的研究，最终选定长府木屋吴服店的作品。冬服为藏青色哔叽，上衣腰间系有腰带，腰带正中装饰有金属校章。这款制服受到学生们的好评，虽然学校仅要求一九二三（大正十二）年四月入学新生统一穿着，但在二年级以上的在校生中间也迅速普及开来。

另外，福冈县立糸岛实科高等女子学校与鹿儿岛县立高山高等女子学校也趁被移交县管之际，制定洋服服制。一九二三年，郡立糸岛高等女子学校移交县管，第二年从"实科高等女子学校"升格为"高等女子学校"。据毕业生回忆，正是在这个时候制服被改为洋服。"夏服为深藏青色纵横细条纹水手服，搭配高顶帽；冬服为深藏青色哔叽水手服，搭配尖头皮鞋"。

西远高等女子学校（静冈·私立·搬迁校址）

因废除郡制或移交县管而统一制服的情况只发生在公立学校。而为纪念校址搬迁或教学楼落成而确定洋服服制的学校则不限公立私立。一九二三（大正十二）年，静冈的西远高等女子学校（私立）搬迁校址，并制定洋式制服。当时的夏季制服为白色上衣搭配浅蓝色裙子，冬季制服为藏青色哔叽连衣裙，腰系印有"SHG"与红色标志的腰带，头戴毛毡帽。

神奈川县立平塚高等女子学校（关东大地震）

创立于一九二一（大正十）年的神奈川县立平塚高等女子学校确定洋服服制的时间是在一九二四（大正十三）年。一位当时的在校生回忆道："出于经济、学习与运动等考虑，社会对服装改良的呼声越来越高。尤其是经历了大地震的惨痛教训后，学校充分认识到改良服装的必要性，开始提倡校服。所有人都表示希望对服装加以约束或改良。校服热与日俱增。" 引人注目的是，学校的"校服热"与"加以约束"的希望。当人们得知城区女子学校定做洋服的情况后，希望统一制服的呼声便"越来越高"。前面提到的那位在校生描述了制服确定后的激动之情："大正十三年六月的某一天，我们听说了制定校服的消息后，喜悦之情'无以言表'。我们迫不及待地等待了那么久。什么样子？什么颜色？我们期待着、设想着全校学生一同穿上校服的场景。"学校建议学生在裁缝课或放学后缝制制服。总而言之，一九二四（大正十三）年以后，震灾的影响加速了洋服化的进程，同时学生期待统一制服的愿望也日趋强烈。

一九二八（昭和三）年

在这一年，一些学校为了纪念昭和天皇即位或皇族临驾而统一制服。

东京市立第一女子实科高等女子学校

该校起源于一九〇三（明治三十六）年创建的私立日本女子美术学校，一九一一（明治四十四）年更名为"东京市立第一女子技艺学校"，一九二二（大正十一）年再度更名为"东京市立第一女子实科高等女子学校"，成为一所公立实科高等女子学校。一九二八（昭和三）年，该校统一洋式制服。这属于纪念天皇即位大典的一项举措。该校为纪念大典，谱写校歌、举办展览会、制作校旗、修改制服、变更校名。校史中并未记载此时的制服，所以其面料、颜色等也无从考证。

私立华顶高等女子学校（京都·佛教）

这是一所成立于一九一一（明治四十三）年的佛教教义私立女子学校。该校为纪念"恭贺大典仪式"，成立"家长会"、举办"教职员修身养性讲座"、推出"纪念文库"、统一制服。对于制服统一这一点，"过去的学生服装尊重个人意愿，在勤俭节约的范围内允许学生自由穿戴，但是仍然无法杜绝动辄堕于奢侈的倾向，因此在不压抑学生个性的前提下，重视该年龄段学生的身体发育，从抵制奢侈、削减服装费用等角度出发反复斟酌，最终本校决定统一制服为藏青色哔叽圆筒服"。这所学校为纪念天皇即位而统一新制服。另有一些学校为恭迎皇族临驾而规定制服。

普连土女子学校（东京·传教）

该校创建于一八八七（明治二十）年，是一所基督教义私立女子学校。一九二四（大正十三）年推行水手服运动服，一九二八（昭和三）年统一制服。在恭迎秩父宫妃松平节子从美国归国之际，学校借助统一着装，提高本校学生的公众知名度。上衣为水手款，冬服为藏青色面料，衣领与袖口绣有三条白线，夏服为白色面料，藏青色衣领与袖口也绣有三条白线，并搭配黑色丝质领结。

在此前后，台北第一高等女子学校为纪念一九二三（大正十二）年皇太子(昭和天皇)行幸,要求学生穿上如图3-24所示的洋服。总而言之,天皇或皇后、皇太子及其他皇族成员的临驾是学校统一制定洋服的重要契机。

关于制服的定做

　　全国女子学校普及洋服时,服装的定做不可或缺。如前所述,城区学校委托吴服店或百货店,地方学校委托个人经营的商店或拥有专业技术的人担任洋服定做的工作。也有的学校提倡由学生利用裁缝课的时间自己缝制,或由高年级学生为新入学学生制作制服。女子同男子最大的不同之处在于,前者可以自己缝制洋服。尤其是由高年级学生制作制服的学校惯例,对高年级学生本身而言有助于学习与提高裁缝技术,对家长而言有助于节俭制服费用,对学校而言有助于建立高低年级学生之间的纽带,可谓一举多得。下文将通过回顾几个典型事例,展示女子学校是如何定做洋式制服的。

成安技艺女子学校(京都·私立)

　　这所私立裁缝学校创建于一九二〇(大正九)年,一九二一(大正十)年在寄宿生中间推行格子条纹的洋服,一九二二(大正十一)年统一制服为藏青色哔叽连衣裙。该制服的设计亮点是衣领从颈部延伸至腰间。最初制服的剪裁与缝制均交由神户的一家洋服店,后来则由教员与专科学院负责。该校的创始人濑尾亲不仅率先垂范,换上洋装,而且同裁缝

图 3-24 1923 年台北第一高等女子学校的制服
（《台北第一高等女子学校的故事》73 页 1988 年）

课的教师共同指导高年级学生制作制服。因为学校本身就是一所裁缝女子学校，这样的安排也为学生提供了一个练习缝纫技术的机会，而且也具有经济意义：统一采购全校学生制服的布匹，可以享受货款折扣；统一裁剪，节约布匹；节省裁缝成本；以接近市价的价格销售制服，实现盈利；利用剩余布料，制作廉价产品，赚取利润等等。在以培养缝纫技术为目的的裁缝女子学校，学生洋服的定做也属于专业领域，既可用于教学，亦可用于创收。

丰桥市立高等女子学校（爱知）

上一章曾提及该所女子学校定制的背包，一九二二（大正十一）年，该校又制定了藏青色哔叽制服，衣领处搭配有同色天鹅绒。上衣胸前褶皱，腰带上绣有三条白线（图 3-25）。一开始，制服由伊藤吴服店与位于丰桥市内的一家吴服店负责定做，一九二七（昭和二）年，制服缝制被编入教程后，则变为由高年级学生为低年级学生缝制。在高年级学生负责制服制作期间，为减轻缝纫技巧上的困难，废除了胸前的褶皱、腰带上的三条横线与领罩。可见，普通高等女子学校有时为了便于学生缝制服装，也会考虑更改制服的设计。

新潟县立新潟高等女子学校

一九二三（大正十二）年，该校确定水手服式制服（图 3-26）。该校聘用"儿童妇女服实习会"会长高木铎子，在她的指导下，三百名学生每周花费三小时一齐手工缝制制服。为了抵挡北方严寒，上衣的面料特意选择了耐久性与保温性极佳的哗叽。

千叶县立千叶高等女子学校

在这所学校，高年级学生协助分担新生制服的缝制工作。该校的校报上刊登了一名高年级学生的作文。

最初计划十五天完成，但是加上选定人选、测量尺寸、裁剪样纸，到开始缝制时已经过了二十天。（略）早起晚归，放学后没有一个人能在六点前回家。周末与节假日更是最繁忙的时候。（略）全部分工合作，裁剪、缝纫、熨烫，这些对大家而言都是十分艰巨的任务。（略）但是在三十天后的一个下午，看到每位一年级学生换上新装时的心情，真的是非当事者本人无法体会。

该校利用包括周末与节假日在内的十五天时间，为新生制作制服。学生主要分担裁剪、缝纫与熨烫的工作。高年级学生缝制制服已经成为该校惯例，校报发表了许多学生或教师对此的感想。

丹生实科高等女子学校（福井·村立）

新生收到定做的制服后，又有何感想呢？在丹生实科高等女子学校，四年级学生利用裁缝课的时间为一年级新生缝制洋服。以下是一名一九三四（昭和九）届学生的作文。

　　望眼欲穿地等待着，终于在五月三十一日从老师手中接过了一套夏服。（略）我如视珍宝，郑重其事地抱着它回到家中，穿在身上一试，果然又合体又好看。父亲看后也十分满意，问道："这是谁给你做的啊？""是 N 学姐。""做得真不错！"父亲不吝赞誉之词。（略）我总觉得一个人穿着它去上学有点难为情，于是邀请了同年级的藤川一道上学。穿上崭新洋服的朋友看上去和昨天大不相同，更加漂亮了。我们心花怒放，一路笑着上学去了。

这篇文章传达了接过制服的喜悦与初次穿上制服的羞涩之情。不过，也可能这名学生是在考虑读者身份的前提下写作的，事实上也许并不总是如此顺遂。

栃木县立大田原高等女子学校
在该校校史上发现了下述记载：

　　背心裙款式的新生制服是四年级学生负责缝制的。用料便宜、制作粗糙、衣服又不合身，多多少少引起了学生的不满。

对此，校长曾训诫道："要体察他人的好意。"

也就是说，在实际制作中也可能出现质量参差不齐或存在缺陷的情况，甚至造成学生的不满。

福岛县立会津高等女子学校

即便如此，各地多所女子学校均由高年级学生缝制制服，不仅带来经济与学业上的好处，而且也有利于培养高低年级学生之间的团结意识与爱校心。以下是一九三一（昭和六）年毕业于福岛县立会津高等女子学校的一名学生回忆当年缝制制服时写下的文章。

当时的惯例是四年级学生为一年级学生缝制冬季制服。一年级学生穿上四年级学生为自己缝制的制服，经过四年的学习生涯，成为新的四年级学生，接着为新的一年级学生缝制服装。我反复思考，对高年级学生的感激与敬畏、对低年级学生的疼爱，或许正是在这个传统的激励下逐渐成为会女高校风的。想到这里，我不禁为当时老师们的耐心指导而感到敬佩。

从她的回忆可以看出，当年接受制服的人数年后成了制作制服的人，制服制作形成了一个循环。由高年级学生制作制服的传统产生了一种关联性，即从高年级学生手中接过证明本校学生身份的制服，再交给低年级学生，发挥了加强连带感、身份意识、校风与传统的作用。

洋服的缝制由学生本人或高年级学生负责，这不仅是获取洋服的一种手段，也有助于实现学习裁缝技术、节俭服装费用、培养友爱情操等各种目的与效果。也可以说，这些特征是男子制服所不具备的。

二十世纪二十年代，全国各地推行洋服，多数学校以移交县管、由实科女高向女高的升格、新建或搬迁校舍、纪念登基大典、恭迎皇族等事件为契机统一制服。二十世纪二十年代初期，各校的洋服呈现多样化的趋势，然而进入二十世纪二十年代后期，将水手服规定为制服的学校与日俱增。下一章将探讨水手服被选为代表女生身份的洋服的过程以及学生服装的样式。

图 3-25 1922 年丰桥市立高等女子学校的制服

（《创立八十周年纪念相册》43 页 爱知县立丰桥东高等学校 1981 年版）

图 3-26 1923 年新潟高等女子学校的冬装与夏装

（《我们的八十年》新潟县立新潟中央高等学校 1980 年版）

Chapter FOUR

二十世纪三十年代的女生学校制服

二十世纪二十年代初，各所女校规定的制服样式千差万别，然而进入二十世纪三十年代，学校制服的样式集中趋向水手服与背心裙。纵览至此为止的制服演变历程可以发现，二十世纪〇〇年代作为女生标志的袴得到广泛普及，在袴上佩戴本校校徽的学校制服开始登上历史舞台。到了二十世纪二十年代，传统的标志体系彻底瓦解，服装从袴向洋服转变，某种特定样式的洋服再次作为代表"女生"身份的服装固定下来。水手服与背心裙就是其中的典型代表。从二十世纪二十年代后半期至二十世纪三十年代，这两种服饰作为女校制服在全国范围推广使用。

——

一　一九三〇（昭和五）年东京女子高等师范学校附属高等女子学校的

服装规定——标准服

一九二四（大正一三）年以后的入学纪念相片

　　一九一九（大正八）年，附属女高出现了少许身穿"筒袖洋服或洋服"的低年级学生。据校史记载，一九一九（大正八）年，穿洋服的低年级学生人数不断增加，到了一九二一（大正十）年，每个高年级班级中也出现了三名左右穿洋服的学生，这一人数在关东大地震后呈现了显著增长的趋势。虽然没有资料可以直接证明这一论断，但是一九二四（大正十三）年以后的附属女高入学纪念相片有助于了解在一九三〇年标准服出现以前的女高学生服装穿着情况。

　　如今，女高依然保存着一九二〇（大正九）年以来的入学纪念相片。其中，一九二一（大正十）年至一九二三（大正十二）年的相片被标注为"拍摄于一九二四（大正十三）年"。究其原因在于，一九二四年以前的相片在关东大地震中被毁，现存照片为震后补拍。虽然一九二〇（大正九）年的相片并未加注类似说明，但综合相片的拍摄地点、构图、光线明暗等要素分析，该照片应当也拍摄于一九二四年。也就是说，从一九二〇年到一九二三年的相片，均为一九二四年补拍。注明时间为一九二〇年的相片上为一届五年级学生，一九二一年相片拍摄的为四年级学生，一九二二年相片为三年级学生，一九二三年相片则为二年级学生。倘若对比一九二四年五个年级学生的相片可以获知，三年级（含）以下的学生中穿洋服的比例较高，而四五年级的学生中则有近半数穿袴

（图 3-27、28）。通过相片可以推断，当时的低年级学生多穿洋服，而高年级学生多穿和服。

五种标准服与着装要求

附属女高最初并未对服装做统一要求，但在关东大地震后，几乎所有低年级学生都主动改穿洋服。在自由着装的前提下，女高在一九三〇（昭和五）年设计五种标准服。为什么没有统一制服，而是实施了标准服的规定？解答这一问题，首先必须了解五种标准服的具体样式。

校史仅记录了"设计五种标准服"一句话，并未收录详细介绍。但是借助校友会杂志《御茶水》与当时其他的一些杂志，仍可以对标准服展开考证。校友会杂志的一篇文章讲述了"标准服的选定"：

本校并未统一学校制服，学生在校可穿自由着装。当然，服饰的选择必须遵守《学生须知》对于"服饰"的具体要求。去年年底，本校调查发现：约九成的学生习惯穿洋服上学，她们所穿服装的样式、质地、颜色等不一而足，其中不符合"服饰"条款规定的也不在少数。因此，学校基于《学生须知》中"服饰"规定的精神，在上学期期末选定五套通学标准服，包括两套夹克衫、一套水手服与两件连衣裙。自本学期开始，学生可根据自己的年龄、体型、爱好等自主选择一套服装。另外还选定一套运动服，以便穿和服上学的学生在参加体操课等场合换穿。

图 3-27 1920 年 4 月东京女子高等师范学校附属高等女子学校的开学典礼
（御茶水女子大学附属高校藏）

图 3-28 1924 年 4 月东京女子高等师范学校附属高等女子学校的开学典礼
（御茶水女子大学附属高校藏）

综上所述，所谓的标准服即"标准洋服"，五种分别指的是两套夹克衫、一套水手服与两件连衣裙。当时学校允许学生穿和服上学，因此又特意为这部分学生选定一套运动服，以供她们在体操课时换穿。换言之，标准服是面向选择穿洋服上学的学生而设计的五种标准服装样式。

相对于校友会杂志，《创立五十年》校史对选定标准服理由的解释又有所不同。对于选定标准服的理由，《创立五十年》的记载如下：

> 与和服不同，女式洋服款式多样，加之一般家庭对其大多不甚了了，因此校园里出现了一些身穿奇装异服的学生。随着穿洋服的学生人数越来越多，服装的样式、颜色等也越来越多样化，而且也有学生选择穿和服。为统一着装，本校于昭和五年三月公布了五种标准服，规定学生可从中挑选一套通学服，并自四月起开始实施。

对比上述两段文字可以得知，两种解释的共通点在于都提到了洋服的多样化导致部分学生的着装违反了《学生须知》的有关方针，不过校友会杂志并未将各式各样的洋服与和服混杂、缺乏统一的现象视为理由之一。另外，校友会杂志对于标准服使用了"选定"一词，而非"规定"。综上所述，一九三〇（昭和五）年，学校面临的问题是明示洋服的具体样式与穿用标准，并不包括制定规章制度或完全取缔和服。

接下来介绍一下标准服揭晓之前的《学生须知》。据时任附属女高主任的齐藤文藏记载，《学生须知》中包含以下内容：

一、衣着、发饰须以朴素、清洁、轻便为主，忌华丽之流。

二、可穿和服或洋服，但若穿和服时须着袴。

三、衣着须端庄大方，忌紧缚身体。

四、本科与实科学生穿和服时须使用元禄袖（长度在四十五公分以内）。

五、洋服的衣袖不应过肘，裾不应过膝，上衣腰间两侧须留有"带祥"。

六、学生须佩戴本校规定的校徽。穿和服时须将校徽佩戴于袴纽上，穿洋服时须将其穿过"带祥"，佩戴于腰间。须摆正校徽位置。

七、须穿衬裤。

八、衣料质地可为棉织物、麻织物或毛织物，特殊情况下亦可穿平纹粗绸制品，忌着纯白纺绸、绉绸等高档品。

九、学校活动日，须穿日常白襟和服或日常洋服。忌着和服外褂或洋式针织套衫。

十、学生须穿本校统一规定的鞋子。须区分校内用鞋与通学用鞋。

在选定标准服之前，只要学生遵守对于袖长、裙长、带衽及棉、麻、毛面料等规定，即可自主选择服装样式或颜色。由于每个家庭对洋服的理解和认识千差万别，而且每位学生又可以根据个人喜好或流行趋势自由挑选不同设计的服装，因此选择适合女生在校生活的服装样式以及断定"朴素"与"华丽"的界限需要学生、家庭与老师的协作。标准服限定了洋服的若干样式，起到了统一洋服认识与穿衣习惯的作用。

夹克式、水手式、连衣裙式与运动服

附属女高标准服的照片登载在女性杂志《主妇之友》上（图3-29）。除附属女高选定的五类标准洋服之外，杂志也介绍了附属小学女童的通学服，即一套连衣裙（一号型）。从中还可以获悉，习惯穿和服的学生多选择水手式运动服。

也即是说，如果习惯穿和服的学生购买了一套水手式运动服，那么她也可以在上下学路上穿着这套服装。由此可见，虽然学校允许穿和服，但实际上依然偏向于洋式的通学服与运动服。杂志对此进行了下述说明：

　　　自古以来，一旦规定了统一款式的校服，即便并不合身，学生们也不得不穿用。但是如照片所示，打破这一旧俗，规定七种样式，由学生根据个人喜好自主选择。这种方法考虑到了校服之美，不愧是成田顺子老师的设计，深感佩服。

图 3–29 标准新型洋服

（《主妇之友》14 卷 6 号 324–325 页 1930 年 6 月）

该篇报道高度评价了标准服，因其与"校服"不同，并未严格统一样式，考虑到了学生的个人喜好与美观性。同时指出标准服出自于兼任东京女子高等师范学校教授与文部省督学官的成田顺子的设计。虽然目前我们无法考证成田在选定标准服过程中的参与程度，但她作为东京女子高等师范学校的教授，极有可能曾经提出建议或负责实际的服装设计工作。

　　报道针对各种款式的标准服加以一一概述。从文章可以看出，在服装款式方面，设计者针对需要严格要求的部位与尊重选择自由的部位展开各种组合尝试。例如，明确规定水手服的衣领、袖口颜色与裙子褶数等；对夹克式罩衫的衣领款式并无要求，但袖口必须为叠袖，且两侧以袖钉固定。学生可以自行决定连衣裙的面料，但款式必须在指定的两种之间进行选择。换言之，尽管学校规定了特定样式，但是学生在选择连衣裙时仍然拥有一定程度的自由选择权，既可选素色也可选花色，衣领款型也并无限制。因为该报道发表在《主妇之友》上，因此附属女高的标准服成为日本各地女子学校或小学学生家长的参考对象，同时也为服装店与百货商店的制服定做业务起到良好的宣传作用。

通学服调查

　　附属女高主任齐藤文藏在杂志《妇人公论》上发表了一篇名为《关于学生的通学服》的文章（一九三〇年三月），他在文中对选定标准服一事展开了如下叙述：

> 就学生现状而言，穿用洋服的学生占大多数，大多数研修
> 生选择和服。毋庸置疑，在便利性、经济性与动作灵活性等方
> 面，洋服具有明显优势，因此从学校的角度出发，我们希望洋
> 服得到普及。而且，学生家长也更重视洋服的便利性，甚至不
> 少家长提出请求，希望学校统一正服。大部分家长虽然认可洋
> 服，但对款式或质地却不甚了解。学校出于自身立场、学生立
> 场与家长立场，深感对学生通学洋服现状展开调查的必要性，
> 目前已经陆续展开。调查计划包括首先调查学生穿用洋服的现
> 状，了解当前流行的服装款式、质地与颜色等，然后整理搜集
> 到的资料，并以此为参考，选择若干款式的洋服（含冬服与夏服）
> 为通学标准。

上述叙述表明，学校从功能性与经济性的观点出发，果断支持洋服。
家长也赞成推行洋服，希望学校统一正服。齐藤提及的"正服"，字典
上的意思是"在仪式等场合穿着的正式服装"，但就上下文而言也可以
理解为"制服"，可见齐藤刻意避免使用"制服"一词。他还提到，部
分家长向学校表达了自己对洋服款式或质地的困惑不解。这种困惑来源
于哪一种洋服适合作为通学服的标准并未统一，以及处于儿童与成人之
间的女学生应当如何穿着的问题未得到解答。大正后期，与女童洋服日

渐普及相对，成年女性对洋服的抵触情绪根深蒂固，大部分人仍穿用和服。这一差别也体现在女子学校之中：低年级学生多穿洋服，高年级学生多穿和服。

受到家长的困惑与动摇的影响，学校承担起制定洋服基准的责任，继而为了搜集制作标准服的参考资料，对学生通学服的情况展开调查。当时的调查记录如表 3-4 所示。学生通学服的调查时间为一九三〇（昭和五）年一月二十五日，对象为一至五年级本科生、研修生、实科生等共计五百九十六名学生。调查款式分为水手式、罩衫、连衣裙、两件套，并对颜色展开调查。本科、研修与实科学生中，水手式最多，有三百一十一名；其次是连衣裙，有七十二名；然后是两件套，有六十八名，罩衫有三十九名。穿和服的本科生为十八名（本科生共四百六十名），研修生为七十九名（研修生共一百零六名），实科生为九名（实科生共三十名）。就整体而言，穿洋服的学生有四百九十名，和服有一百零六名。包括研修生在内，穿洋服的学生比例约百分之八十二，和服比例约百分之十八。仅针对本科学生而言，穿洋服的比例约百分之九十六，和服约百分之四。

总而言之，在一九三〇（昭和五）年一月，绝大多数本科生均穿洋服。自同年四月实施标准服规定之后，在本科生的新生入学相片上可以看到，尽管也存在时间问题，但大部分学生都穿着水手式或罩衫式服装（图 3-30）。

在本科毕业后升入研修学校的学生中，穿洋服的比例约百分之二十五，和服约百分之七十五。一九三〇（昭和五）年，大部分本科生穿洋服，而研修生的洋服比例仅仅占四分之一。不过在通学服调查之后，以选定标准服为界，越来越多的研修生开始穿用洋服。通过研修生的入学相片可以看出，在确定标准服的前一年、即一九二九（昭和四）年，五十名新生中穿和服的为二十三名（图3-31），而在一九三〇（昭和五）年，四十五名新生当中穿和服的仅三名（图3-32）。在此之后的入学相片中再也寻不到穿和服的新生了。可以说，标准服的选定对研修生的穿着也产生了一定的影响。

二 学生服装的标准

附属女高的标准服

一九三〇（昭和五）年，时任附属女高主任的齐藤文藏曾就标准服问题表示："不论和服还是洋服，本校一律将通学服视为陶冶学生人格的重要环节，因此在本校制作标准服时，也谨记此念，慎重其事。"这句话表明，齐藤将学生服装视为"陶冶学生人格的重要环节"，采取谨慎态度。这一主张并未将标准服与学生服装的标准混淆。无论是在一九三〇年的校友会杂志，还是在齐藤的文章中，均未出现"规定"或"制服"等词汇，而是使用"选定"与"正服"等代替，有意识地回避

表 3-4 通学服调查一览表

实科	研修科	本科	本科五年级	本科四年级	本科三年级	本科二年级	本科一年级			
13	12	286	38	67	63	60	58		人数	水手式
13	12	286	38	67	63	60	58	藏青（黑）	颜色	水手式
2	2	35	10	6	3	8	8		人数	罩衫
2	2	24	6	4	1	6	7	藏青		罩衫
		3			2		1	褐	颜色	罩衫
		8	4	2		2		其他		罩衫
	7	65	18	9	16	11	11		人数	连衣裙
	4	24	5	3	7	4	5	藏青		连衣裙
	1	19	5	4	3	3	4	褐		连衣裙
	2	4		1	2	1		条纹	颜色	连衣裙
		18	8	1	4	3	2	其他		连衣裙
6	6	56	13	9	7	11	16		人数	两件套
5	3	10	4	1		1	4	白	上衣	两件套
1		46	9	8	7	10	12	其他	上衣	两件套
6	5	48	11	7	5	10	14	褐	裙子	两件套
	1	9	2	2	2	1	2	其他	裙子	两件套
21	27	442	79	91	89	90	93		洋服	
8	79	18	12	4	1	1	0		和服	
30	106	460	91	95	90	91	93		调查人数	

参照御茶水女子大学附属高等学校馆藏资料制成此表

图 3-30 1930 年 4 月东京女子高等师范学校附属高等女子学校的开学典礼
（御茶水女子大学附属高校藏）

图 3-31 1929 年 4 月东京女子高等师范学校附属高等女子研修学校的开学典礼
（御茶水女子大学附属高校藏）

图 3-32 1930 年 4 月东京女子高等师范学校附属高等女子研修学校的开学典礼
（御茶水女子大学附属高校藏）

了"制"这一字眼。"制"中包含规定、命令、强制服从等含义，文章对"规定"或"制服"等类似表达的回避说明校方不希望标准服带有强制性色彩。大正末期以来，各地陆续出现将特定洋服规定为制服的女校，不过附属女高未随波逐流。一九二〇年前后，附属女高便出现了身穿洋服的学生，但直到二十世纪三十年代，学校都未对服装的款式、质地等做出统一要求。这一点与各地方女校形成鲜明对比，后者一般通过统一某种洋服为学校制服，由此推动洋服的普及。既然学校指定某一特定洋服即可实现洋服的普及，那么为什么附属女高没有规定某一样式的制服呢？下文将继续介绍与选定标准服密切相关的成田顺服装理论，以及同时代的制服观念。

通学服特辑——《妇人公论》一九三〇（昭和五）年三月刊

　　每逢四月，新学期即将开始，不少家庭不得不为新入学或升入高年级的孩子准备通学服。曾刊登齐藤文藏文章的《妇人公论》面向这些家庭出版了一期"通学服特辑"。除齐藤外，该期杂志还刊登了成田顺、仓桥惣三、与谢野晶子、平塚濑贞等人的投稿，同时收录了来自母亲们的意见与建议、洋式裁缝专家的具体服装提案等，内容详尽。二十世纪三十年代，尽管采用洋服逐渐成为共识，但是服装设计与质地的选择以及学校应否统一服制等问题仍然引起广泛关注。

成田顺

当时，成田顺担任文部省督学官，并兼任东京女子高等师范学校教授。成田曾留学英国，但在此之前她已经开始穿洋服，可谓女性洋服的实践者。基于自己的穿衣体会，成田强调洋服的便利性，积极主张女校推广洋服，但同时反对学校统一规定洋服。她的意见如下所述：

"提到女子学校，尤其是女子师范学校的和式制服，恕我实难苟同。长期接受传统师范教育的女性，除个案特例外，大多数人都未能形成良好的服饰选择能力。她们在选择服装时，仅仅从实用角度出发，但是如果兴趣寡然的话，又遑论如何提高这种能力呢？

"高等女子学校统一学校制服，也可能招致类似的不良结果。一旦这些女性成家并担负起全家人穿衣打扮的重担时，便会局限于固定模式。正如俗语所说，百闻不如一见，一见不如实践。"

出于培养学生服饰选择能力、提高审美情趣、活学活用等考虑，成田反对制服制度。首先就服饰选择能力的培养而言，成田顺与上一章述及的一九一六（大正五）年的日本女子大学成瀬仁藏、一九一八（大正七）年的山胁女高山胁房子的观点一致。这一观点由官立东京女子高等师范学校的教授提出，引人深思。官立师范学校及其附属女高反映的是国家政策与文部省方针，也是新型女子教育研究与实践的场所。尤其是附属女高是国内各地女高的典范，一举一动可以左右全国的局势。而且，此时成田担任文部省督学官，她的意见在一定程度上也代表了文部省的立场。成田对女生服装方针的影响力不容小觑，她一直主张着装自由：

"希望女生在学生时代尽可能自主选择、研究服装搭配。如果在学生时代总被限制穿制服的话，女生将丧失大部分穿衣实践的机会。从这一立场出发，我本人十分希望女生可以自主着装。"成田反对制服制度的依据在于为自己与家人选择、管理衣物的能力是女性通过女子教育应当获得的一项基本能力。她的观点与将女性活动领域限制于家庭的贤妻良母主义基本接轨。女生服装暗含了对培养改善现有生活、保障未来生活的经营能力的期待。综上所述，成田站在教育者的立场上，将学生服装定位为女生适应未来穿衣生活的实践机会，主张着装自由，反对统一服制。

仓桥惣三

仓桥惣三与成田同为东京女子高等师范学校教授，同时他还是一位儿童心理学专家，长期担任附属幼儿园主任。他基于重视儿童自觉意识与情绪的自然主义儿童观，致力于幼儿教育的理论与实践研究。关于女性服装，仓桥曾说道：

"即便是最低限度，少女也应当了解适合自己的服饰。当然，不是说少女应沉溺于华服艳服，耽于外表修饰。最简单朴素的衣饰，哪怕是大同小异的衣饰，也应当给予少女发挥个人喜好的空间。反过来讲，我不希望剥夺她们依据自己的想法为自己选择衣饰的权利。就结果而言，她们可以得体地着装，进而每个人都可以选择适合自己的衣饰，实现和谐共处。进言之，希望社会认可、培养在衣饰中展现个性的行为与能力。"

仓桥主张尊重女生选择适合自己服装的自由与个性。就职于官立师范学校及其附属幼儿园的仓桥，与成田一样提倡着装自由。而且，仓桥还发表下述观点，表示反对制服制度，并对服装教育提出质疑：

"规定校服并非难事，而且确实伴随着种种便利。然而，这并非服装教育。拒绝简单粗暴的方式实施服装教育，应该是儿童服装的根本问题所在。规定校服可以轻而易举地将表面问题一笔勾销，但从教育观点看，更深处必然遗留着更本质的问题。"

学校规定制服有助于普及实用且卫生的洋服，而统一质地与款式又可以防止学生服装堕于奢侈的弊端。而且，对于家庭而言可能也存在经济方面的好处。但是，仓桥指出这些并非服装教育。他认为，自主选择适合自己服装的能力、认可他人的个性、不同着装的人之间"和谐共处"等难题才是服装教育应当关注的本质问题。

与谢野晶子

一九一二（大正十）年，与谢野晶子担任由西村伊作创办的文化学院教师与学监，她同时也是一名歌手。与谢野任职的文化学院与自由学园均因创新教育方法而闻名遐迩。可以说，她的制服观点在一定程度上反映了学校的教育理念与大正时期的自由教育思想。

与谢野列举了制服"令人望而却步"的三个特征。首先是"个性的泯灭"。与谢野认为教育的目的在于培养并施展个性，服饰也应当彰显个性喜好，但制服却压抑了这种个性。第二是"阶级歧视思想"。政府官员的制服可以代表不同级别，但学校制服所体现的阶级差异则有害无益。与谢野说道："在呢绒制服面前，穿小仓制服的学生可能感到如坐针毡；在华族女子学校制服面前，其他女校的学生也会犹如芒刺在背。这都是制服对学生心灵带来的不必要的伤害。"她主张学生时代人人平等。第三，与谢野提到女生制服"抹杀了女子的容姿美"。在她看来，地方女校的女生制服比东京女乘务员的制服更"不修边幅"。与之相对，她在荷兰见到的女生制服虽然质地粗劣，但款式充满"艺术魅力"，给人以美感享受。与谢野站在个性、平等与美学的立场反对制服，并提出如下主张：

"学校既非监狱也非兵营，而是青春少女共度'学生时代'的地方。我不希望这些含苞待放的花蕾们被明治以来那种压抑个性、扼杀美姿的制服所丑化、怪化。从自由教育的角度出发，学生制服是古代专制封建主义的残留，也是明治时期以来划一主义的延续；从艺术教育的角度出发，是对个性美的残酷践踏。"

与谢野将明治以后的教育视作划一主义的表现，将制服视作封建专制主义的残留，批判了它们对个性的抑杀。因此，文化学院并未统一制服，相关方针表示支持学生穿用便于活动的简便服饰，鼓励穿洋服。学校还提醒学生避免使用高价面料，选择符合学生身份的颜色与样式，抵制恶俗。同时，倘若学生申请，校方可以"聘请欧洲专业裁缝师，同校长、美术家一道，根据学生个人特质，为其选择款式、色彩、质地等比较适当且经济实惠的服装，以做参考"。与谢野主张重视个性与美学的服装教育："不是锦衣华服或穷奢极侈，而是女子应当在学生时代了解个性美与容姿美，这也是文化教育的一个必要阶段。"

平塚濑贞

平塚濑贞是附属女高的一名毕业生，也是一位知名的女性解放运动家。她也反对制服。女儿就读的自由学园与儿子就读的成城学园都是允许学生自由着装的学校。平塚的女儿曙生就读的自由学园建立于一九二一（大正十）年，创始人为羽仁下子、羽仁吉一夫妇。自由学园仅规定学生穿洋服上学，对服装质地与样式则不做要求。学生可以自己设计并缝制服装。濑贞赞同这一方针，并对制服加以批判："强迫女生穿着一模一样的制服是对女性的侮辱。"她反对制服的原因不仅来自于卫生、经济、美学等方面，她还提出"强迫全校学生统一着装，剥夺学生选择与反对的权利，这种态度本身就是与教育背道而驰的"，由此对学校制服的强制性提出质疑。

如上所述，杂志刊登了不同人出于不同立场或观点对制服制度提出的反对意见。同时，杂志还收录了来自一位母亲的不同声音。她支持制服制度，认为制服"将女儿与奢侈的世界完全隔离开来，断绝了来自那个世界的所有诱惑"。不过，也有不少母亲徘徊在全盘肯定与全盘反对的意见之间。她们认为，出于遏制虚荣心的需要，规定制服是事半功倍的，但又必须重视培养女生对服饰的感知与审美能力，也不希望让正值青春年华的女儿打扮得如同修道院女尼一般。事实上，制服支持者并不否定尊重个性与美学，而制服反对者也并不认可锦衣华服以及与他人攀比而产生的嫉妒或轻蔑心理。对于制服的评价，不仅众说纷纭，甚至同一个人的态度也往往摇摆不定。

二十世纪二十年代至二十世纪三十年代，日本各地女校普遍将洋服规定为学校制服。在这一形势下，基于服装教育、审美涵养、个性与美的尊重、学校强制力等原因，也出现了一些反对制服的声音。附属女高选定一系列"标准服"、文化学园和自由学园采取允许学生自由着装的方针，这些都是抵制服装统一的实际举措。由于附属女高在一九三二（昭和七）年规定水手服与背心裙两类制服，因此有研究认为，附属女高的标准服也属于制服化的一个环节。但实际上，标准服的选定是对统一学生服装的制服制度的一种对抗，而非为了最终制定制服。接下来主要介绍《家务与裁缝》的几篇报道，对于标准服的考察极具启发作用。

《家务与裁缝》一九三一（昭和六）年六月至八月刊

《家务与裁缝》创刊于一九二七（昭和二）年，是一本家务、裁缝类专业教育杂志。《家务与裁缝》第五卷六期（一九三一年六月）报道了"针对女生制服的专家看法"座谈会，就此引发了一场围绕制服的争论。

"针对女生制服的专家看法"座谈会的参与者包括日本洋装协会理事鸟居市平、高桥丰洋、饭岛荣次，文化裁缝女子学校讲师町田菊之助与自由学园讲师西岛芳太郎。首先，杂志主编宫原列举了四个"规定女生制服的目的"：经济、避免虚荣虚饰与攀比心理、方便运动与促进发育、以学校象征的形式增强自重意识，推动各位与会者围绕制服的长短利弊展开议论。日本洋装协会的鸟居与自由学园的西岛从个性与陶冶情操的角度反对制服，文化裁缝女子学校的町田有条件地赞成，而日本洋装协会的高桥与饭岛则表示赞成。尤为引人注目的是高桥的赞成意见与西岛的反对意见。高桥认为规定制服"极好"，理由如下所述：

"如今是服装的过渡期，我认为应该在洋服广泛普及后再考虑通过服装彰显个性的问题。学生时代是学习的时代，学校是学习的场所，所以漂亮服装更适合在毕业后穿。

"先前曾出现许多关于款式是否美观的问题，但是就现状而言，经济情况并不允许大家穿着华丽的服装。当然，城市与农村之间必然存在差异，洋服在农村的普及程度相当低。因此，现在应当是广泛宣传洋服的便利性与经济性的时期，当洋服在全国的普及程度更进一步之后，再考虑美观问题。因此，目前洋式制服是理所当然的选择。"

高桥并非否定个性或美学观点，而是建议降低其优先顺序，在洋服广泛普及或毕业后再行展开。他作为一名日本洋装协会理事，为实现洋服的优先普及，主张采取规定制服的策略。

与高桥不同，自由学园的西岛基于个性的视角，反对制服的实施。下面引用的是西岛有关制服价值的一段发言，他从多种立场出发对制服提出了尖锐的批评。

"自古以来，学校的一切事务以'统一'为宗旨。这也是我校的骄傲。后来，我校统一了制服。为了令学生不为着装所困，一心一意学习。而且，由于服饰统一，一旦出现懒惰行为，立马就被发现。另外，批量生产同款服装，也可以获得经济效益。因此，广受家庭与厂家的欢迎。况且，学校也担心学生因为没有服装知识，而误选奇装异服。

"除此之外，制服也消除了家庭贫富差距。家庭富裕的孩子与家庭贫穷的孩子穿着一模一样的服装，服装也就不再带有阶级色彩。进而，制服也有助于培养服从规则的观念与整齐划一的氛围，这属于精神上的益处。最后，还可以带来集体威压，由于制服是集体的象征，自然带有威压的作用。"

西岛从学校的骄傲、教育的效果、批量生产的优势、平等的观念、规律的养成与集体的威压等角度分析了制服的性质与优势，接着他列举了反对制服的四大理由。第一，"让学生穿上不适合自己的服装，难道就不是一种压迫吗"；第二是脱下制服后的反弹；第三，由于不得不支付定做费用，反而为家庭带来更重的经济负担；第四，"最大的缺陷是无视理应得到尊重的个人尝试。不允许尝试不同的着装。抵制尝试。这对女子而言是一件十分遗憾的事情"。尽管制服具备如前所述的种种长处，但最令西岛感到悲观的是它抹杀了个性。

"过去的状态是协调发展，由分裂走向统一，可是今后将不得不从统一回归分裂。就这一点而言，废除制服的学校是最具进步意识的学校。"

在西岛看来，女子洋服在服装"统一"（制服）的趋势下逐渐普及，并经历了"分裂"与"分化"的阶段，然而将来的制服必将面临被淘汰的结局。换言之，制服只是洋服化的一个过程、一种手段，并非万世不易的事物。

如今，因为我们已经知晓制服的制定与延续历程，所以可以断言"制服化即终点"。不过在当时，一部分人也预测到未来的制服化走向。在所谓的"未来"，学生的洋服可以做到既发挥个性又不违背学校规定。西岛尊重本色，认为制服是实现着装自由的一种途径，在洋服普及后应将之淘汰。

着装自由是学生服装的理想方式，但并非唾手可得。《家务及裁缝》编辑部在座谈会后收到了来自各方的意见。服装专家木田翠明说道：

"自由着装（仅限洋服）是最理想的，至于为何难以一蹴而就，是因为普通人（包括洋服从业者）知识匮乏，无法判断何种款式适合学生。即便规定使用普通衣料，也难免把用于教室与食堂的衣料混淆。基于上述理由，我认为自由着装为时尚早。

"因此制定校服只是不得已之举，绝非上选。我建议抛弃以往'制定'的理念，而以'限制'的观点审视此事。"

实现自由着装的阻碍在于缺乏洋服知识，哪一种洋服适合作为通学服的标准并不明确，即未统一评判标准。制服仅仅是明确洋服评判标准的一种手段，木田认为，这是基于现状的迫不得已，而非"上选"。他建议以"限制"代替"制定"，提倡套装样式，对夏装与冬装的衣料限制相对宽松，由专家选定洋服："在这一点上，有待大多数裁缝教师的精心指导。"文化学院邀请欧美专业裁缝师来校，校长与美术家们就适合学生的洋服样式展开共同研究。由此可见，在洋服评判标准的形成过程中，不仅包括学校与家庭的参与，剪裁师的作用也不容小觑。

对于着装自由的难题，一九三一（昭和六）年《家务及裁缝》八月刊也登载了相关意见。作者对洋服表示赞成，并列举两点理由：有助于提醒学生谨言慎行，培养干净整洁的作风，并发表如下意见：

"从当今服装界的趋势推测，制服的淘汰是不可避免的。同时，我们不得不考虑城市与农村的差别。现在，大部分农村居民穿洋服。就卫生、经济、贫富等方面而言，这是顺理成章的现象。然而，农村对洋服的认识尚显粗陋，所以即便拥有选择款式、颜色或花纹的自由，也未必能够满足自己的需求，反而可能陷入左右为难的境地。因此，在洋服得到进一步普及之前，暂且推行制服是稳妥之举。"

该文作者基于上述理由赞成制服制度，但另一方面，他也相信未来总有一日制服将被淘汰。但在当今阶段，与城市相比，农村对洋服的认识与管理洋服的专家、技术均存在明显不足，因此即便允许学生自由着装，她们也未必可以充分享受这一权利。简言之，制服在农村的实施比在城市可以发挥更显著的有效性。反之亦可以说，城市的贵族女子学校才可以自由选择洋服或弘扬个性。

标准服的实施

如前所论，自由着装是最理想的学生着装方式，但在和服向洋服的过渡期尚难以实现。地方将制服视为普及洋服的一种方式予以高度重视，但各地也预计到洋服的普及将带来制服的废除。制服是洋服化的手段、而非目的，在此之前可以尝试探索结合个性与美学的学生服装款式。本节将继续探讨附属女高的标准服是一种怎样的尝试。

正如成田顺所主张，自由着装是理想的学生着装方式。但是，附属女高并未推行自由着装，而是采取介于自由着装与服装统一（制服）之间的折中方案：提供可供选择的几种标准服。学校也是一个社会，实现每一个人的服装个性与美观要求学生、家长与教师拥有充足的信息、良好的教养与丰富的经验，以及基于此的价值观。制服强制要求学生统一着装，每个人应该如何穿戴的问题暂被置后，是在当前生活中实现便利与秩序的手段。按此想法，标准服定位于理想但难以付诸实施的"自由着装"与便利但有失个性追求与发展的"制服"之间，参照了现实存在的诸多问题与理想的学生服装样式，是制定洋服标准的新尝试。这一标准的制定并非单一的制服化过程，而是以将来实现自由着装为目的的探索。

其他女校实施的标准服

在推崇洋服的形势下，也有一些女子学校尝试制定标准服。这些个案可以被视为抗拒制服的思想与实践，不过校史记载的明确信息少之又少。大多数学校只提供一种标准服，女子学习院提供两种，东京女学馆提供三种。

女子学习院（东京·官立）

一九二一（大正十）年四月，该校设置"学生·幼儿服装调查委员会"，就制定着装规定的问题展开调查研究，不过最初并未做出严格规定，只要求学生依据个人身份选择朴素整洁的服装。后来，"穿洋服的学生逐年增多，款式与质地更加五花八门，时不时出现少许着装欠妥的学生"。因此，一九二五（大正十四）年，该校规定两种"标准样式"——"运动裙式与水手式"，并告知监护人。这两种是洋服的"标准样式"，不过同时也允许穿着和服。后来，该校穿水手服的学生越来越多，一九三七（昭和十二）年正式将水手服规定为制服。

东京女学馆（东京·私立）

大正末期，该校穿洋服的学生不断增加，但洋服在外籍教师的眼中显得格外"异样"，一九二五（大正十四）年，学校提醒学生注意裙长、袜长、下衣穿着、袖长、服装材质等问题。据校史记载，当时英伦风的上流贵族服饰被广为推崇，一些学生也穿着如长裙一般的洋服。一九二七（昭和二）年，学校提供三种标准服：水手服、背心裙与长罩衫（图3-33）。同样，当时也认可和式服装。水手服人气蹿升，于是该校在一九三〇（昭和五）年将白色水手服规定为制服。

一九二五（大正十四）年，女子学习院提供两种标准服，东京女学馆提供三类标准服，但是由于选择水手服的学生与日俱增，所以最终两校均统一水手服作为制服。倘如仅仅追溯服装规定，标准服极易被视为确立制服的一个阶段，但是隐藏在推行标准服背后的目的和意义是什么？这需要进一步研究校友会杂志与相关记录。

自由着装的女子学校与特征

最后，围绕实施自由着装的女子学校展开探讨。许多女校在不同阶段的规定有所差异，而在始终如一地坚持自由着装的女子学校中，就包括文化学院与自由学园。文化学院的事例已在探讨与谢野晶子的文章时有所介绍，自由学园的事例也在阐述平塚濑贞的观点时论及。因此，接下来着重分析实现自由着装的学校的性质与特征。

文化学院与自由学园有两个共同点。第一，两所学校成立时的社会背景均为"大正自由教育"或"大正新教育"的教育思潮与实践潮流。两校的创建脱离了《高等女子学校规程》，隶属"他类学校"。两校批判传统的划一主义与填鸭式教育，尊重学生的自主与个性，旨在实行自由主义教育。而且，文化学院的创始人西村伊作与自由学园的创始人羽仁原子、羽仁吉一夫妇的建校动机均源于没有适合自己女儿上学的学校。尊重个性的教育理念或自由主义思想衍生了自由着装的学生服装规定与亲和力。

另一个共同点是两校的创始人均为基督教信仰者，教学方针也受到基督教义的影响。基督教义女子学校忌讳制服的事例在其他学校也时有发生。比如，一九三二（昭和七）年青山女子学院规定学生统一穿着水手服，但最初该校的外籍教师反对实施制服制度。原因包括两点："在美国，制服只有特殊人群才穿用；而且自由着装有助于培养学生对于服饰的审美观与判断力。"然而，"大部分女子学校使用校服，其中一些绚丽多彩、别具一格的服饰给世人以奢华铺张的感觉，恐招误解"，因此该校最终于一九三二（昭和七）年统一了制服。同是基督教义女子学校的女子学院于一九三二（昭和七）年制定水手服。在九一八事变以来的社会风潮与政府思想控制趋于强化的态势下，该校规定学生穿用制服。在此之前，该校一直实行自由着装，校主任三谷民子曾说道："在我校，没有'制服'这种概念。对任何事情都推崇自由，贯彻不强制的方针。前段时期也有人提议改穿制服，于是我们向学生家长寄信寻求意见，回复大多要求保持原状。"事变以来的社会形势变化与思想控制的强化对基督教义学校施加的压力日趋膨胀，为避免学生服装导致的反感与批判，女子学院改"自由着装"为"制服"。另一所基督教义私立女子学校——神户女子学院也未统一规定制服。在被称为"非常时期"的一九三六（昭和十一）年，一些学生家长提出希望规定制服的请求，但校方并未立即给予答复。于是，家长又向院长提出以下意见：

"高校女生正值离开少年时代、踏入青年时代的年龄段，这是一个蔑视社会观、珍惜现在、效仿物欲横流的阶段。在当今社会局面下，我们提出了警戒奢华、弘扬素朴的理念，但却得到'无关紧要'的回应。崇尚自由固然无错，但是如同狂犬必须受到管束一样，自由奔放的少男少女享有过度的自由是危险的。"

在上段引文中，家长将子女对服装的欲求比喻为"狂犬"。对于家长的这一要求，一九三七（昭和十二）年神户女子学院制定了"学校标准服"，采取了回避制服的措施。该校反对制服的理由包括难以备齐衣料、落实资源保护理念、支持国家计划等。

二十世纪二十年代初期，爱知县金城女子学校、福冈女子学校等基督教义女子学院统一水手服，在全国率先推出洋服，同时有诸如青山女子学院、女子学院、神户女子学院等反对规定制服、实行自由着装的学校。

附属女高选定的五种标准服融合了学生的个性与喜好，在自由着装与服装统一（制服）的空隙中尝试确立洋服的标准。总而言之，标准服不是单一制服化的某个阶段，而是对制服化之后的学生着装理想方式或非制服化的学生着装方式的大胆探索。但是，五种标准的实践仅维持两年即宣告终止。一九三二（昭和七）年，水手服与背心裙成为附属女高的统一制服。当时，学校禁止穿用和服，师生一律穿洋服。与女子学院、东京女学馆不同的是，附属女高并未限定一种制服。下一节将针对一九三二（昭和七）年附属女高规定的两种制服与二十世纪三十年代各所女子学校规定制服的动态展开讨论。

———

三 二十世纪三十年代女生服装的统一化

附属女高的两种制服

在选定标准服两年后的一九三二（昭和七）年，附属女高指定水手服与背心裙为制服（图3-34）。此时和服已被禁用，仅余两类洋服。

图 3-33 东京女学馆的标准服

（《东京女学馆百年史》390 页 1991 年 1929 年摄）

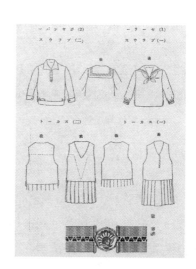

图 3-34 1932 年制定的制服

（《创立五十年》123 页 东京女子高等

师范学校附属高等女子学校 1932 年版）

另外，在选定标准服时担任该校主任的齐藤博文于一九三〇（昭和五）年十一月逝世，未能参与后来的服装变迁历程。对于从五种标准服中选择其二的经过，一九三九（昭和十四）年夏季水手服的制作说明书《女生夏季制服》做出如下解说：

> 本校最初选定五种标准服，由学生按照自身喜好自由选择。全体学生自然而然地集中选择水手服与背心裙，因此在选择制服时，本校将此两种服装确定为标准服。另外在两种服装中，选择背心裙的学生比例极小，大部分学生穿用水手服。加之选择水手服作为制服的学校较多，考虑到喜闻乐见的事物更易推行，因此本校最终选择水手服。

在附属女高，全体学生在五种标准服中自然而然地选择了水手服与背心裙，而且在这两种制服中选择前者的占多数。与女子学习院、东京女学馆类似，附属女高的大部分学生也倾向于穿用水手服。如解说所述，当时采用水手服作制服的女子学校较多，水手服逐渐成为代表性的女生服装。

向水手服的转变

二十世纪二十年代至二十世纪三十年代，各地女子学校出现一个统一的现象：在经历若干阶段后，学生服装从腰系腰带的长款洋服转变为白色横纹衣领的普通水手服。在从洋服向水手服的转变过程中，上衣的长度逐渐缩短，腰带也被淘汰。据说，转变为水手服的契机是与公车女乘务员的制服过于类似，以及修学旅行时发生的几则逸事。

佛教主义私立北海女子学校在一九二二（大正十一）年规定的洋服为藏青色哔叽面料、白色方形衣领、四排扣上衣、装饰一条白色横纹的褶裙与一条同样布料的腰带。这一服饰被学生称为"bus girl"（公车女孩），饱受批判。在青森县立青森高等女子学校学生前往京都参加修学旅行的途中，由于制服与公车女乘务员大同小异，还发生了混淆认错的窘况。由于该制服在学生中的评价过低，而且当时其他女子学校流行水手服，所以北海女子学校于一九三三（昭和八）年改制服为水手服。栃木县立宇都宫第一高等女子学校将翻领西服（于一九二五年统一）更改为水手服。理由如下："西服款式过时，与公车女乘务员毫无二致"；"当时，东京的女子学校制服全盘改为水手式"；"西服腰带的面料是人造丝，较易磨损，相对而言并不经济"；"水手服的裁剪比西服更简单，且用料更少"。一九二九（昭和四）年，群马县立太田高等女子学校的毕业生在关西参加毕业旅行时，同住一所旅馆的东京女生嘲笑她们像"农村公车乘务员的集体旅行"，为此两校学生还发生冲突。

同时，以毕业旅行为契机的制服修改事例也时有发生。秋田县立花轮高等女子学校学生在毕业旅行之际来到关西地区，看到当地身穿水手服与背心裙的女生，心生羡慕与憧憬，随即召开学生代表大会，向学校提交了一份陈情书。当时，她们的愿望未能达成，不过在两年后，学校将制服更改为背心裙。可是，当花轮女校的学生穿着这身背心裙举行修学旅行时，又与东京府立第一高等女子学校的学生"撞衫"，此事在高低年级学生之间口口相传。福岛县立会津高等女子学校在组织关西毕业旅行时，被另一所学校的男生嘲笑像"黑乌鸦"。受此刺激，一名绘画老师设计了一款新型制服。综上所述，修学旅行成为对比、评价本校与其他女校制服的平台，为修改制服创造了动机。

对水手服的憧憬与留恋

总而言之，制服被更改为水手服的根本原因在于女生们对水手服的憧憬。下文将介绍几则突出体现当时女生们对水手服向往之情的事例。埼玉县立儿玉高等女子学校校史记录了一位毕业生的回忆：

"当时，大多数女校的冬夏制服都是水手服。相比之下，我们的冬季制服显得无比丑陋、粗俗，大家对水手服更加憧憬。可是，那时候的我们完全不懂得表达诉求的技巧。不知道是我们的心声终于被倾听，还是老师们也持相同意见，在我读四年级的某一天，两三名学生代表在班主任的支持与帮助下，向校长呈递了一份请愿书。或许这份请愿书确实切中时弊，自当年起，一年级学生的冬服换成了水手服。虽然我们无法再穿上水手服，但依然感到心花怒放，仿佛为后辈们做了一件好事，由此产生了一种羞涩的喜悦。"

儿玉女高的夏服是水手服，但冬服是围巾式衣领上衣配背心裙。一九三三（昭和八）年，冬服也改为水手服。虽然向校长呈递请愿书的四年级学生无法换上水手服，但依然为这一改变深感兴奋。这则逸事表现了当时女生对水手服的憧憬与向往。

在一九四一（昭和十六）年全国普及丝瓜领制服之际，不少女生流露出对水手服的留恋。一名来自日本女子大学附属高等女子学校的毕业生回忆道：

"不管怎么说，像公车女售票员一样的丝瓜领服装让我大吃一惊。即便戴上校章，也丝毫没有学校制服的感觉。（略）因为不喜欢丝瓜领制服而换上水手服的学生越来越多。我来自农村，格外依赖水手服，因为这是我少有的一件学生风服装。每天穿上它都兴高采烈的，可是由于水手服是化纤面料，所以越来越皱，令我倍感寂寥。"

由于全国统一规定丝瓜领制服，在战争年代度过学生时期的毕业生们再也无法穿上水手服，她们在回忆这段往事时纷纷表示惋惜。水手服逐渐成为代表女生身份的特定服装，女生对水手服的渴望也越来越强烈。

水手服的穿法与着装检查

就某方面而言，女生对水手服的强烈渴望也加速了女生服装样式统一的进程。而且，水手服的穿法也反映了当时的流行趋势与个人喜好。

例如，青山女子学院在一九三二（昭和七）年确定水手服，由于样式"过于古板呆滞，所以学生仿照当时的流行风尚，随心所欲地修改制服，或缩短上衣，或延长裙摆。可是在学校检查着装时不免撞在枪口上，被老师训诫：'水手服源自于水兵的制式服装，因此上衣长度理应达到手臂下垂时手腕袖口处'"。

　　昭和初期盛行长上衣搭配短裙，后来又开始流行短上衣搭配长裙。当时的女生喜欢束紧上衣的腰身，以显纤细，或者增加裙摆褶数。在毕业生的回忆录或座谈会上时常有人提及故意违反着装规定、刻意打扮装饰的情况。由此可知，不同于学校规定，制服的穿法在女生之间形成了一套独特的价值观与服装文化。当学生的穿着违背学校着装规定时，学校往往会开展着装检查，严加管束。群马县立吾妻高等女子学校的一名毕业生回忆了当时接受着装检查的经历：

　　　　着装检查每周进行一次，时间是固定的。无论是狂风呼啸，还是大雪纷飞，我们都必须在校内排队，接受检查：上衣只能到腰骨、裙子只可有十六条褶皱、头发不得长过水手服衣领等。但是到了第二天，一些学生的上衣长度一下子就缩短了，褶数也增加到二十条。不知从何时起，这已经成了一种时尚。或许任何时代的年轻人身上部会出现类似的叛逆心理吧。

　　着装检查无法完全制约学生的着装方式与流行趋势。从上述事例可以推断，女生在接受表明身份与所属的制服的同时，希望以制服样式为基础辅以修饰，彰显穿衣风格的多样性与差异化。女生们时不时地违反学校着装规定，打扮、装饰自己，欺瞒、蒙蔽试图约束她们的老师。由此一来，每位女生对制服的解读与对规则的抵触塑造了丰满的学生服装形象与文化。这与前文介绍的一些教育家对服装自由或标准服的大力推行形成鲜明对照。换言之，主张服装自由的教育家希望借助废除制服这一手段，发挥学生的自由与个性，而女生自身则通过制服的个性穿戴，满足自己的喜好与流行风格。

应对战时体制

水手服是女生梦寐以求的流行样式，二十世纪三十年代全国以县为单位统一规定学生穿用水手服。据文献记载，一九三三（昭和八）年广岛与群马、一九三八（昭和十三）年栃木、一九三九（昭和十四）年静冈统一学生服装的样式。一九三三（昭和八）年，广岛就统一制服一事召开"高等女子学校校长联合会议"，各所女子学校校长、县学务科长、督学官、卫生主任及陆军军服厂厂长、工程师等人参会，该会议决定统一制服样式为水手式。其中，陆军军服厂的参与尤其引人注目，面料的选用也是在军服厂的研究与推荐下展开的。群马与广岛同在一九三三（昭和八）年规定学生穿用水手式制服。静冈县立的十四所学校统一规定冬夏制服为化纤面料的水手式服装。之所以出现以县为单位统一制服的趋势，原因在于受到一九三一（昭和六）年九一八事变、一九三七（昭和十二）年日中战争、一九三八（昭和十三年）"棉织品制造贩卖禁令"等战时体制的影响。军需品优先使用纤维制品，而民间衣物的用料面临越来越多的限制。尤其是一九三八（昭和十三）年颁布的禁令禁止民间私自制造或销售纯棉面料，因此制服转而使用纤维原料与人造棉（木造纤维）的混纺面料。广岛统一制服的举动发生在九一八事变与日中战争期间，自此军服厂也参与到学校统一制服的行动中来。另一方面，在一九三八（昭和十三）年禁令颁布的影响下，静冈开始使用化纤面料。

此外，宫城、爱知、冈山、福冈也出现了制服统一的趋向。一九三五（昭和十）年，宫城明确了县属女子中等学校学生服装的标准规格，县立第三高等女子学校的制服也统一为颈系领结的水手式。一九三二（昭和七）年，爱知丰桥女高变更制服，规定学生穿用县属学校统一的水手服。另外，冈山高等女子学校校史也记录了一九四〇（昭和十五）年冈山县统一规定标准服的情况。该标准服为颈系领结的折领型，面料为化纤混纺，裙摆褶数减少，更加节约用料。福冈稍早于冈山，于一九二四（大正十三）年将县属女子学校的学生制服统一改为水手式。据朝仓实科高等女子学校的记录记载，在经过了各种尝试与研究后，一九三〇（昭和五）年成立"中等学校购买协会"，协会负责分配服装面料，并由高年级学生负责缝制白色半袖府绸水手服。

二十世纪三十年代的战时体制对女子学校制服的统一、主要是水手式的统一产生显著影响，一九三八（昭和十三）年以后，全国逐渐普及采用化纤面料。如在介绍枥木县立宇都宫女高的事例中所述，选择水手式的原因包括便于缝制、节约布料、受女生欢迎等。在这个时期，不仅女子学校的制服开始走向统一，围绕男生、小学生、教师服装是否应统一的讨论也随之愈发热烈。在战时体制形成的过程中，女生制服选择了水手式，实现了以县为单位的统一。

一九三五（昭和十）年，栃木高等女子学校改折领型制服为水手服，一九三八（昭和十三）年在衣领上添置白色领罩。这一改动是因为面料中含有化纤，洗涤时易损伤衣领，领罩是为了保持清洁。化纤的缺点是耐候性差，为解决这一问题，在衣领上加领套或在袖口外套袖筒，以防脏污，一旦弄脏便可摘下领套或袖筒，单独清洗。青森高等女子学校的改良方法则是以纽扣固定水手服上衣的衣领、前襟、袖口或领结。如此一来，可以卸下、替换并清洗被垂髫弄脏的衣领；将袖口的纽扣朝手指方向移动，可以将袖长至多延长四公分。这一设计迎合了调整上衣或裙摆长度的需要。倘若领结经过反复清洗，污渍依然明显，那么也可以翻转过来重新缝合。在物资匮乏的年代，学校精心设计制服的各个部位，学生亦妥善保管，在上学期间或上下学路上自觉爱护。

女生夏季制服（一九三九年）

除以县为单位统一水手服的动向外，二十世纪三十年代全国女生服装也呈现统一趋势。其中一个先兆是一九三九（昭和十四）年"全国高等女子学校校长座谈会"举办的"女子制服有奖募集活动"。附属女高提交的水手服模型荣获一等奖。

一九三九（昭和十四）年，全国高等女子学校校长座谈会有奖募集女生制服时，正是物资精神的双重规制与动员波及服装与日常生活的战争年代。在此前一年的一九三八（昭和十三）年，日本颁布《国家总动员法》，以制定国民服装为目的的国民精神总动员中央联盟"服装委员会”成立。前文也有述及，同年又颁布了《棉织品制造贩卖禁令》。在这一局势下，全国高等女子学校校长座谈会提出“无须迎合当前非常时期，以适合国内广大女生为宗旨”，公开募集女生制服的模型样本。募集标的为“女生夏季制服”，以夏服为对象。截止日期为一九三九年二月二十八日，预定于四月中旬公布结果，获奖作品将在百货商店展示。一等奖一项，奖金一百五十日元；二等奖两项，奖金七十日元；三等奖三项，奖金三十日元；优秀奖五项，奖金十日元。当时附属女高用于参评的十二套“女生夏季制服”设计方案后被整理成册，现存于御茶水女子大学附属高等学校。

“女生夏季制服”有奖招募活动如期召开，并于四月公布结果。在一百零七件参评作品中，东京女子高等师范学校附属高等女子学校的水手服获一等奖，久万世（实践高等女子学校）的背心裙与斋藤清（府立第六高等女子学校）的背心裙当选二等奖，后被陈列于东京三越店。

荣获一等奖的附属女高水手服是衣领可装卸的“法式”服装。纽扣的设计出于节约布料与便于清洗的需求，兼具修饰作用，可自由装卸。这一“法式”设计后来被福岛县立本宫高等女子学校采纳（图3-35）。而且，附属女高水手服的袖口既可以装卸，也可以调整袖长。该设计与前文提到的青森女高如出一辙。另外，裙子可兼作冬服与运动服两用，节约布匹，使用化纤面料，取代容易走样的皱襞。上衣成本为三点二四日元，裙子为三点三五日元，其余部分为零点五九日元，服装成本费用共计七点一八日元。

据审查员町田菊之助称，审查方针为"便于运动"，"保证卫生"，"用料经济"，"外形美观"，"若可用作冬服、正装或运动服则更佳"。町田还提到："没有必要迎合非常时期，关注重点在于向世界其他国家展示日本女生服装时是否感到惭形秽。"不少作品的设计方案结合了战时形势，如与水手服相比用布更为节省的背心裙，使用规制体制时期最为盛行的化纤混纺面料，迷彩服，通学服、运动服与工服三用的服装等。

有奖募集一年、即一九四〇（昭和十五）年后，附属女高出于节约战时物资与采用化纤织物的考虑，将制服改为三扣无领上衣配裙的款式（图 3-36）。一九四一（昭和十六）年，文部省发布关于规制学校学生制服的通牒，规定全国统一使用丝瓜领样式（图 3-37）。文部省的规制通牒下发后，于一九三九（昭和十四）年获得一等奖的附属女高夏季水手服逐渐淡出人们的视野。因为一九三九（昭和十四）年的"女生夏季制服"大多是为了适应社会形势与国家规制而制定的。

在二十世纪四十年代以后的战时体制下，针对学校制服，全国统一的丝瓜领制服、国民服装、妇人标准服等课题仍然值得深入探讨。在战时物资与精神的规制、动员下，学校制服面临怎样的制约、学生与家长对此有何反应等诸多问题将另文考察。

二十世纪三十年代对和服、洋服的认识

二十世纪三十年代，水手服等洋服占据主流。下文主要汇总当时的

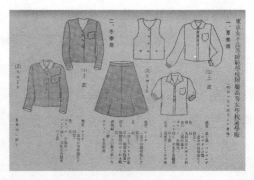

图 3-35 法式衣领
（《檀陵 福岛县立本宫高
等学校创立七十年纪念志》
294 页 1984 年）

图 3-36 1940 年制定的制服
（《御茶之水》56 号 91 页 1940 年）

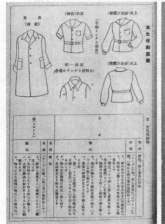

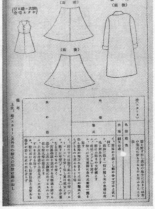

图 3-37 1941 年全国统一的丝瓜领制服
（《被服》12 卷 1 号 89-90 页 1941 年）

服装观念与服装争论，整理自明治时期至昭和初期的服装变迁流程。

纵览迄今为止服装观念的变迁历史可以发现，十九世纪八十年代至十九世纪九十年代展开的争论一般基于"和服＝野蛮、洋服＝文明"这一等式。在这一时期，日本为了重构文明国家体系，引入了洋服制度与文化。另一方面，针对"野蛮的和服"展开探讨，调整或重新设计用于公共场合的和服。洋服仅限于典礼等正式场合，在上流社会更为普及。当时，紧身褡的危害与服装费用昂贵等劣势尚未得到广泛认识。大多数普通女性身穿和服、留束发、戴帽子、穿皮鞋，服装样式的混搭正式步入历史舞台。在鹿鸣馆时代，女性礼服呈现出和服与洋服的双重属性，一般认为这正是形成各类服装样式共存的局面、引发女性服装改良问题争论的开端。

二十世纪〇〇年代至二十世纪一〇年代，日本经历了对外战争，更加重视孕育国民的女性的身体与健康问题。从这一观点出发，社会呼吁改良和服，医生、教育家、美术家等纷纷投身服装改良事业。他们在设计改良服时，参照洋服、中国服装、朝鲜服装与日本古代服装，博采众长，旨在使服装符合功能、卫生、经济与美学的标准。在这一阶段，和服是改良对象，而洋服是参考对象之一。在服装改良的进程中，袴逐渐成为特定的女生服装，而筒袖的普及程度远低于袴。尽管存在一些约束着装的规定，但改良服的普及范围依然仅限于部分人群。

经历了第一次世界大战、进入二十世纪二十年代后，克服了紧身褡弊端的洋服成为瑕不掩瑜、足资借鉴的对象。这一转变也被视为对之前改良服尝试的否定，放弃改良和服反而使得长袖、长裾、宽带的和服式样得以存续至今。二十世纪二十年代至二十世纪三十年代的洋服化伴随着穿用洋服的同时保留和服这一选项。在此阶段，世人如何看待和服与洋服，存在理由与穿用依据又是什么？接下来将以《家计及裁缝》登载的二十世纪三十年代前半期的女性服装理论为依据，探讨世人对和服与洋服的评价以及对二重生活方式认识的转变。

　　进入二十世纪二十年代，各地的女子学校一般选择洋服作为学生制服。此时，主流观念是洋服更适合女生。一九二九（昭和四）年五月，《家计及裁缝》刊登了一位爱媛县裁缝课教师的意见："我认为洋服比和服好得多。无论是在卫生方面，还是在运动方面，洋服都拥有和服难以望其项背的优势。（略）自然应当选择洋服作为制服。洋服既能突显女性身材，又能提高工作效率，对于培养敏捷性而言也是可喜可贺的进步。"同期的《家计及裁缝》还从卫生、动作、仪表、经济、合身等角度对和服与洋服加以对比，提出和服适合作为"休闲服"、洋服适合作为"工作服"，并指出："女生制服也可用于公开场合，而和服则用于私人场所。这样一来，不仅可以摆脱双重生活方式的弊病，还可以发挥两种服装的优势，获取经济利益。"围绕和服可作为"休闲服"的评价与双重生活方式，一九三〇（昭和五）年三月期的《家计及裁缝》发表了下述见解：

　　"我真想大声地说：'请让我们穿着洋服工作吧！'……有效的工作需要有效的休息。

"工作一天后精疲力竭，洗个热水澡、放松身心是穿着洋服无法实现的。怡然自得……果然没有比和服更适合作为休闲服的了。

"世上有这么多的国家，有哪一个国家的服装比日本的妇人服更加美丽呢？如此典雅、华美与含蓄，除日本服装之外再无他物。

"考虑到这些，我希望将洋服规定为工作服，将日本服装规定为休闲服……

"也许有人会说：'可是，这种双重生活方式有什么好的？'……然而我认为这并不是双重生活方式……确实，我们既穿洋服又穿和服，可是就某一个角度而言，这种方式并未受到服装的制约，反而是充分发挥了服装的优势，享受文化生活。"

在二十世纪一〇年代末期的生活改善展览会上，双重生活方式因其"不和谐、不经济"的弊端备受争议，不过当时也存在认可双重生活方式的声音。随着世人越来越认可洋服，对和服的评价也日渐升温。从上文可见，和服被视为"休闲服"，其美观性也获得了肯定。

"日本服饰精美别致。富士山的美，美在山麓，而我们的日本服装、尤其是女子盛装的美如出一辙，美在袖、裾。袖的绚丽、裾的惊艳、带的典雅，搭配得宜，观者无不动容。"

过去，和服的袖、带与裾均被视为需要改良的部分，但是进入二十世纪三十年代反被视为和服的优点而备受称赞，成为所有人引以为傲的"全世界最美"的文化与传统。从这层意义上讲，和服是近代"创造出来的传统"。对和服的再次评价与赞誉之词也反映出二十世纪三十年代的国家观念与爱国主义思想。然而，尽管人们对和服之美赞叹不已，但这并非女性服装的发展方向。今后的女性服装仍然趋于洋服，在这种形势下，也有人指出了洋服相对于和服的优势。

　　轻盈的洋服装扮，显露出富有活力、天真烂漫、难以言表的美！但是，这样能否继续保持日本人特有的典雅之美呢？不能了，除了轻盈之外再无其他。

洋服的美源于轻盈，与和服的审美标准截然不同。下面这段引文对两类服装的美进行了对比：

　　长久以来，我们习惯了和服装扮所彰显的优美、端庄，即静态美，因此更易执着于此。但是不能裹足不前，我们应当认识到如今的洋服装扮生动地呈现了和服所不具备的轻盈、明快与动态美。

和服是"优美""端庄""静态美"，洋服是"轻盈""明快""动态美"。上文在赞美和服美的同时，也认可洋服顺应时势与干净利落的美，并阐明了建议普及洋服的观点。可见，引文作者并未以同一标准评判和服与洋服，而是区分对待两类服装样式，肯定了根据场合或状况选择服装的二重生活方式。

同时，世人对于洋服的认识也在发生变化。文化裁缝女子学校讲师町田菊之助对洋服的认识如下：

> 洋服并不是单一国家的服饰，而是全世界共享的服饰。世界性的服饰必须以大多数人为标准。（略）模仿西洋服饰的想法令人感到不可思议。日本的女性洋装是基于时代要求而诞生的产物。（略）如今的女性洋装是吸取全世界所有服饰的长处而创造出来的，在我们尚未意识到的时候，和服的诸多优点也已经被洋装吸收了。

从中可以窥知，町田认为洋服并非特定国家或地区的文化，而是世界性的准则，是日本女性选择穿用洋服的依据。对于今后的日本女性洋装，町田不赞成"模仿国外"，提倡"研究性"地推进，"将来，日本应当巧妙地引进世界通用的设计，而非一味模仿，继而向国外展示能够完美体现日本人丰富艺术个性的时装样本。日本为全世界服装做出贡献的时代必将到来"。町田扭转了国内对日本服装地位的固有认识，即"模仿"西方洋服，遵从诸强列国制定的世界秩序。他指出，我们的最终目标是使洋服为我所用，坚持独立发展，并对世界产生影响。

挂轴的制作——代替总结

本书将附属女高的挂轴作为基本框架，该"框架"制作于一九三四

（昭和九）年左右。如前所述，当时社会对和服的评价越来越高。可以说，挂轴展现了从传统和服向世界性洋服发展的女生服装变迁史。

挂轴的结构等同于从和服经历袴（和西结合）、最后向洋服的单线变迁，但是这一构成的基本理念并非从劣质到上乘、从野蛮到文明的进化论模式。前三幅的和服比与后两幅的洋服绘制得更加细腻精致，颜色更加绚丽多彩，在尚未形成具体着装规定的时期较为常见。另外，考虑到服装变迁图的画家是一名日本人，而且制作形式为挂轴，同时只有挂轴 I 描绘了盛装等因素，可以认为挂轴的结构凸显了明治时期的和服。

毋庸置疑，这种描绘手法反映了二十世纪三十年代社会对和服与洋服的认识及评价。当时，人们交口称誉过去被批判"野蛮"的和服之美，并将其视为日本引以为豪的"传统"。另一方面，洋服方便活动的优点也得到认可，人们建议女性穿用这种世界性的标准服装。结合二十世纪三十年代的服装观念可以断言，挂轴不仅描绘了时间的变迁，而且展现了兼具"传统"的美丽和服与"世界"的优秀洋服的整体服装文化。另外，制作者与委托方希望如何描绘服装变迁的历史以及他们的时代思想与价值观对挂轴的结构与描绘手法也产生了不可避免的影响。因此，虽然挂轴是展示女生服装与女子学校制服变迁历史的珍贵资料，但在考察其表现内容的同时，也应对其制作情况与背后的价值观加以研究，批判性地选择还原历史真相的角度。

本书对挂轴展开了批判性研究，列举了挂轴未描绘出的鹿鸣馆洋装、改良服、标准服等处于服装变迁过渡期且未被全面考察的服装，重新定位它们的意义与地位。尤其是在探讨改良服时，确认了改良服参照中国服装或朝鲜服装等东亚服装文化、探索与西洋迥然有异的东洋服装样式的事实。标准服的案例呈现了女子学校允许每一位学生选择适合自己的洋服这一学生着装理想状态。以往对于近代女生服装变迁的研究一般倾向于关注洋服化与制服化的变化趋势，但是通过验证了一些不容忽视的事例可以看出，在主流形势下依然存在价值观的动摇与冲突，以及为克服这些冲突而衍生的无数想法与实践和为打造新兴文化付出的努力。本书仅涵盖极少一部分，只有认真选取一个个细微的尝试或事例，深入研讨，才可以更加深刻地理解近代服装变迁的百般现象与现代穿衣生活及制服文化。

那么，应该为挂轴补充哪些女生服装或女子学校制服呢？毫无疑问，这也取决于新挂轴创作人的服装变迁历史观念。也许他（她）会描绘出与中国服装、朝鲜服装截然不同的综合性改良服或充分发挥个性的洋服。为了验证这些可能，需要一一挖掘残留记录较少的各种尝试。

现在或将来又会增加一幅什么样的挂轴呢？在锲而不舍地考证历史的同时，笔者也希望考察现今学校制服的动向，继而展望未来。

——

终章

明治至昭和时期的女子学校制服变迁过程经历了近代社会制度、社会集团与阶级的整合，是女生对于"穿什么"这一问题的思索与尝试。"女生"这一社会身份与女生制服的出现意味着传统服装体系的变革。面对这一变革，既有欣然接受之人，也有慎重其事甚至断然拒绝之人。在时代与社会的更迭中，女生服装受到国家思潮、学校教育方针、女生自身的判断与行为、家长的希求、周边市民的看法与媒体舆论的反响等诸多因素的交织影响，女子学校制服的确立伴随着社会价值观的冲突与动摇。

本书结合学校制服确立的时代背景，一方面整体把握学校制服的发展历程，另一方面借助事例考察制服穿用的具体情况，由此明确在实际的学校生活中，学校制服是以何人的何种思想或行动为支撑的。

本书认为，若某一样式成为特定的女生服装或女子学校制服，那么穿用者、即女生的判断与行动是主要的推动力量。以袴为例，既有先于学校规定自发穿袴的事例，也有学生要求学校规定穿袴的事例，还有在学校典礼上私自穿袴的事例。袴原本是贵族女校学生的特权，给人以高不可攀的印象。实际上，女生对带有高贵感的袴的强烈渴望与随之而来的积极行为促使学校落实穿袴的规定。水手服亦不例外。最初，附属女高采用不限定一种样式的标准服，但选择水手服的女生占大多数。另外，也有一些学校将原本规定的披肩式衣领制服变更为水手服。

学校制服的样式与穿着方式也反映了女生的喜好与愿望。医生及文部省相关人士出于便于运动的观点推荐学生着袴，但二十世纪〇〇年代，学生之间的流行穿法是长袖和服搭配高提至胸的长裾，这一穿着方式与学校实现服装功能性的初衷背道而驰。水手服亦然，上衣长度与裙摆褶数也反映出女生的爱好与流行趋势。尽管学校对违反着装规定的行为严加管束，但仍有不少女生面对学校着装检查投机取巧。

最能体现学校制服特色的徽章原本是学校为了便于对学生进行校外管理，并希望借此培养学生的纪律意识与爱校心，但学生逐渐对其产生留恋，佩戴时的喜悦、摘取时的悲伤都映射其中，校徽也成为学生时代的象征。

如上所述，对于女生而言，学校制服象征着超越服装规定的价值观与解读理念。这一侧面颠覆了"强制性穿着"的单方面管理主义与学校制服形象。而且，女生对制服的积极解读与现今"仿制服"的内涵大相径庭。"仿制服"割裂了强制规定制服的学校的存在感与影响力，仅仅传递了对高中女生穿着制服的向往。与其他学校制服的混搭也是一种"符号消费"，体现了现代文明围绕学校制服的发展，这也是笔者今后将继续探讨的一个课题，即自第二次世界大战至今的世界形势变化与高消费社会对学校制服的影响。

如果探讨与学校制服相关的现代文化，则需对二战至今的时代背景与各校的具体事例加以考证。接下来，笔者尝试从历史观点出发对"仿制服"的穿用动机进行考察。这一动机多被解释为服装选择带来的苦恼——"摆脱挑选服装的烦恼"。

无论是制服还是私人服饰，学生服装一直与学校、家庭与学生个人的判断息息相关。学生"穿什么"的问题引起了学生、乃至学校与家庭的苦恼与踌躇。

本书曾提到，大正时期的一本杂志报道了一位母亲的烦恼，她有一个正值学龄的女儿。倘若学校没有具体的服装规定，那么为女儿准备、管理服装的重担将落在母亲身上。她需要为女儿准备冬夏两季的丝质和服、棉质和服与洋服，而和服又涉及浆洗、翻改，准备木屐、草鞋与便鞋，缝补袜子或木屐带等事宜，因此这位母亲希望学校规定统一面料的洋式制服。洋服既无须浆洗或翻改，又便于运动，而且只需准备皮鞋即可。尽管有人评论学校制服带来了额外的开支，但规定制服的确有助于减轻母亲准备与管理服装的负担。

另外，附属女高最初并未限定学校制服样式，而是采取相对宽松的着装方针，给予学生及家长自主选择的空间。但是后来家长陆续提出不知如何选择洋服，因此该校于一九三〇（昭和五）制定标准服，明确洋服选择标准。在洋服知识与经验匮乏的年代，由于选择洋服的标准不一，学校与家长之间可能时有龃龉。在这种情况下，家长希望学校规定制服，提供具体的着装标准。

对于需要准备与管理服装的家庭而言，"让孩子穿什么"是烦恼的根源，统一的制服规定有助于减轻家长的负担与烦恼。当然，各个家庭的情况有所不同，但是在日本服装体系重构的过程中，如何选择洋服在某种程度上是所有家庭共同的烦恼。

与希望学校规定制服的家长不同，战前的一些教育家主张培养学生自主选择服装的能力，反对学校统一制服，提倡自由着装。他们希望通过教育培养学生对于"如何穿着"的判断力。不过，这并非意味着给予全面的自由，学校一般提出朴素着装的方针。然而，判断学生服装是否朴素对教师而言亦非易事。一九一九（大正八）年，东京府立第一高等女校校长市川源三针对文部省颁布的废除制服通牒发表的意见中也提到这一点。市川，判断学生的服装是华丽还是朴素"不易辨别，只能由教师逐一排查。但是这样一来又不免流于繁琐，因此大多数学校都限制着装自由，规定整套制服"（第三部第二章第二节）。允许自由着装意味着教师不得不对每位学生的着装是否得体加以判断与教导。而且，判断的标准也因人而异。学校制服既节省了教师用于教导与判断的精力，又明确了着装标准。

虽然本书未能列举女生自身苦于服饰选择的具体事例，但从诸多事例中可以体会到家长及教师的苦恼与踌躇。"穿什么"并非不言自明的问题，学校的教导、家庭的意向也牵连其中，可以说学生服装反映了各种错综复杂的价值观。学校制服通过暂且忽略每一位学生"穿什么"的问题，统一规定同一样式的制服，从而消除了学校、家庭与学生在服饰选择问题上的烦恼与踌躇，为学校生活创造便利性与秩序性。这一点是学校制服存续至今的原因之一。

本书探讨了二十世纪三十年代之前的女子学校制服变迁历程，今后笔者将继续考察二十世纪四十年代以后与战时、战后的发展趋势，从而深入探讨学校制服的历史构造与现代的学校制服文化现象。本书重点探究了女生制服的情况，希望今后有机会将视野扩展至男生制服。若要全面考察学校制服的历史与文化，对男生制服的研究必不可少。不过与女生相比，男生制服的关注点相对较少，而且围绕男子学校制服的解读与价值观也较难把握。这一现象也说明男女对服装的关注程度相去甚远。为何女性服装较男性服装而言更易研究呢？为了说明这一问题，恐怕需要从性别论的角度对性别与服装的问题展开研究。这一课题也是笔者将来的一个研究方向。

后记

　　本书是在二〇一〇（平成二十二）年御茶水女子大学博士学位论文《日本近代女生服装的变迁与女子学校制服的成立及改观——通过〈东京女子高等师范学校附属高等女子学校学生服装的变迁〉挂轴》的基础上修改完成的。

　　尤其是对"前言"与"后记"做出了大幅度的修正，全书以我本人的观点为中心。我希望大家可以身临其境地感受到学校制服这一研究课题的趣味性。本书仅就女子学校制服的一段变迁历史展开研究，今后有望将研究视野拓宽至男子或现代领域。

　　在论文执笔过程中蒙受各方人士的指导与支持，在此向诸位表示感谢。

　　从本科论文到硕士论文、博士论文，一直承蒙御茶水女子大学铃木祯宏老师的谆谆教导。铃木老师指引我突破原有的研究框架，大胆发散思维，平衡理论建构与实例验证。同时，御茶水女子大学的德井淑子老师、米田俊彦老师、宫内贵久老师、杉野服饰大学的塚田耕一老师也提出了诸多建议。尤其是塚田老师，从最初的学会发表到博士论文的刊登不断地给予我热情的鼓励。

本研究的调查资料得到御茶水女子大学附属高等学校副校长石井朋子老师的大力支持。在考证跡见女子学校的事例时，跡见学园女子大学花蹊纪念资料馆渡边泉也给我以无私的帮助。另外，也感谢各大图书馆与资料馆等的大力扶持。得益于众多资料收藏机构的不吝援手，本研究才得以完成。本书出版之际，各所高中也慷慨允许转载照片。本书充实的图像资料，正是各校协助的结果。再次向诸位表示由衷的感谢。

在御茶水女子大学同窗泽森真弓的介绍下，我有幸认识了许多制服产业界的知己，如制服设计师宫本田利子、蜻蜓式学生服创始人佐野胜彦等。其中，槌谷服装店深谷吉裕还亲自带领我参观制服裁剪现场，为我创造了亲身体会现有学校制服变化趋势的机会。

另外，在设计学会、服饰文化会、文化资源学会等研究成果发表会上也收获了来自各位会员的宝贵建议。尤其是在文化资源学会上，我听取了许多有价值的意见，并且得以与不同专业领域或研究主题的研究人员相互交流，既刺激又富有意义。

创元社山口泰生先生为我提供了此次来之不易的出版机会，这也应当感谢相识于文化资源学会的缘分。借此机会，向赐予我这些珍贵见面机会的文化资源学会木下直之老师表达谢意。

最后，请容许我向长时间以来在物质精神两方面支持、关心我的父亲难波达与和母亲难波悦子表示感谢。

二〇一一（平成二十三）年七月　　写于东京

难波知子

GAKKOU SEIFUKU NO BUNKASHI by Tomoko Nanba
Copyright©Tomoko Nanba, 2012
All rights reserved.
Original Japanese edition published by SOGENSHA Inc.
This Simplified Chinese language edition is published by arrangement with
SOGENSHA Inc., Osaka and Beijing Daheng Harmony Translation Services Ltd. in care
of Tuttle-Mori Agency, Inc., Tokyo

图书在版编目（CIP）数据

裙裾之美：日本女生制服史／（日）难波知子著；王柏静译 . —北京：新星出版社，2015.9
ISBN 978-7-5133-1845-7

Ⅰ . ①裙… Ⅱ . ①难… ②王… Ⅲ . ①女生－制服－历史－研究－日本
Ⅳ . ① TS941.732-093.13

中国版本图书馆 CIP 数据核字（2015）第 159324 号

裙裾之美：日本女生制服史

（日）难波知子 著；王柏静 译

策划统筹：大无限书虫
责任编辑：邹 瑨
责任印制：李珊珊
封面设计：broussaille 私制

出版发行：新星出版社
出版 人：谢 刚
社 址：北京市西城区车公庄大街丙3号楼　　　100044
网 址：www.newstarpress.com
电 话：010-88310888
传 真：010-65270449
法律顾问：北京市大成律师事务所

读者服务：010-88310811　　service@newstarpress.com
邮购地址：北京市西城区车公庄大街丙 3 号楼　　　100044

印 刷：北京盛源印刷有限公司
开 本：910mm×1230mm　　1/32
印 张：12.875
字 数：178千字
版 次：2015年9月第一版　2015年9月第一次印刷
书 号：ISBN 978-7-5133-1845-7
定 价：48.00元